职业院校机电类"十三五"
微课版规划教材

# 机械制图

**AR版** | **附微课视频**

董文杰 石亚平 / 主编
文学红 刘璇 / 副主编

U0220261

人民邮电出版社

北京

**图书在版编目（CIP）数据**

机械制图：AR版. 附微课视频 / 董文杰，石亚平主
编. -- 北京：人民邮电出版社，2018.9
职业院校机电类"十三五"微课版规划教材
ISBN 978-7-115-46275-6

Ⅰ. ①机… Ⅱ. ①董… ②石… Ⅲ. ①机械制图—高
等职业教育—教材 Ⅳ. ①TH126

中国版本图书馆CIP数据核字(2017)第263723号

## 内 容 提 要

本书针对高职高专院校学生的能力特点，并结合作者多年的实践教学经验编写而成，主要目的
在于培养学生的空间思维能力、扎实的绘图及读图能力。

全书通过 11 个项目有机地整合了机械制图课程的知识点，将课程知识贯穿于机械工程中。项目
内容包括机械制图国家标准的一般规定、绘制平面图形、绘制简单形体的三视图、绘制基本几何体
的三视图、绘制组合体的三视图、绘制轴测图、机件的表示方法、绘制标准件和常用件、绘制零件
图、绘制装配图、读第三角画法视图等。每个项目均包含"教学导航""项目导读""知识梳理与总
结"，便于教师和学生快速地了解各项目的基本要求。

本书可作为高职高专院校机械类、近机械类专业"机械制图"课程的教材，也可供有关工程技
术人员参考。与本书配套的《机械制图习题集》由人民邮电出版社同时出版，可供读者配套使用。

◆ 主　编　董文杰　石亚平
　　副 主 编　文学红　刘　璇
　　责任编辑　刘盛平
　　责任印制　马振武
◆ 人民邮电出版社出版发行　　北京市丰台区成寿寺路 11 号
　　邮编　100164　电子邮件　315@ptpress.com.cn
　　网址　http://www.ptpress.com.cn
　　北京九州迅驰传媒文化有限公司印刷
◆ 开本：787×1092　1/16
　　印张：19.25　　　　　　　　2018 年 9 月第 1 版
　　字数：504 千字　　　　　　　2024 年 8 月北京第 7 次印刷

定价：54.00 元

读者服务热线：(010)81055256　印装质量热线：(010)81055316
反盗版热线：(010)81055315
广告经营许可证：京东市监广登字 20170147 号

# 前　言

随着高职高专院校教学改革的不断深入，"机械制图"课程的教学内容和教学模式也发生了相应的变化，同时 AR 技术、移动互联网技术在教育领域的应用也在不断深化，故编写与之相适应的教材就势在必行。

本书以项目任务模式来开展教学，学生在完成项目任务的过程中获得知识。全书共 11 个项目，主要内容包括机械制图国家标准的一般规定、绘制平面图形、绘制简单形体的三视图、绘制基本几何体的三视图、绘制组合体的三视图、绘制轴测图、机件的表示方法、绘制标准件和常用件、绘制零件图、绘制装配图、读第三角画法视图等。项目的设置遵循由易到难、由单项到综合的原则，循序渐进地完成本课程的教学目标——绘制和识读中等复杂程度的零件图和装配图。

本书在内容选取与项目设置上，努力体现实用性和职业性，着重突出以下特点。

（1）针对图片或文字不易理解的内容，本书通过 AR（增强现实）技术以三维模型和场景动画来进行表述，以增强学生对理论知识的感性认识。读者通过手机等移动终端扫描封面二维码安装 App 后，可直接扫描书中带有"AR 机械制图"小图标的图片使用 AR 交互模型。

（2）本书还针对重要的知识点开发了大量的动画/视频资源，并以二维码的形式嵌入到书中相应位置，读者可通过手机等移动终端扫描书中二维码观看学习，从而加深对知识的认识和理解。

（3）全书采用最新的《技术制图》和《机械制图》国家标准，使教材保持时效性。

（4）针对高职高专院校培养学生的特点，本书在内容设置上注重实际应用，将职业技能训练贯穿教学的始终。

（5）每个项目前配有"教学导航"，为本项目的教学过程提供指导；项目结尾配有"知识梳理与总结"，便于课后进行归纳、复习。

本书还配备了 PPT 课件等教学资源，任课教师可到人邮教育社区（www.ryjiaoyu.com）免费下载。本书的参考学时为 96 学时，各项目的参考学时参见下表。

| 序号 | 课程内容 | 学时分配 | | |
| --- | --- | --- | --- | --- |
| | | 合　计 | 讲　授 | 练　习 |
| 1 | 机械制图国家标准的一般规定 | 6 | 4 | 2 |
| 2 | 绘制平面图形 | 8 | 6 | 2 |
| 3 | 绘制简单形体的三视图 | 8 | 6 | 2 |
| 4 | 绘制基本几何体的三视图 | 10 | 8 | 2 |
| 5 | 绘制组合体的三视图 | 8 | 6 | 2 |
| 6 | 绘制轴测图 | 6 | 4 | 2 |

续表

| 序号 | 课 程 内 容 | 学 时 分 配 | | |
|---|---|---|---|---|
| | | 合 计 | 讲 授 | 练 习 |
| 7 | 机件的表示方法 | 8 | 6 | 2 |
| 8 | 绘制标准件和常用件 | 8 | 6 | 2 |
| 9 | 绘制零件图 | 14 | 10 | 4 |
| 10 | 绘制装配图 | 14 | 10 | 4 |
| 11 | 读第三角画法视图 | 6 | 4 | 2 |
| 总　　　计 | | 96 | 70 | 26 |
| 制图测绘 | | 1 周 | | |

　　本书由佛山职业技术学院董文杰和石亚平任主编，文学红和刘璇任副主编。其中，项目 1～项目 4，项目 9 由文学红编写；项目 6，项目 7 的 7.1、7.3、7.4，项目 8 由董文杰编写；项目 5 的 5.1、5.2、5.3，项目 10，项目 11 由石亚平编写；项目 7 的 7.2 由刘璇编写；项目 5 的 5.4 由河南工业技师学院尹晓英编写。董文杰负责全书内容的组织、统稿和审稿。

　　由于编者水平有限，书中难免存在疏漏和不足之处，敬请广大读者批评指正。

编　者
2018 年 1 月

# 目　录

# 机械制图国家标准的一般规定

## 教学导航

| | |
|---|---|
| 教学目标 | 掌握《技术制图》和《机械制图》国家标准中关于图纸幅面和格式、比例、字体、图线等的基本规定 |
| 教学重点 | 图纸幅面、图框格式、标题栏、比例、图线 |
| 教学难点 | 贯彻国家标准 |
| 能力目标 | 对国家标准中各种规定的理解 |
| 知识目标 | 图纸幅面、图框格式、标题栏、比例、字体、图线 |
| 选用案例 | 梯形槽、箱体 |
| 考核与评价 | 项目成果评价占50%，学习过程评价占40%，团队合作评价占10% |

## 项目导读

机械图样是工业生产中的重要技术文件。它一般包括图框、标题栏、机械图形、尺寸标注和技术要求。为了便于管理和交流，在绘制机械图样时，必须严格遵守《技术制图》和《机械制图》国家标准中对图纸幅面和格式、比例、字体、图线等规定的要求。

机械图样的组成

图样在生产中的应用

我国标准编号由标准代号、标准顺序号和批准的年份构成。强制性国家标准的代号是"GB"，它是中文"国标"两字汉语拼音"Guo Biao"中的第一个字母。推荐性国家标准的代号是"GB/T"。其中，"T"是"推"字的汉语拼音"Tui"中的第一个字母。

例如，GB/T 14689—2008 为图纸幅面和格式的标准。其中，"14689"为国家标准号，"—"为分隔符号，"2008"为该项目标准的发布年份。

本项目仅简要介绍《技术制图》和《机械制图》国家标准中有关图纸幅面和格式、比例、字体、图线等的基本规定，其余内容将在后续各项目中陆续介绍。

# 任务 1.1 图纸幅面和格式

图样的图纸幅面和格式

## 1.1.1 图纸幅面（GB/T 14689—2008）

（1）绘制机械图样时，应优先采用表 1-1 所示规定的基本幅面。

表 1-1　　　　　　　　　　基本幅面（第一选择）　　　　　　　　　　单位：mm

| 基本幅面代号 | A0 | A1 | A2 | A3 | A4 |
|---|---|---|---|---|---|
| $B \times L$ | 841 × 1189 | 594 × 841 | 420 × 594 | 297 × 420 | 210 × 297 |

注：$B$ 表示图纸宽度；$L$ 表示图纸长度。

（2）必要时，允许加长基本幅面。这些幅面的尺寸是由基本幅面的短边成整数倍增加后得出的，如图 1-1 所示。

在图 1-1 中，粗实线所示为基本幅面（第 1 选择）；细实线所示为加长幅面（第 2 选择）；虚线所示为加长幅面（第 3 选择）。

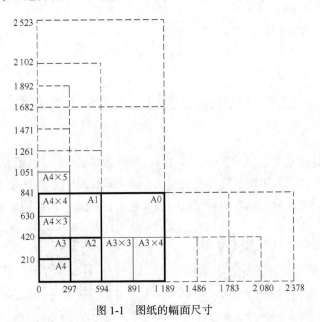

图 1-1　图纸的幅面尺寸

## 1.1.2 图框格式（GB/T 14689—2008）

（1）在图纸上必须用粗实线画出图框，其格式分为不留装订边和留有装订边两种，但同一产品的图样只能采用一种格式。

（2）无装订边的图纸，其图框格式如图 1-2 和图 1-3 所示，尺寸按表 1-2 所示的规定。

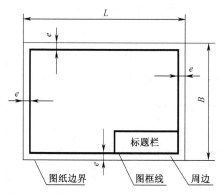

图 1-2　无装订边图纸（X 型）的图框格式

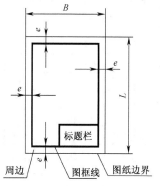

图 1-3　无装订边图纸（Y 型）的图框格式

（3）有装订边的图纸，其图框格式如图 1-4 和图 1-5 所示，尺寸按表 1-2 所示的规定。

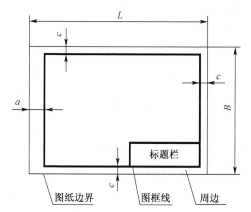

图 1-4　有装订边图纸（X 型）的图框格式

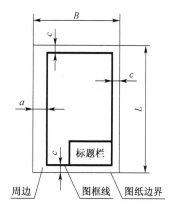

图 1-5　有装订边图纸（Y 型）的图框格式

表 1-2　　　　　　　　　　　　　　　　　图框尺寸　　　　　　　　　　　　　　　　单位：mm

| 幅面代号 | A0 | A1 | A2 | A3 | A4 |
|---|---|---|---|---|---|
| $B \times L$ | $841 \times 1189$ | $594 \times 841$ | $420 \times 594$ | $297 \times 420$ | $210 \times 297$ |
| $e$ | 20 | | | 10 | |
| $c$ | 10 | | | 5 | |
| $a$ | 25 | | | | |

（4）加长幅面的图框尺寸，按比所选用的基本幅面大一号的图框尺寸确定。例如，A2×3 的图框尺寸，按 A1 的图框尺寸确定，即 $e$ 为 20mm（或 $c$ 为 10mm）；而 A3×4 的图框尺寸，按 A2 的图框尺寸确定，即 $e$ 为 10mm（或 $c$ 为 10mm）。

## 1.1.3　标题栏（GB/T 10609.1—2008）

（1）每张图纸上都必须画出标题栏。标题栏的格式和尺寸按 GB/T 10609.1—2008 的规定，如图 1-6 所示。标题栏的位置应位于图纸的右下角，如图 1-2～图 1-5 所示。学生的制图作业推荐使用图 1-7 所示标题栏的格式。

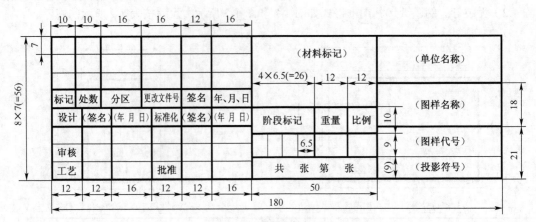

图 1-6　标题栏的格式

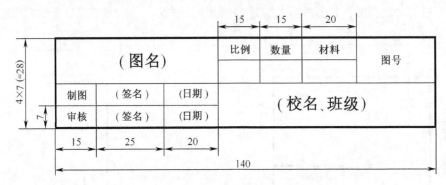

图 1-7　制图作业中推荐使用的标题栏格式

（2）标题栏的长边置于水平方向并与图纸的长边平行时，则构成 X 型图纸，如图 1-2 和图 1-4 所示。若标题栏的长边与图纸的长边垂直时，则构成 Y 型图纸，如图 1-3 和图 1-5 所示。在此情况下，看图的方向与看标题栏的方向一致。

（3）为了利用预先印制的图纸，允许将 X 型图纸的短边置于水平位置使用，如图 1-8 所示；或将 Y 型图纸的长边置于水平位置使用，如图 1-9 所示。

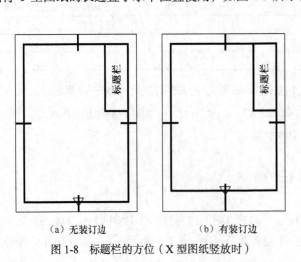

（a）无装订边　　　　　　　（b）有装订边

图 1-8　标题栏的方位（X 型图纸竖放时）

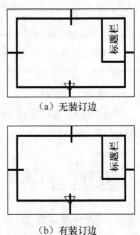

（a）无装订边

（b）有装订边

图 1-9　标题栏的方位（Y 型图纸竖放时）

### 1.1.4  附加符号（GB/T 14689—2008）

#### 1. 对中符号

为了使图样复制和缩微摄影时定位方便，对各号图纸，均应在图纸各边长的中点处分别画出对中符号。

对中符号用粗实线绘制，线宽不小于 0.5mm，长度从纸边界开始伸入图框内约 5mm，如图 1-8 和图 1-9 所示。

对中符号的位置误差应不大于 0.5mm。

当对中符号处在标题栏范围内时，则伸入标题栏部分省略不画，如图 1-9 所示。

#### 2. 方向符号

当按图 1-8 和图 1-9 所示使用预先印制的图纸时，为了明确绘图与看图时图纸的方向，应在图纸的下边对中符号处画出一个方向符号。

方向符号是用细实线绘制的等边三角形，其大小和所处的位置如图 1-10 所示。

#### 3. 剪切符号

为使复制图样时便于自动剪切，可在图纸（如供复制用的底图）的四个角上分别绘出剪切符号。

剪切符号可用直角边边长为 10mm 的黑色等腰三角形，如图 1-11（a）所示。当这种符号不适合某些自动切纸机时，也可以将剪切符号画成两条粗线段，线段的线宽为 2mm，线长为 10mm，如图 1-11（b）所示。

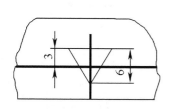

图 1-10  方向符号的尺寸和位置

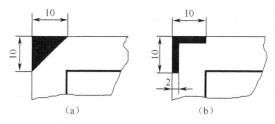

（a）　　　　　　　（b）

图 1-11  剪切符号

## 任务1.2  比例（GB/T 14690—1993）

### 1.2.1  术语

#### 1. 比例

比例是指图中图形与其实物相应要素的线性尺寸之比。

**2．原值比例**

原值比例是指比值为 1 的比例，即 1：1。

**3．放大比例**

放大比例是指比值大于 1 的比例，如 2：1 等。

**4．缩小比例**

缩小比例是指比值小于 1 的比例，如 1：2 等。

## 1.2.2　比例系列

（1）需要按比例绘制机械图样时，应从表 1-3 所示的"优先选用系列"中选取适当的比例，必要时也允许从"允许选用系列"中选取。

表 1-3　　　　　　　　　　　　　　　　比例系列

| 种　　类 | 比　　例 | | | | |
|---|---|---|---|---|---|
| | 优先选用系列 | 允许选用系列 | | | |
| 原值比例 | 1：1 | — | | | |
| 缩小比例 | 1：2　　1：5　　1：10<br>1：2×$10^n$　1：5×$10^n$　1：1×$10^n$ | 1：1.5　　1：2.5　　1：3　　1：4　　1：6<br>1：1.5×$10^n$　1：2.5×$10^n$　1：3×$10^n$　1：4×$10^n$　1：6×$10^n$ | | | |
| 放大比例 | 2：1　　5：1<br>2×$10^n$：1　5×$10^n$：1　1×$10^n$：1 | 2.5：1　　4：1<br>2.5×$10^n$：1　4×$10^n$：1 | | | |

注：$n$ 为正整数。

（2）绘图时为了从图样上直接反映出实物的大小，应尽量采用 1：1 的比例。由于各种机件的尺寸差别较大，绘图时可根据实际需要选取合适的比例。

## 1.2.3　标注方法

（1）比例符号应以"："表示。比例的表示方法如 1：1、1：500、20：1 等。

（2）比例一般应标注在标题栏中的比例栏内。必要时，可在视图名称的下方或右侧标注比例，如

$$\frac{I}{2：1}　\frac{A向}{1：100}　\frac{B—B}{2.5：1}　\text{平面图1：100}$$

（3）不论采用何种比例，图样上所标注的尺寸均应按机件的实际尺寸标注，与所选择的比例是放大还是缩小无关。绘制图样中的角度时，角度大小与比例无关，应按实际角度绘制，如图 1-12 所示。

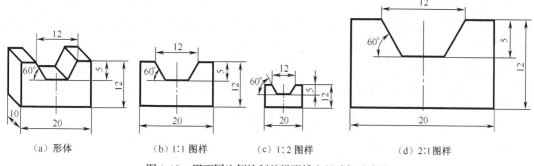

（a）形体　　　（b）1:1 图样　　　（c）1:2 图样　　　（d）2:1 图样

图 1-12　用不同比例绘制的梯形槽和尺寸标注方法

## 任务 1.3　字体（GB/T 14691—1993）

### 1.3.1　基本要求

（1）国家标准规定图样中书写的汉字、数字和字母必须做到"字体工整、笔画清楚、间隔均匀、排列整齐"。

（2）字体高度（用 $h$ 表示）的公称尺寸系列为 1.8mm、2.5mm、3.5mm、5mm、7mm、10mm、14mm 和 20mm。如果需要书写更大的字，其字体高度应按 $\sqrt{2}$ 的比率递增。字体高度代表字体的号数。

### 1.3.2　汉字

（1）汉字应写成长仿宋体字，并采用中华人民共和国国务院正式公布推行的《汉字简化方案》中规定的简化字。汉字的高度 $h$ 不应小于 3.5mm，其字宽一般为 $h/\sqrt{2}$ ，如图 1-13 所示。

10 号字

字体工整　笔画清楚　间隔均匀　排列整齐

7 号字

横平竖直　注意起落　结构均匀　填满方格

5 号字

技术制图机械电子汽车航空船舶土木建筑矿山井坑港口纺织服装

3.5 号字

螺纹齿轮端子接线飞行指导驾驶舱位挖填施工引水通风闸阀坝棉麻化纤

图 1-13　长仿宋体汉字示例

（2）书写长仿宋体汉字的要领：横平竖直、注意起落、结构匀称、填满方格。

横画应从左到右保持平直，略向右上方倾斜，竖画应铅垂。在下笔和提笔处要有笔锋和呈三角形的棱角。初学者应根据不同文字的结构特点，恰当地布置其各组成部分所占的位置，使字体匀称美观。字形的大小以主要笔画的尖锋触及格子为准，但对笔画少的细长型和扁平型字，其左右上下应向格子里适当缩进。例如，"月"字不可与格子同宽，"工"字不能与格子同高，而"国"字则不能与格子同大。长仿宋体汉字的基本笔画和书写技巧如表 1-4 所示。

表 1-4 　　　　　　　　　长仿宋体汉字的基本笔画和书写技巧

| 名称 | 点 | 横 | 竖 | 撇 | 捺 | 挑 | 折 | 勾 |
|---|---|---|---|---|---|---|---|---|
| 基本笔画及运笔法 | 尖点 垂点 撇点 上挑点 | 平横 斜横 | 平撇 斜撇 直撇 竖 | | 斜捺 平捺 | 平挑 斜挑 | 左折 右折 斜折 双折 | 竖勾 左曲勾 右曲勾 平勾 竖弯勾 包勾 横折弯勾 竖折折勾 |
| 举例 | 方光 心活 | 左七 下代 | 十 上 | 千月 八床 | 术分 建超 | 均公 技线 | 凹周 安及 | 牙子 代买 孔力 气码 |

### 1.3.3　字母和数字

（1）字母和数字分为 A 型和 B 型。A 型字体的笔画宽度（$d$）为字高（$h$）的 1/14，B 型字体的笔画宽度（$d$）为字高（$h$）的 1/10。在同一图样上，只允许选用一种类型的字体。

（2）字母和数字可写成斜体或直体。斜体字字头向右倾斜，与水平基准线成 75°。技术文件中字母和数字一般写成斜体。图 1-14 所示为字母和数字书写示例。

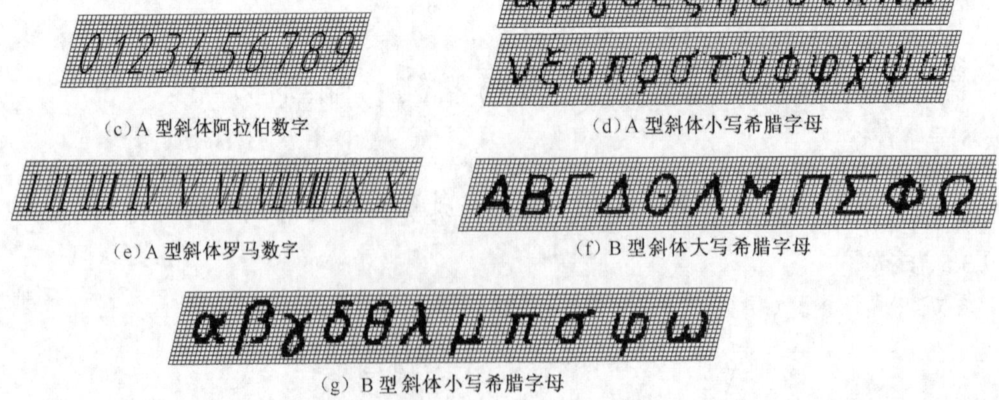

（a）A 型斜体大写拉丁字母

（b）A 型斜体小写拉丁字母

（c）A 型斜体阿拉伯数字

（d）A 型斜体小写希腊字母

（e）A 型斜体罗马数字

（f）B 型斜体大写希腊字母

（g）B 型斜体小写希腊字母

图 1-14　字母和数字书写示例

### 1.3.4　综合应用规定

（1）用作指数、分数、极限偏差、注脚及字母的字号一般采用小一号字体。

（2）图样中的数学符号、物理量符号、计量单位符号以及其他符号、代号，应分别符合国家的有关法令和标准的规定。图 1-15 所示为综合应用书写示例。

$$10^3 \quad S^{-1} \quad D_1 \quad T_d \quad \phi20^{+0.010}_{-0.023} \quad 7°^{+1°}_{-2°} \quad \frac{3}{5}$$

$$10Js5(\pm0.003) \quad M24-6h \quad R8 \quad 5\%$$

$$220V \quad 5M\Omega \quad 380kPa \quad 460r/min$$

$$\phi25\frac{H6}{m5} \quad \frac{\text{II}}{2:1} \quad \sqrt{\phantom{x}}^{Ra\,6.3}$$

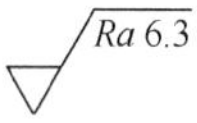

图 1-15　综合应用书写示例

## 任务 1.4　图线（GB/T 17450—1998、GB/T 4457.4—2002）

### 1.4.1　线型及其应用

图样中的图形是由不同形式的图线组成的。国家标准对机械制图中常用的图线名称、线型、线宽和一般应用做了规定，如表 1-5 所示。

图样中的线型

表 1-5　　　　　　　　　　　　　　机械制图的线型及应用

| 图线名称 | 线　　型 | 图线宽度 | 一 般 应 用 |
|---|---|---|---|
| 粗实线 | *d* | $d = 0.5$mm 或 $0.7$mm | 可见轮廓线、可见棱边线、相贯线、螺纹牙顶线、螺纹长度终止线、齿顶圆（线） |
| 细实线 |  | $d/2$ | 过渡线、尺寸线、尺寸界线、指引线和基准线、剖面线、重合断面的轮廓线、短中心线、螺纹的牙底及齿轮的齿根线、范围线及分界线、零件成形前的弯折线、辅助线、不连续的同一表面的连线、成规律分布的相同要素连线 |
| 波浪线 |   | $d/2$ | 断裂处边界线、视图与剖视图的分界线 |
| 双折线 | 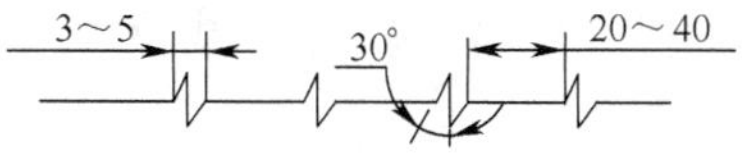 3～5　30°　20～40 | $d/2$ | 断裂处边界线 |

续表

| 图线名称 | 线　型 | 图线宽度 | 一　般　应　用 |
|---|---|---|---|
| 细虚线 | ⊢2~6 ⊢1~2 | $d/2$ | 不可见轮廓线、不可见棱边线、不可见过渡线 |
| 细点画线 | 10~25　　2~3 | $d/2$ | 轴线、对称中心线、分度圆（线）、孔系分布的中心线 |
| 细双点画线 | 10~20　　3~4 | $d/2$ | 相邻辅助零件的轮廓线、可动零件的极限位置的轮廓线、轨迹线、毛坯图中制成品的轮廓线 |
| 粗点画线 | 10~25　　2~3 | $d$ | 有特殊要求的线或表面的表示线 |

各种图线应用示例如图 1-16 所示。

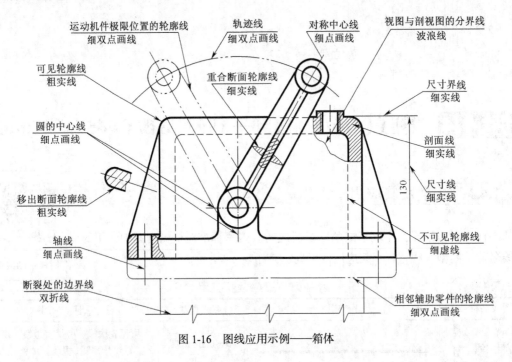

图 1-16　图线应用示例——箱体

## 1.4.2　图线宽度

在机械图样中采用粗、细两种线宽，用 $d$ 表示粗线宽度，细线的宽度一般为 $d/2$。粗实线 $d$ 应按图样的复杂程度和大小，在 0.13mm、0.18mm、0.25mm、0.35mm、0.5mm、0.7mm、1.0mm、1.4mm、2.0mm 中选择。

## 1.4.3　图线的画法

（1）在同一图样中，同类图线的宽度应保持基本一致。虚线、点画线及双点画线的长画长度和间隔距离应大致相同，其参考值如表 1-5 所示。

（2）点画线和双点画线中的短画应是极短的一条横线（长约 1mm），不应画成小圆点，绘制时应按长画、短画的顺序画出；点画线和双点画线的首末两端应是长画而不是短画，并超出图形轮廓线 2～5mm。

（3）图线相交时，都应与长画相交而不是点或间隔。例如，在画圆的中心线时，圆心应是长画的交点。

（4）当图形较小时，允许用细实线代替细点画线。

（5）两平行线（含剖面线）之间的距离应不小于粗实线的两倍宽度，其最小距离不得小于 0.7mm。

（6）当虚线位于粗实线的延长线上时，粗实线应画到分界点，而虚线应留有间隙；当虚线圆弧和虚线直线相切时，虚线圆弧的长画应画到切点，而虚线直线留有间隙。

（7）当两种或更多种图线重合时，如粗实线与虚线或点画线相重合时，画粗实线；当虚线与点画线或细实线相重合时，画虚线。

（8）图线不得与文字、数字或符号重叠、混淆，不可避免时，应首先保证文字的清晰。

图线在相交、相切处的画法示例如图 1-17 所示。

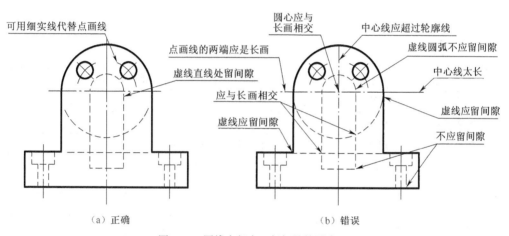

图 1-17　图线在相交、相切处的画法

# 知识梳理与总结

通过本项目的学习，读者能够正确使用国家标准中对图样的有关规定，具体包括图纸幅面和格式、比例、字体、图线等。

在本项目中应进行字体、图线的强化训练，为今后的手工绘图打下良好的基础。

# 项目 2
## 绘制平面图形

### 教学导航

| | |
|---|---|
| 教学目标 | 掌握常用绘图工具、用品、仪器的正确使用方法；掌握平面图形的绘制方法 |
| 教学重点 | 选择绘图工具；几何作图方法 |
| 教学难点 | 平面图形分析；平面图形的尺寸标注 |
| 能力目标 | 会选择合适的绘图工具；规范绘制平面图形 |
| 知识目标 | 常用绘图工具、用品、仪器；几何作图方法；分析平面图形；绘制平面图形；平面图形尺寸标注；徒手画平面图形的基本方法 |
| 选用案例 | 支架 |
| 考核与评价 | 项目成果评价占 50%，学习过程评价占 40%，团队合作评价占 10% |

### 项目导读

平面图形是机械制图中最简单的形式，本部分以支架为驱动项目来完成绘图工具的选择、平面图形的绘制及尺寸标注任务。本项目旨在让初学者掌握常用绘图工具的使用方法、基本几何作图方法及平面图形的绘制步骤。

### 任务 2.1 选择绘图工具

"工欲善其事，必先利其器。"要提高绘图的准确性和效率，初学者必须正确地使用各种绘图工具和仪器，并养成维护绘图工具和仪器的良好习惯。下面介绍几种常用绘图工具和仪器及其使用方法。

### 2.1.1　常用绘图工具

#### 1．图板

图板是用来固定图纸的。常用的图板规格有 A0～A3 四种，比相应的图纸略大些。图板板面应平整、光洁。图板的左侧面是导边，必须平直，如图 2-1 所示。

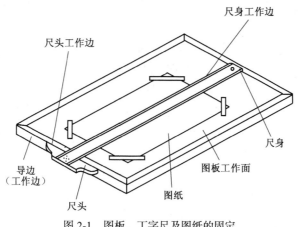

图 2-1　图板、丁字尺及图纸的固定

图纸用胶带纸固定在图板的左下角。画完图后，不要撕去胶带纸，只需将其向后卷贴在图纸的反面即可。不要使用图钉固定图纸，以免损坏板面。

#### 2．丁字尺

丁字尺由尺头和尺身组成（见图 2-1），主要用于绘制水平线。作图时，尺头工作边应紧靠图板左侧，并上下移动尺身至画线位置，如图 2-2（a）中①所示；然后用左手按住尺身，再自左至右在尺身工作边画线，如图 2-2（a）中②所示；铅笔沿尺身工作边从左往右运笔的角度如图 2-2（b）所示。禁止用丁字尺画垂线及用尺身下边缘画水平线。

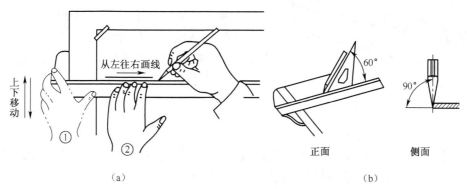

（a）　　　　　　　　　　　　　　　　　　　（b）

图 2-2　用丁字尺画水平线

### 3．三角板

一副三角板由 30°（60°）与 45° 两块三角板组成。三角板与丁字尺配合，可左右移动至画线位置，自下向上画出一系列垂直线，如图 2-3 所示；还可以画出各种 15° 倍数角度的斜线，如图 2-4 所示。

如果将两块三角板配合使用，还可以画任意方向已知线的平行线和垂直线，如图 2-5 所示。

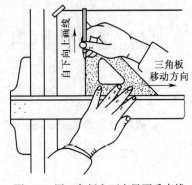

图 2-3　用三角板和丁字尺画垂直线

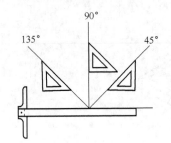 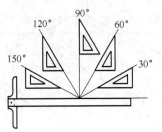 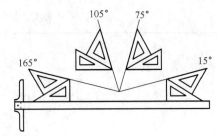

图 2-4　用三角板画 15° 倍数角度的斜线

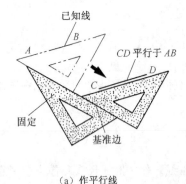 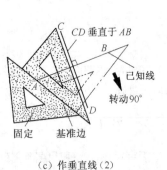

（a）作平行线　　　　　　（b）作垂直线（1）　　　　　　（c）作垂直线（2）

图 2-5　用两块三角板配合画任意方向已知线的平行线和垂直线

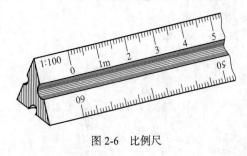

图 2-6　比例尺

### 4．比例尺

比例尺俗称三棱尺，主要用于绘制不同比例的图形，如图 2-6 所示。它的三个棱面上刻有六种不同比例的刻度。画图时，可按所需比例从比例尺上直接量取尺寸，不需要另行计算。

### 5．曲线板

曲线板用于绘制非圆曲线。使用时应先定出曲线上足够数量的吻合点（不少于四个点），再选择曲线板上曲率与其相吻合的部分，然后分段画出各段曲线。注意：某段曲线的末端应留一小段，当画下一段曲线时应使一小段与其重合，这样曲线才会圆滑，如图 2-7 所示。

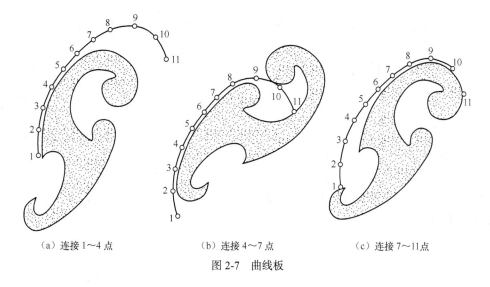

| （a）连接1～4点 | （b）连接4～7点 | （c）连接7～11点 |

图 2-7 曲线板

## 2.1.2 常用绘图用品

### 1. 铅笔

铅笔笔芯软硬程度分别以字母 B、H 及数字表示。B 前的数字越大表示笔芯越软，H 前的数字越大表示笔芯越硬，HB 表示软硬适中。不同硬度笔芯的形状及用途如表 2-1 所示。

表 2-1　　　　　　　　　　　不同硬度笔芯的形状及用途

| 笔芯硬度 | 2H | H | HB | B、2B |
| --- | --- | --- | --- | --- |
| 铅芯形状 | 圆锥形 | | | 楔形 |
| 用途 | 画底稿线 | 描深细实线、点画线 | 写字，画箭头 | 描深粗实线 |

铅笔应削制成圆锥形或楔形，木杆用小刀削，笔芯用砂纸打磨成所需形状，其磨削方法及尺寸如图 2-8 所示。此外，铅笔应从没有标号的一端开始使用，以便保留软硬的标号。

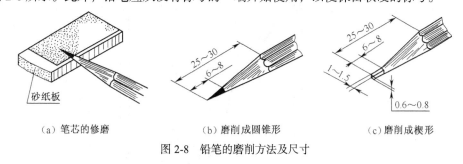

| （a）笔芯的修磨 | （b）磨削成圆锥形 | （c）磨削成楔形 |

图 2-8 铅笔的磨削方法及尺寸

### 2. 图纸

图纸要求质地坚实，用橡皮擦拭不易起毛。必须使用图纸的正面画图，判断图纸正反面的方法：用橡皮擦拭，不易起毛的是正面。将丁字尺尺头紧靠图板的导边，以尺身工作边为准，将图纸正面朝上摆正；图纸固定在图板的左下角，图纸下方应留出放置丁字尺的位置，如图 2-1 所示。

绘图还需用到的其他用品有橡皮、胶带纸、擦图片、砂纸、小刀、软毛刷及各种模板等。

### 2.1.3 常用绘图仪器

**1. 分规**

分规主要用于等分线段和截取尺寸等。使用前应检查分规的两个钢针脚，尽量使两个钢针针尖并拢时对齐，如图 2-9 所示。量取尺寸时，先张开至大于被量尺寸距离，再逐步压缩至被量尺寸大小，注意钢针不要扎进尺的刻度内，以避免损坏尺上的刻度。使用分规的具体手法如图 2-10 所示。

常用绘图工具的用法

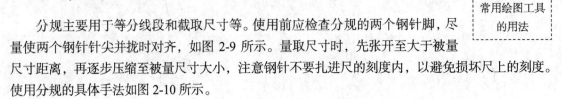

（a）正确　（b）错误

图 2-9　针尖对齐

（a）调整分规的手法　　　（b）截取尺寸的手法

图 2-10　使用分规的具体手法

**2. 圆规**

圆规用于画圆和圆弧。常用圆规附件如图 2-11 所示。圆规有三个可更换的插腿和加长杆：铅芯插腿可画一般铅笔图上的圆或圆弧（圆规的笔芯要比画直线的笔芯软一号）；钢针插腿可代替分规量取尺寸；鸭嘴插腿可用于描图；加长杆可画大圆。

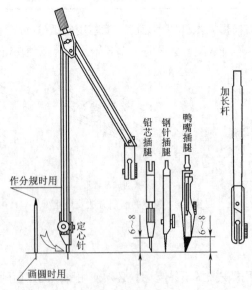

图 2-11　圆规

画圆时，圆规的钢针应使用有台肩的一端，并使台肩与铅芯尖平齐。圆规的使用方法如

图 2-12（a）、（b）、（c）、（d）所示。圆规的铅芯应削成与纸面成 75° 的楔形，以使所画圆弧粗细均匀，如图 2-12（e）所示。

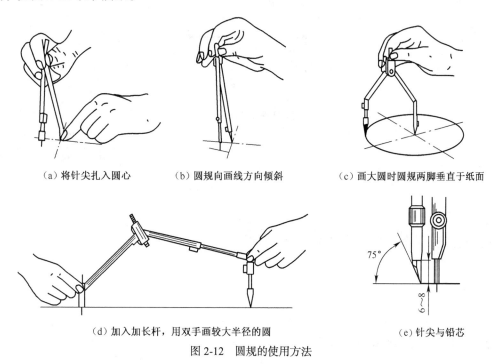

（a）将针尖扎入圆心　　　（b）圆规向画线方向倾斜　　　（c）画大圆时圆规两脚垂直于纸面

（d）加入加长杆，用双手画较大半径的圆　　　　　（e）针尖与铅芯

图 2-12　圆规的使用方法

## 任务 2.2　几何作图方法

机件的轮廓是由点、线、面几何要素组成的，图线是这些几何要素的表述。因此，熟练掌握几何作图方法是绘制机械图样的基本技能之一。

### 2.2.1　等分直线段

#### 1. 分规试分法

如图 2-13 所示，要将直线 AB 四等分，可先将分规的开度调整至约 AB/4 长，然后在线段 AB 上试分，得点Ⅳ（点Ⅳ也可以在端点 B 之外）；设 BⅣ为 e，然后再调整分规，使其长度增加（或缩减）e/4 左右，而后重新试分，通过逐步逼近，即可将线段 AB 四等分。

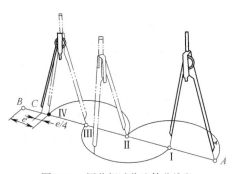

图 2-13　用分规试分法等分线段

#### 2. 辅助平行线法

以五等分线段 AB 为例，作图步骤如图 2-14 所示。

五等分线段

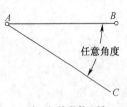

（a）过已知线段的一端点，画任意角度的射线

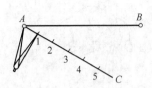

（b）用分规自射线的起点量取 5 个线段

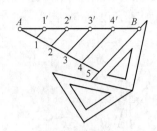

（c）将等分的最末点与已知线段的另一端点相连，再过各等分点作该线的平行线与已知线段相交即得到已知线段的等分点

图 2-14　用平行线法等分线段

## 2.2.2　等分圆周和正多边形的画法

### 1. 任意等分圆周

欲将圆周进行 $n$ 等分，可计算等分后的圆心角（ $360°/n$ ），再用量角器量取各圆心角等分圆周，最后依次连接各等分点即得圆的内接正 $n$ 边形。

### 2. 用圆规等分圆周及作正多边形

图 2-15 所示为用圆规法作圆的三等分、六等分、十二等分及作内接正多边形。

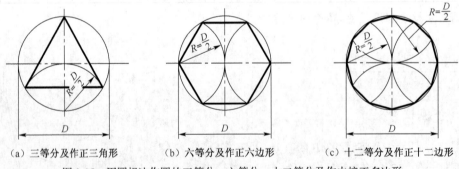

（a）三等分及作正三角形　　　（b）六等分及作正六边形　　　（c）十二等分及作正十二边形

图 2-15　用圆规法作圆的三等分、六等分、十二等分及作内接正多边形

### 3. 用丁字尺和三角板配合作正多边形

图 2-16 所示为用丁字尺和三角板配合作圆的三等分、六等分、十二等分及作内接正多边形。

圆周的三等分和六等分画法

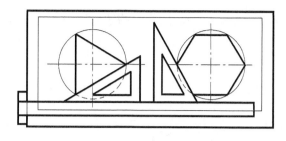

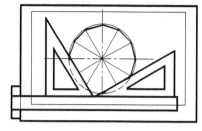

（a）三等分及作正三角形　　（b）六等分及作正六边形　　　　　（c）十二等分及作正十二边形

图 2-16　用丁字尺和三角板配合作圆的三等分、六等分、十二等分及作内接正多边形

### 4. 五等分圆周及作正五边形

五等分圆周

图 2-17 所示为用圆规法五等分圆周及作内接正五边形。调转等分方向再进行一次五等分就可以将圆进行十等分。

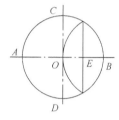

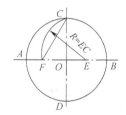

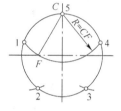

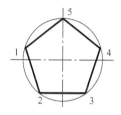

（a）作 OB 的中点 E　　（b）以点 E 为圆心、EC 为　　（c）以线段 CF 作为圆周五　　（d）连接相邻各点，
　　　　　　　　　　　　　　半径作圆弧与 OA 交点 F　　　等分的弦长，在圆周上　　　　即得圆内接正五
　　　　　　　　　　　　　　　　　　　　　　　　　　　　依次截取圆周得五个等　　　边形
　　　　　　　　　　　　　　　　　　　　　　　　　　　　分点

图 2-17　五等分圆周及作内接正五边形

## 2.2.3　锥度和斜度

### 1. 斜度

（1）斜度的定义

锥度和斜度

斜度是指一直线（或平面）相对另一直线（或平面）的倾斜程度。其大小用两条直线（或平面）夹角 $\alpha$ 的正切来表示。如图 2-18（a）所示，直线 CD 对直线 AB 的斜度可按下列公式计算。

$$\tan\alpha = H / L = (H - h) / l$$

（2）斜度的标注

通常将此比值化为 $1:n$ 的形式。标注斜度时，需在 $1:n$ 前加注斜度符号，斜度符号按图 2-18（b）所示绘制。

符号的倾斜方向必须与图形的倾斜方向一致，并且应特别注意斜度符号的水平线和斜线应与所标斜度的方向相对应。图 2-19 所示为斜度标注的正误对比，图 2-19（a）所示为正确的标注方法，图 2-19（b）所示为错误的标注方法，因为斜度符号的倾斜边与图形的倾斜边方向不同。

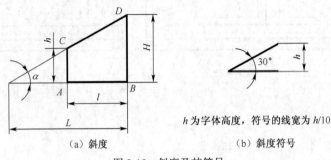

图 2-18　斜度及其符号

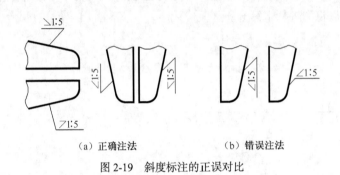

图 2-19　斜度标注的正误对比

（3）斜度的画法

图 2-20（a）所示斜度为 1∶6，其具体画图的方法和步骤如图 2-20（b）和图 2-20（c）所示。

图 2-20　斜度的画法

## 2. 锥度

（1）锥度的定义

锥度是指正圆锥体的底圆直径与其高度之比（对于圆锥台，则为底圆与顶圆的直径差与其高度之比），如图 2-21（a）所示，锥度的计算公式为

$$2\tan(\alpha/2) = D/L = (D-d)/l$$

（2）锥度的标注

通常将此比值化成 1∶$n$ 的形式。标注锥度时，需在 1∶$n$ 前加注锥度符号，锥度符号按图 2-21（b）所示绘制。

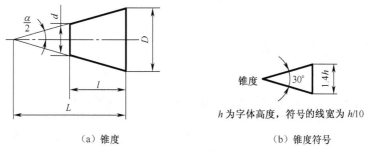

（a）锥度　　　　　　　　　　　　　　　　　　（b）锥度符号

$h$ 为字体高度，符号的线宽为 $h/10$

图 2-21　锥度及其符号

标注锥度时，符号的方向应与图形中大、小端方向一致，并对称地配置在基准直线上，即基准线应从锥度符号中间穿过，如图 2-22 所示。

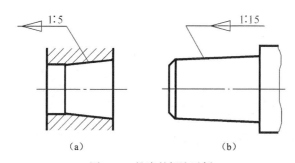

（a）　　　　　　　　　　　　（b）

图 2-22　锥度的标注示例

（3）锥度的画法

图 2-23（a）所示的锥度为 1∶3，其具体画图的方法和步骤如图 2-23（b）和图 2-23（c）所示。

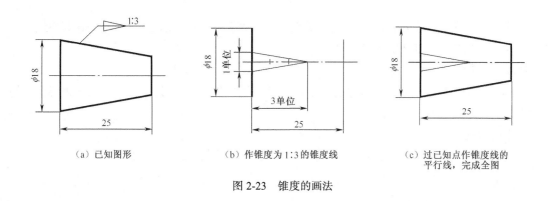

（a）已知图形　　　　　（b）作锥度为 1∶3 的锥度线　　　　（c）过已知点作锥度线的
　　　　　　　　　　　　　　　　　　　　　　　　　　　　　　平行线，完成全图

图 2-23　锥度的画法

机械制图（AR版）（附微课视频）

## 2.2.4　圆弧切线的作图方法

直线光滑地相切于圆弧称为圆弧切线。绘图时通常借助两块三角板作图，作图的关键是求切点。

### 1.　外公切线的作图方法

（1）初定切线

将一块三角板的直角边调整成与两圆相切，另一块三角板紧靠在其斜边上，初步确定切线的位置，如图 2-24（b）所示。

（2）找出切点

移动第一块三角板使另一直角边过圆心 $O_1$、$O_2$，该直角边和圆周的交点 $A$、$B$ 即为切点，如图 2-24（c）所示。

（3）连接切点

用一块三角板将 $A$、$B$ 两点连接起来即得所求切线，如图 2-24（d）所示。

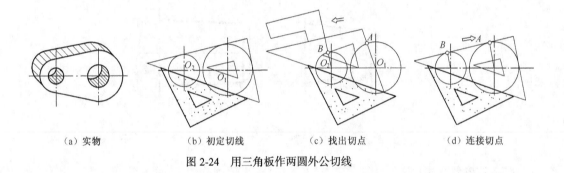

（a）实物　　　　　（b）初定切线　　　　　（c）找出切点　　　　　（d）连接切点

图 2-24　用三角板作两圆外公切线

### 2.　内公切线的作图方法

（1）初定切线

将第一块三角板的直角边调整成与两圆相切，然后将第二块三角板的斜边紧靠在其斜边上，初步确定切线的位置，如图 2-25（b）所示。

（2）找出切点

移动第一块三角板使另一直角边过圆心 $O_1$、$O_2$，该直角边和圆周的交点 $A$、$B$ 即为切点，如图 2-25（c）所示。

（3）连接切点

用一块三角板将 $A$、$B$ 两点连接起来即得所求切线，如图 2-25（c）所示。

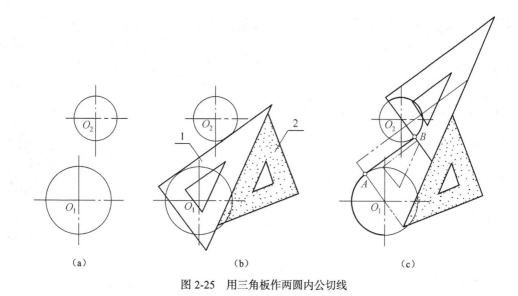

图 2-25　用三角板作两圆内公切线

## 2.2.5　圆弧连接

很多机器零件常具有光滑连接的表面，如图 2-26 所示。因此，绘制这些零件的图形时，就会遇到圆弧连接的作图问题。

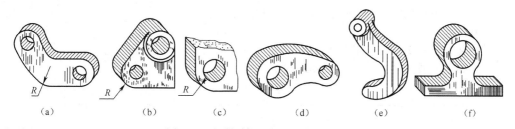

图 2-26　机器零件上光滑连接的表面

### 1．圆弧连接的作图原理

为保证连接光滑，画连接弧的关键是要准确地求出连接弧的圆心及切点，再按已知半径作连接弧。求连接弧的圆心和切点的基本作图原理如表 2-2 所示。

表 2-2　　　　　　　　　　　　圆弧连接的基本作图原理

| 类别 | 圆弧与直线连接（相切） | 圆弧外连接圆弧（外切） | 圆弧内连接圆弧（内切） |
|---|---|---|---|
| 图例 | | | |

续表

| 类别 | 圆弧与直线连接（相切） | 圆弧外连接圆弧（外切） | 圆弧内连接圆弧（内切） |
|---|---|---|---|
| 连接弧圆心及切点 | 连接弧的圆心轨迹是平行于已知直线且相距为 $R$ 的直线。切点为连接弧圆心向已知直线作垂线的垂足 $T$ | 连接弧的圆心轨迹是已知圆弧的同心圆弧，其半径为（$R_1+R$）；切点为两圆连心线与已知圆弧的交点 $T$ | 连接弧的圆心轨迹是已知圆弧的同心圆弧，其半径为（$R_1-R$）；切点为两圆连心线的延长线与已知圆弧的交点 $T$ |

## 2. 用圆弧连接两直线

两直线间的圆弧连接作图步骤如表 2-3 所示。

使用弧平滑连接两已知直线

表 2-3 　　　　　　　　　　　用圆弧连接两直线

| 类别 | 用圆弧连接锐角或钝角的两边 | 用圆弧连接直角的两边 |
|---|---|---|
| 图例 | | |
| 作图步骤 | ① 作与已知角两边相距为 $R$ 的平行线，交点 $O$ 即为连接弧的圆心。<br>② 自点 $O$ 分别向已知角两边作垂线，垂足 $T_1$、$T_2$ 即为切点。<br>③ 以点 $O$ 为圆心、$R$ 为半径在两切点 $T_1$、$T_2$ 之间画连接弧即完成全图。 | ① 以直角顶点为圆心，$R$ 为半径画弧，交直角两边于点 $T_1$、$T_2$。<br>② 以点 $T_1$、$T_2$ 为圆心，$R$ 为半径画弧，相交得连接弧的圆心 $O$。<br>③ 以点 $O$ 为圆心、$R$ 为半径在 $T_1$、$T_2$ 间画连接弧即完成作图 |

## 3. 用圆弧连接一直线和一圆弧

一直线和一圆弧间的圆弧连接作图步骤如表 2-4 所示。

使用圆弧平滑连接直线和圆弧

表 2-4 　　　　　　　　　　　用圆弧连接一直线和一圆弧

| 已知条件 | 作图方法和步骤 | | |
|---|---|---|---|
| | （1）求连接弧圆心 $O$ | （2）求连接点（切点）$T_1$、$T_2$ | （3）画连接弧并描深 |
| | | | |

### 4．用圆弧连接两圆弧

两圆弧间的圆弧连接作图步骤如表 2-5 所示。

使用圆弧外平滑
连接两已知圆

表 2-5　　　　　　　　　　　　　　用圆弧连接两圆弧

| 类别 | 已知条件 | 作图方法和步骤 | | |
|---|---|---|---|---|
| | | （1）求连接弧圆心 | （2）求连接点（切点） | （3）画连接弧并描深 |
| 外连接 | | | | |
| 内连接 | | | | |
| 混合连接 | | | | |

## 2.2.6　椭圆的画法

### 1．四心圆法

用四段圆弧连接近似代替椭圆曲线，因为四段圆弧有四个圆心，称为四心圆法。其具体作图步骤如下。

（1）画长轴 $AB$ 和短轴 $CD$，连接 $AC$，并取 $CE=OA-OC$，如图 2-27（a）所示。

（2）作 $AE$ 的中垂线，与长、短轴分别交于 1、2 两点，作出与 1、2 两点对称的 3、4 点，并连接 12、23、34、41 各点并延长，如图 2-27（b）所示。

（3）分别以点 1、点 3 为圆心，$1A$（或 $3B$）为半径作圆弧；再分别以点 2、点 4 为圆心，以 $2C$（或 $4D$）为半径作圆弧，这四个圆弧两两相切，切点在 12、23、34、41 四条直线上，如图 2-27（c）所示。

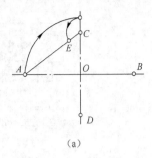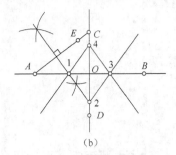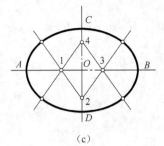

（a） （b） （c）

图 2-27　用四心圆法近似画椭圆

### 2. 同心圆法

用同心圆法画椭圆的具体作图步骤如下。

（1）分别以长、短轴 $AB$、$CD$ 为直径作同心圆，如图 2-28（a）所示。

（2）过圆心 $O$ 作一系列等分放射线与两圆相交，交点为 Ⅰ、Ⅱ、…和 1、2、…，过点 Ⅰ、Ⅱ、…引垂线，与过点 1、2、…作水平线，分别相交于点 $P_1$、$P_2$、…，如图 2-28（b）所示。

（3）依次光滑连接各点，即得椭圆，如图 2-28（c）所示。

椭圆的画法

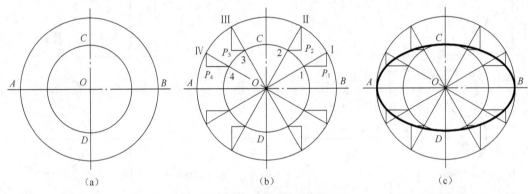

（a） （b） （c）

图 2-28　用同心圆法画椭圆

## 任务 2.3　绘制平面图形

如图 2-29 所示，在平面图形中，有些线段可以根据所给定的尺寸直接画出；而有些线段则需利用线段连接关系，找出潜在的条件才能画出。因此，画平面图形之前，必须先对图形的尺寸进行分析，确定线段的性质，明确作图顺序，才能正确快速地画出图形。

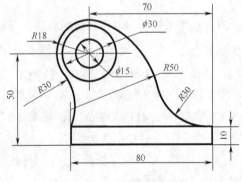

图 2-29　支架平面图形

### 2.3.1　分析平面图形

#### 1．尺寸分析

平面图形尺寸分析的主要目的是分析图中尺寸的基准和各尺寸的作用，以确定画图时所需的尺寸数量，并根据图中所注的尺寸来确定画图的先后顺序。

（1）尺寸基准

尺寸基准是指标注尺寸的起点。平面图形一般应有水平和垂直两个坐标方向的尺寸基准。通常选择对称图形的对称线、较大圆的对称中心线及主要轮廓线等作为尺寸基准。当图形在某个方向上存在多个尺寸基准时，应以其中一个为主（称为主要基准），其余的则为辅（称为辅助基准）。如图 2-30 所示，右边线和底线分别为该平面图形水平和垂直方向的尺寸基准（主要基准），画图时必须首先画出一对主要基准线。

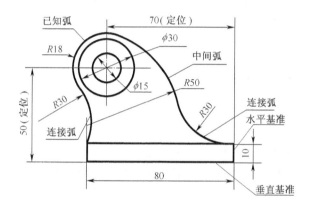

图 2-30　支架平面图形的尺寸分析和线段分析

（2）定形尺寸

定形尺寸是指平面图形中用以确定各线段（或线框）形状、大小的尺寸。例如，直线段的长度、圆和圆弧的直径或半径、矩形的长和宽、多边形的边长、角度的大小等都属于定形尺寸。图 2-30 所示的 $\phi15$、$\phi30$、$R18$、$R30$、$R50$、80 和 10 均属于定形尺寸。

（3）定位尺寸

定位尺寸是指平面图形中用以确定各线段（或线框）之间相对位置的尺寸。确定平面图形的位置需有两个方向的定位尺寸，即水平（横向）和垂直（竖向）。例如，在图 2-30 所示 $\phi30$ 圆的圆心的定位尺寸中，尺寸 70 为水平（横向）的定位尺寸，尺寸 50 为垂直（竖向）的定位尺寸。

应该指出，有时一个尺寸同时具有定形和定位两种作用。例如，图 2-30 所示的尺寸 80 既是矩形的长度（定形尺寸），也是 $R50$ 圆弧尺寸的横向定位尺寸。定位尺寸也是图形某一方向尺寸的主要基准与辅助基准间相互联系的尺寸。

## 2．线段分析

平面图形中的线段，一般根据其尺寸的完整程度分为下面 3 种。

（1）已知线段（圆弧）

定形尺寸和定位尺寸均齐全的线段称为已知线段（圆弧）。画该类线段可按尺寸直接作图，如图 2-30 所示 $\phi15$ 和 $\phi30$ 的圆、$R18$ 的圆弧、80 和 10 的直线等几个线段。画图时应先画出已知线段（圆弧）。

（2）中间线段（圆弧）

定形尺寸齐全，但缺少一个定位尺寸的线段称为中间线段（圆弧）。画该类线段应根据其与相邻已知线段的几何关系，通过几何作图确定所缺的定位尺寸才能画出，如图 2-30 所示的 $R50$ 圆弧。中间线段（圆弧）需在其相邻的已知线段画完后才能画出。

（3）连接线段（圆弧）

只有定形尺寸而没有定位尺寸的线段称为连接线段（圆弧）。画该类线段应根据其与相邻两线段的几何关系，通过几何作图的方法画出，如图 2-30 所示的 $R30$ 圆弧。连接线段（圆弧）需在最后画出。

## 2.3.2　绘图方法和步骤

### 1．准备工作

（1）对平面图形进行尺寸分析和线段分析，然后根据各自特点拟订绘图步骤。

（2）根据需画图形的大小、数量确定绘图比例，选用图幅，固定图纸。

### 2．绘制底稿

（1）按国标规定画出图框线和标题栏框格。

（2）合理布置各视图及技术要求的位置，图形布置应留有标注尺寸的位置，布局应做到匀称适中，不偏置或过于集中。

（3）底稿线应轻、细、准确、线型分明。绘图时，先画基准线、对称中心线或轴线，再画主要轮廓线，按照由大到小、由整体到局部、最后画细节的顺序，画出所有轮廓线。完成底稿后，仔细检查全图，修正错误，擦去多余的线。绘制平面图形的具体步骤如图 2-31 所示。

### 3．铅笔加深图线

（1）一般先加深全部粗实线，再加深全部点画线、细实线和虚线。同类图线应保持粗细、深浅一致。

（2）在加深同一种线型时，应先曲线后直线，以保证连接光滑。

（3）加深多个同心圆，应先小后大。

（4）加深直线的顺序应是先横、再竖、后斜，按水平线从上到下、垂直线从左到右的顺序依次完成，如图 2-32 所示。

（5）最后加深图框和标题栏。

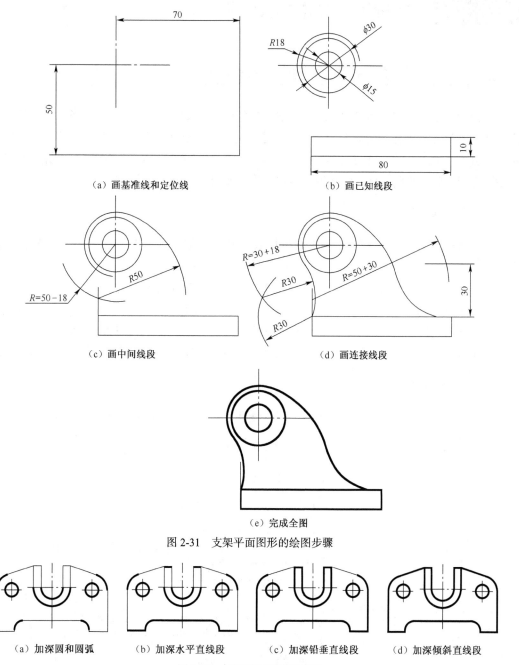

（a）画基准线和定位线　　　　　　（b）画已知线段

（c）画中间线段　　　　　　（d）画连接线段

（e）完成全图

图 2-31　支架平面图形的绘图步骤

（a）加深圆和圆弧　　（b）加深水平直线段　　（c）加深铅垂直线段　　（d）加深倾斜直线段

图 2-32　加深平面图形的步骤

## 4．后续工作

加深图线后，还应标注尺寸，填写标题栏及其他必要的文字说明，进行检查整理等，这些将在后续的任务中逐一说明。

二维图形绘图案例

# 任务 2.4 平面图形的尺寸标注

## 2.4.1 尺寸注法（GB/T 4458.4—2003）

图样中的图形仅能表达机件的结构形状，其各部分的大小和相对位置关系还必须由尺寸来确定。因此，尺寸是图样中的重要内容之一，是制造、检验机件的直接依据。《技术制图 尺寸注法》（GB/T 16675.2—1996）和《机械制图 尺寸注法》（GB/T 4458.4—2003）国家标准对尺寸注法做了专门规定。绘制图样时，必须严格遵守国标规定的原则和标注方法。

### 1. 基本规则

（1）机件的真实大小应以图样上所注的尺寸数值为依据，与图形的大小及绘图的准确度无关。

（2）图样中（包括技术要求和其他说明）的尺寸，以毫米（mm）为单位时，不需标注单位符号（或名称）。如果采用其他单位，则应注明相应的单位符号。

（3）图样中所标注的尺寸，为该图样所示机件的最后完工尺寸，否则应另加说明。

（4）机件的每一尺寸一般只标注一次，并应标注在反映该结构最清晰的图形上。

### 2. 尺寸的基本要素

一个完整的尺寸标注应由尺寸界线、尺寸线和尺寸数字 3 个要素组成，如图 2-33 所示。

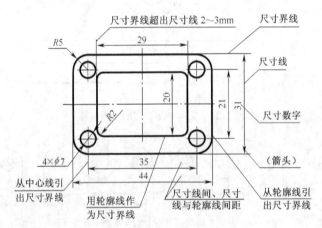

图 2-33 尺寸的基本要素

（1）尺寸界线

尺寸界线表示尺寸的度量范围。尺寸界线用细实线绘制，并应由图形的轮廓线、轴线或对称中心线处引出，也可利用轮廓线、轴线或对称中心线作尺寸界线。

尺寸界线一般应与尺寸线垂直并超过尺寸线 2~3mm。当尺寸界线过于贴近轮廓线时，也允许倾斜画出；在光滑过渡处标注尺寸时，应用细实线将轮廓线延长，从它们的交点处引出尺寸界线，如图 2-34 所示。

（2）尺寸线

尺寸线表示尺寸的度量方向。尺寸线用细实线绘制，不能用其他图线代替，一般也不得与其他图线重合或画在其延长线上。

标注线性尺寸时，尺寸线应与所标注的线段平行，其间隔或平行的尺寸线之间的间隔，一般为 5～7mm。尺寸线与尺寸线之间或尺寸线与尺寸界线之间应尽量避免相交；互相平行的尺寸线，小尺寸在里，大尺寸在外，如图 2-33 所示。

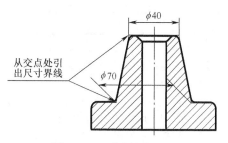

图 2-34　尺寸界线的画法

尺寸线终端有箭头或斜线（当尺寸线与尺寸界线相互垂直时用）两种形式。机械图样的尺寸线终端一般用箭头形式，如图 2-35（a）所示。图 2-35（b）所示列出了常见错误箭头的画法，应尽量避免。

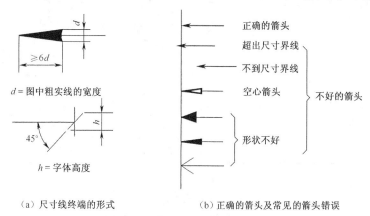

（a）尺寸线终端的形式　　　　　（b）正确的箭头及常见的箭头错误

图 2-35　尺寸线终端画法

（3）尺寸数字

尺寸数字用来表示所注尺寸的数值。标注尺寸数字时一定要认真仔细、字迹清楚，应避免可能造成误解的一切因素，尺寸数字的注法如表 2-6 所示。

表 2-6　　　　　　　　　　　　　　尺寸数字的注法

| 说　明 | 图　例 |
|---|---|
| 对于线性尺寸的数字，水平的一般应标注在尺寸线的上方，垂直的一般应标注在尺寸线的左方，也允许标注在尺寸线的中断处 | 注在尺寸线上方　　　　　　注在尺寸线中断处 |
| 尺寸数字的书写方法有两种。<br><br>方法一：如图（a）所示，水平方向的尺寸数字字头朝上；垂直方向的尺寸数字字头朝左；倾斜方向的尺寸数字字头保持朝上的趋势。尽可能避免在图示 30° 范围内标注尺寸，当无法避免时，可按图（b）所示的形式引出标注 | 方法一<br><br>（a）　　　　　　　　（b） |

续表

| 说　明 | 图　例 |
|---|---|
| 方法二：对于非水平方向的尺寸，其数字可水平地标注在尺寸线的中断处。<br>标注时，一般应采用方法一。当图形简单、尺寸较少时，也允许采用方法二。但在同一个图样中，应尽可能采用同一种方法 | 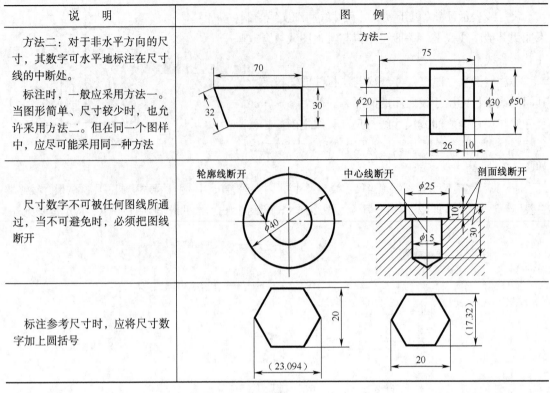 |
| 尺寸数字不可被任何图线所通过，当不可避免时，必须把图线断开 | |
| 标注参考尺寸时，应将尺寸数字加上圆括号 | |

图样中的尺寸及其标注要求

## 3. 常见尺寸的注法

根据国家标准的有关规定，表 2-7 中列举了常见尺寸的注法示例以供参考。

表 2-7　　　　　　　　　　常见尺寸的注法

| 尺寸种类 | 图　例 | 说　明 |
|---|---|---|
| 直线尺寸的注法 | 正　　误 | 串列尺寸的相邻箭头应对齐，即应注在一条直线上 |
| | 正　　误 | 并列尺寸应是小尺寸在内，大尺寸在外，尺寸间隔为 5～7mm |

续表

| 尺寸种类 | 图　例 | 说　明 |
|---|---|---|
| 直径尺寸的注法 | | 圆或大于半圆的圆弧及跨于两边的同心圆弧的尺寸应标注直径；标注时，在尺寸数字前加注直径符号"$\phi$" |
| 半径尺寸的注法 | | 小于或等于半圆的圆弧尺寸一般标注半径；标注时，在尺寸数字前加注半径符号"$R$" |
| 球面尺寸的注法 | | 标注球面时，应在符号"$\phi$"或"$R$"前加注符号"$S$"；对于螺钉、铆钉等的球体，在不致引起误解时，可省略符号"$S$" |
| 狭小尺寸的注法 | | 当没有足够的位置标注数字和画箭头时，可把箭头或数字之一布置在图形外，也可把箭头与数字均布置在图形外 |
| | | 标注串列线性小尺寸时，可用小圆点代替箭头，但两端的箭头仍应画出 |
| 角度尺寸的注法 | | 角度的尺寸界线应沿径向引出，尺寸线应画成圆弧，角的顶点是圆心；尺寸线的终端用箭头。角度的数字一律按水平方向标注，一般标注在尺寸线中断处。必要时，也可按右图的形式标注 |
| 对称图形尺寸的注法 | | 对称图形尺寸的标注为对称分布；当对称图形只画出一半或略大于一半时，尺寸线应略超过对称中心线或断裂处的边界线，尺寸线另一端画出箭头 |

续表

| 尺寸种类 | 图　例 | 说　明 |
|---|---|---|
| 弧长及弦长尺寸的注法 | 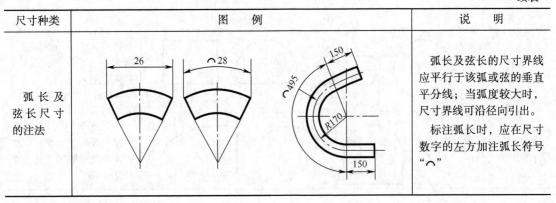 | 弧长及弦长的尺寸界线应平行于该弧或弦的垂直平分线；当弧度较大时，尺寸界线可沿径向引出。<br>标注弧长时，应在尺寸数字的左方加注弧长符号"⌒" |

## 4．尺寸的简化注法（GB/T 16675.2—2012）

尺寸的简化注法必须保证不致引起误解和不会产生理解的多意性。在此前提下，应力求制图简便。

（1）标注尺寸的符号和缩写词

标注尺寸的符号及缩写词应符合表 2-8 所示的规定。表 2-8 所示符号的线宽为 $h/10$（$h$ 为字体高度），符号的比例画法如图 2-36 所示并符合 GB/T 18594—2001 中的有关规定。

表 2-8　　　　　　　　　　　　　　标注尺寸的符号及缩写词

| 序　号 | 含　义 | 符号或缩写词 | 序　号 | 含　义 | 符号或缩写词 |
|---|---|---|---|---|---|
| 1 | 直径 | $\phi$ | 9 | 深度 | ▽ |
| 2 | 半径 | $R$ | 10 | 沉孔或锪平 | ⊔ |
| 3 | 球直径 | $S\phi$ | 11 | 埋头孔 | ∨ |
| 4 | 球半径 | $SR$ | 12 | 弧长 | ⌒ |
| 5 | 厚度 | $t$ | 13 | 斜度 | ∠ |
| 6 | 均布 | EQS | 14 | 锥度 | ◁ |
| 7 | 45°倒角 | $C$ | 15 | 展开长 | ⌒▶ |
| 8 | 正方形 | □ | 16 | 型材截面形状 | （按 GB/T 4656.1—2000） |

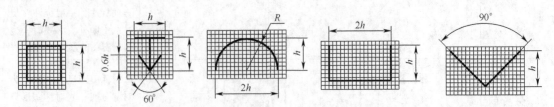

图 2-36　标注尺寸用符号的比例画法

（2）尺寸简化注法

标注尺寸时，其简化注法如表 2-9 所示。

表 2-9 尺寸简化注法

| 序号 | 简 化 前 | 简 化 后 | 说 明 |
|---|---|---|---|
| 1 | | | 标注尺寸时，可采用带箭头的指引线 |
| 2 | | | 从同一基准出发的尺寸可按简化后的形式标注 |
| 3 | | | 一组同心圆弧或圆心位于一条直线上的多个不同心圆弧的尺寸，可用共用的尺寸线和箭头依次表示（尺寸之间用逗号分开） |
| 4 | | | 一组同心圆或尺寸较多的台阶孔的尺寸，也可用共用的尺寸线和箭头依次表示（尺寸之间用逗号分开） |

## 2.4.2 平面图形的尺寸标注

### 1. 常见平面图形的尺寸标注

常见平面图形的尺寸标注示例如表 2-10 所示。

表2-10　　　　　　　　　　　　　常见平面图形的尺寸标注示例

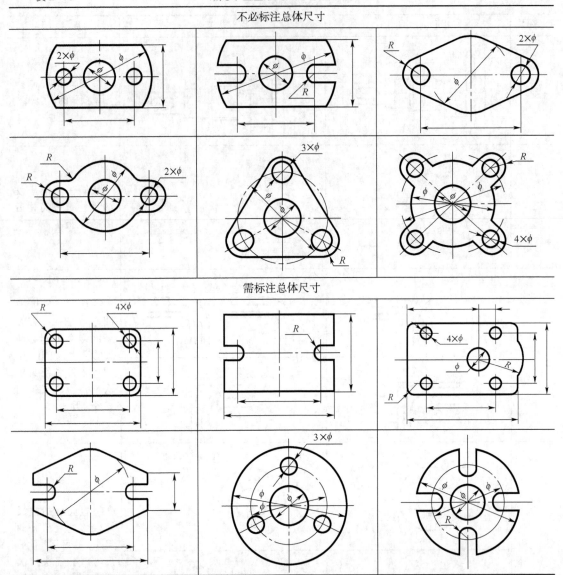

不必标注总体尺寸

需标注总体尺寸

## 2. 平面图形的尺寸标注方法

（1）平面图形尺寸标注的基本要求：正确、完整、清晰。

① 正确是指标注的尺寸应符合国家标准的有关规定，并且尺寸数值正确，不相互矛盾。

② 完整是指尺寸标注齐全，不遗漏、不重复。

③ 清晰是指尺寸配置在图形恰当处，布局整齐、标注清晰。

（2）标注平面图形尺寸的一般步骤如下。

① 分析图形的形状以及组成部分，弄清各组成部分之间的相对位置关系，确定尺寸基准。

② 标注全部定形尺寸，如图2-37（a）所示。

③ 标注必要的定位尺寸。已知线段的两个定位尺寸都要注出；中间线段只需注出一个定位尺寸；连接线段的两个定位尺寸都不必注出，否则便会出现多余尺寸，如图2-37（b）所示。

④ 检查、调整、补遗删多,结果如图 2-37(c)所示。

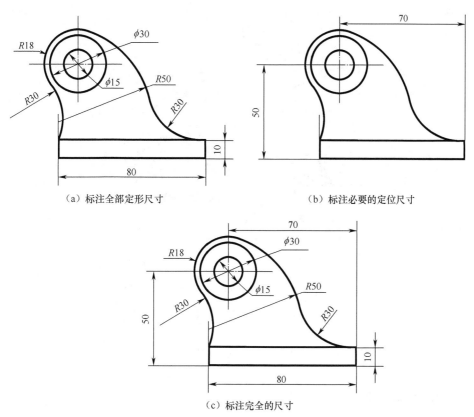

(a)标注全部定形尺寸          (b)标注必要的定位尺寸

(c)标注完全的尺寸

图 2-37 支架平面图形的尺寸标注

## 任务2.5 徒手画平面图形的基本方法

直接徒手绘制的图样称为草图,它是通过目测来估计机件的形状和大小,不借助绘图仪器绘制机械图样。草图在产品设计和现场测绘中占有很重要的地位,草图绘制也是工程技术人员必须具备的一项技能。

绘制草图不是潦草地画图,绘制时应做到画线平稳,图线符合规定,目测比例尽量要准,图面质量尽量要好,绘图速度要快,尺寸标注合理,字体应工整。

### 1. 直线的画法

画直线时,握笔的手要放松,用手腕抵着纸面,标记好起始点和终止点,铅笔放在起始点,沿着画线的方向移动;眼睛不要死盯着笔尖,而要瞄准线段的终点。用较快的速度画出直线,不要一小段一小段地画。画垂直线时要自上而下画线;画水平线时应自左向右画线;画倾斜直线时,可将图纸调整到画线最为顺手的位置,如图 2-38 所示。

### 2. 圆的画法

画圆时,先定出圆心位置,过圆心画出两条相互垂直的中心线,再在中心线上按半径定出四个点后，分两半画成。画大圆时，可在 45°方向的两条中心线上再增加四个点，分段逐步完成，如图 2-39 所示。

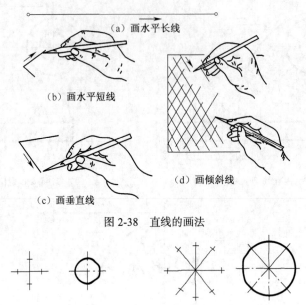

（a）画水平长线

（b）画水平短线

（c）画垂直线

（d）画倾斜线

图 2-38　直线的画法

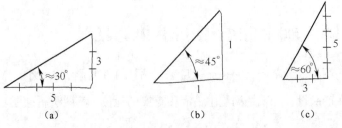

（a）　　　　　　　　　　　（b）

图 2-39　圆的画法

## 3. 特殊角度的画法

画 30°、45°、60°等特殊角度时，可借助于直角三角形来近似得到，如图 2-40 所示。

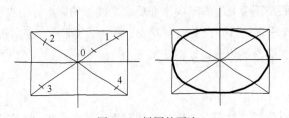

（a）　　　　　　　　　　（b）　　　　　　　　　　（c）

图 2-40　特殊角度的画法

## 4. 椭圆的画法

画椭圆时，先定出其长、短轴上的四个端点，过这四个端点画一矩形，引矩形对角线，用 1:3 的比例定出该线上椭圆曲线上的点，分段画出四段圆弧，画时应注意图形的对称性，如图 2-41 所示。

图 2-41　椭圆的画法

# 知识梳理与总结

1. 通过本项目的学习，读者完成了平面图形的绘制并学习了绘图工具的正确使用方法。在领会书中有关内容的基础上，读者要注意怎样应用绘图工具和仪器更简捷地作图，并通过实践，总结出作图的体会，以提高制图的技能。

2. 几何作图方法主要是平面图形的作图原理和作图方法。读者要学会等分线段、正多边形、锥度与斜度、圆弧连接、椭圆等的画法。

3. 平面图形的绘制步骤：先对平面图形进行尺寸分析、线段分析，拟定作图顺序，完成全图。初学者常见的错误习惯有以下几种。

（1）不固定图纸，认为固定图纸费时、费事，导致作图不准确。

（2）不习惯使用丁字尺和三角板配合，导致画图速度慢，质量差。

（3）不注意选择合适的图纸幅面，也不注意图形的布局，使整个图面布置得不匀称。

（4）边画底稿边加深。

（5）不认真检查，以致产生许多不应有的错误。

凡以上错误，都应及早纠正。

4. 平面图形尺寸标注中包括尺寸注法、常见平面图形标注示例等。尺寸标注是绘制平面图形时最容易出错的地方。

项目 **3**

# 绘制简单形体的三视图

## 教学导航

| 教学目标 | 掌握正投影的基本知识、三视图的形成原理；掌握形体上点、线、面投影的绘制 |
|---|---|
| 教学重点 | 三视图的形成；形体上点、线、面的投影规律 |
| 教学难点 | 三投影面体系的建立；三视图的投影规律；两点、两直线的相对位置 |
| 能力目标 | 理解正投影的基本原理；理解三视图的投影规律；会绘制形体上点、线、面的投影 |
| 知识目标 | 正投影的基本知识；三视图的形成；形体上点、线、面的投影 |
| 选用案例 | 简单几何体 |
| 考核与评价 | 项目成果评价占 50%，学习过程评价占 40%，团队合作评价占 10% |

## 项目导读

在日常生活中，人们可以看到，当太阳光或灯光照射到物体上时，会在墙上或地面上出现物体的影子，这就是一种投影现象。人们将这些现象进行科学的总结和抽象，逐步形成了投影法。三视图是采用正投影法原理所形成的图形，也是机械图样中表达物体形状的基本方法。

## 任务 3.1 建立三投影面体系

### 3.1.1 正投影的基本知识

#### 1. 投影法的基本概念

投影法就是投射线通过物体向选定的面投射，并在该面上得到图形的方法，如图 3-1

所以。

投射中心就是所有投射线的起源点。

投影（投影图）就是根据投影法所得到的图形。

投射线就是发自投射中心且通过被表示物体上各点的直线。

投射面就是投影法中得到投影的面。

图 3-1　中心投影法

## 2. 投影法的分类

投影法分为中心投影法和平行投影法。

### （1）中心投影法

投射线汇交于一点的投影法称为中心投影法，如图 3-1 所示。由图 3-1 所示可见，空间四边形 $ABCD$ 的投影 $abcd$ 的大小随投射中心 $S$ 距离 $ABCD$ 的远近或者 $ABCD$ 距离投影面 $P$ 的远近而变化，所以它不适用于绘制机械图样。其特点是直观性好、立体感强、可度量性差，常用于绘制建筑物的透视图。

### （2）平行投影法

投射线相互平行的投影法称为平行投影法。平行投影法中物体投影的大小与物体离投影面的远近无关。

平行投影法按投射线是否垂直于投影面又分为下列两种投影法。

① 斜投影法。它是投射线与投影面相倾斜的平行投影法。根据斜投影法所得到的图形称为斜投影（斜投影图），如图 3-2 所示。

② 正投影法。它是投射线与投影面相垂直的平行投影法。根据正投影法所得到的图形称为正投影（正投影图），如图 3-3 所示。

为叙述方便，以后若不特别指出，投影即指正投影。

投影法及其分类

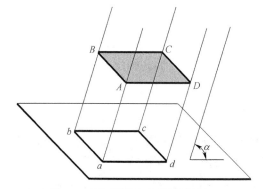

图 3-2　平行投影法中的斜投影法

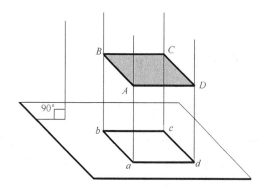

图 3-3　平行投影法中的正投影法

## 3. 正投影的特性

### （1）实形性

当物体上的平面或直线平行于投影面时，它们的投影反映平面的真实形状或直线的实长，如图 3-4 所示。

（2）积聚性

当物体上的平面或直线垂直于投影面时，它们的投影分别积聚成直线和点，如图3-5所示。

（3）类似性

当物体上的平面或直线倾斜于投影面时，平面图形的投影仍为类似的平面图形，但面积缩小；直线的投影仍为直线，但长度缩短，如图3-6所示。

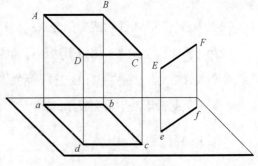

图 3-4　投影的实形性

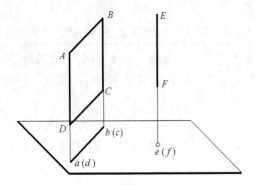

图 3-5　投影的积聚性

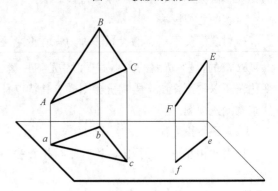

图 3-6　投影的类似性

正投影的基本特性

## 3.1.2　三视图的形成

### 1. 视图的基本概念

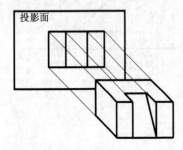

图 3-7　视图的概念

根据《技术制图　投影法》（GB/T 14692—2008）规定，用正投影法所绘制的物体的图形称为视图。

用正投影原理绘制物体的视图时，相当于人的视线沿正投射方向观察物体，假设人的视线为一组相互平行且与投影面垂直的投射线，将物体向投影面进行投射，如图3-7所示。

### 2. 三投影面体系

当投影面和投射方向确定时，空间点 $A$ 在投影面上只有唯一的投影 $a$，如图3-8（a）所示。但只凭点 $A$ 的一个投影 $a$，不能确定点 $A$ 的空间位置，如图3-8（b）

所示。

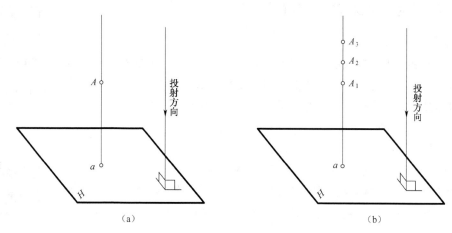

图 3-8  点的正投影

从图 3-9 所示也可看出,物体的一个投影往往不能唯一地确定物体的形状。因此,可以设立多投影面(常用三个投影面),然后,从物体的三个方向进行观察,这样就可以在三个投影面上画出三个视图,用以表达物体的形状。

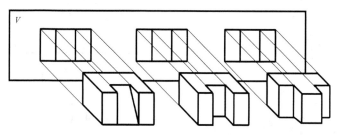

图 3-9  一个投影不能确定物体的形状

三投影面体系的构成如图 3-10 所示,由三个相互垂直的投影面组成。其中,正立投影面(简称正面)用 $V$ 表示;水平投影面(简称水平面)用 $H$ 表示;侧立投影面(简称侧面)用 $W$ 表示。在三投影面体系中,两投影面的交线称为投影轴。$V$ 面与 $H$ 面的交线为 $OX$ 轴;$H$ 面与 $W$ 面的交线为 $OY$ 轴;$V$ 面与 $W$ 面的交线为 $OZ$ 轴。三根投影轴的交点为原点,记为 $O$。

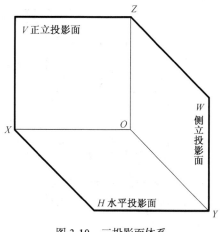

图 3-10  三投影面体系

### 3. 三视图的形成及其投影规律

（1）三视图的形成

立体的投影实质上是构成该立体的所有面的投影的总和，如图3-11（a）所示。国家标准规定，用正投影法所绘制立体的投影图称为视图，因此立体的投影与视图在本质上是相同的，立体的三面投影又叫三视图，其中：

① 主视图——由前向后投射，在 $V$ 面上所得的视图；

② 俯视图——由上向下投射，在 $H$ 面上所得的视图；

③ 左视图——由左向右投射，在 $W$ 面上所得的视图。

三投影面展开后，立体的三视图如图3-11（b）所示，投影轴由于只反映立体相对投影面的距离，对各视图的形成并无影响，故省略不画，如图3-11（c）所示。

三视图的生成原理

三视图的投影规律

（2）三视图的投影规律

如图3-11（d）和图3-11（e）所示，根据已掌握的投影规律，我们知道：

主视图反映了立体上、下、左、右的位置关系，反映了立体的高度和长度；

俯视图反映了立体前、后、左、右的位置关系，反映了立体的宽度和长度；

左视图反映了立体的上、下、前、后的位置关系，反映了立体的高度和宽度。

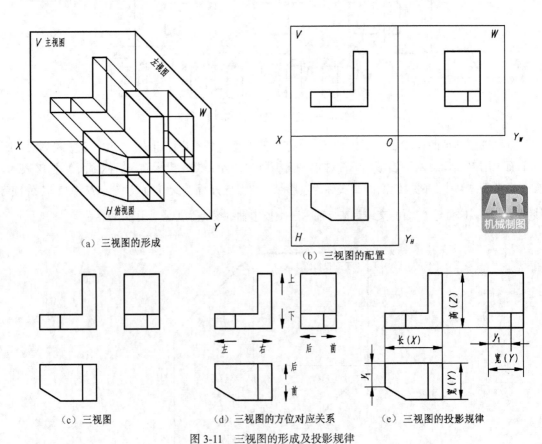

（a）三视图的形成　　（b）三视图的配置　　（c）三视图　　（d）三视图的方位对应关系　　（e）三视图的投影规律

图3-11　三视图的形成及投影规律

因此可以形象地概括三视图的投影规律是：

① 主视图和俯视图，长对正；

② 主视图和左视图，高平齐；

③ 俯视图和左视图，宽相等。

这就是三视图在度量对应上的"三等"关系，对这三条投影规律，必须在理解的基础上，经过画图和看图的反复实践，逐步达到熟练和融会贯通的程度，特别要提醒注意的是，画俯视图和左视图时宽相等的对应关系不能搞错。

# 任务3.2 绘制形体上点的投影

点是组成物体的最基本的几何要素，为了正确而迅速地绘制机件的三视图，必须先掌握点的投影规律。

## 3.2.1 点的投影

如图 3-12（a）所示，将空间点 $A$ 放入三投影面体系中，由点 $A$ 分别向三个投影面作垂线，与 $V$ 面交于点 $a'$，与 $H$ 面交于点 $a$，与 $W$ 面交于点 $a''$，即得点 $A$ 的正面投影 $a'$、水平投影 $a$ 与侧面投影 $a''$。

关于空间点及其投影的标记，规定空间点用大写字母标记，如 $A$、$B$、$C$、…；点的水平投影用相应的小写字母标记，如 $a$、$b$、$c$、…；点的正面投影用相应的小写字母加一撇标记，如 $a'$、$b'$、$c'$、…；点的侧面投影用相应的小写字母加两撇标记，如 $a''$、$b''$、$c''$、…。

点的三面投影展开在同一平面上的方法如图 3-12（b）所示。同样，也可以将投影面的线框和名称省略，形成图 3-12（c）所示的点的三面投影图。

点的投影规律

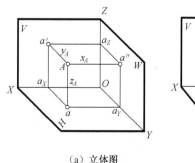

（a）立体图

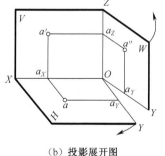

（b）投影展开图

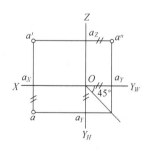

（c）点的三面投影图

图 3-12 点在三面投影体系中的投影

## 3.2.2 点的投影与直角坐标的关系

若把三投影面体系看成空间直角坐标系，则 $V$、$H$、$W$ 三个投影面就是坐标面，$OX$、$OY$、

$OZ$ 三条投影轴就是坐标轴，点 $O$ 即为坐标原点。由图 3-12 所示可知，点 $A$ 的三个直角坐标 $x_A$、$y_A$、$z_A$ 即为点 $A$ 到三个投影面的距离，它们与点 $A$ 投影 $a$、$a'$、$a''$ 的关系如下：

$x_A=Oa_X=a'a_z=aa_Y=$点 $A$ 到 $W$ 面的距离 $Aa''$；

$y_A=Oa_Y=a''a_z=aa_X=$点 $A$ 到 $V$ 面的距离 $Aa'$；

$z_A=Oa_Z=a''a_Y=a'a_X=$点 $A$ 到 $H$ 面的距离 $Aa$。

点 $A$（$x_A$、$y_A$、$z_A$）在三投影面体系中有唯一的一组投影 $a$、$a'$、$a''$；反之，若已知点 $A$ 的一组投影 $a$、$a'$、$a''$，即可确定该点的空间坐标值。根据以上分析，可以得出点在三投影面体系中，具有以下投影规律。

（1）点的正面投影和水平投影的连线垂直于 $X$ 轴，即 $a'a \perp X$ 轴；点的正面投影和侧面投影的连线垂直于 $Z$ 轴，即 $a'a'' \perp Z$ 轴。

（2）点的投影到投影轴的距离等于点到投影面的距离，即

$$a'a_Z = aa_Y = x_A;$$
$$aa_X = a''a_Z = y_A;$$
$$a'a_X = a''a_Y = z_A。$$

从图 3-12（c）所示可知，由于在 $H$ 面投影中的 $Oa_Y=$ 在 $W$ 面投影中的 $Oa_Y$，作图时可过点 $O$ 作 45° 的斜线，从 $a$ 引 $H$ 面投影中的 $OY$ 轴的垂线与斜线相交于一点，再从该点作 $W$ 面投影中 $OY$ 轴的垂线，并延长，使与从 $a'$ 引出的 $OZ$ 轴的垂线相交，其交点即为 $a''$。

由于点的两个投影反映了该点的 $X$、$Y$、$Z$ 三个坐标，因此该点的空间位置已确定，应用点的投影规律，就可以根据点的任意两个投影求出第三个投影。

### 3.2.3 特殊位置点的投影

如果空间点在投影面上或投影轴上，则称为特殊位置的点。如图 3-13（a）所示，点 $B$ 位于 $V$ 面上，点 $C$ 位于 $H$ 面上，点 $D$ 在 $OX$ 轴上，从图 3-13 所示可以看出特殊位置点的坐标与投影具有以下规律。

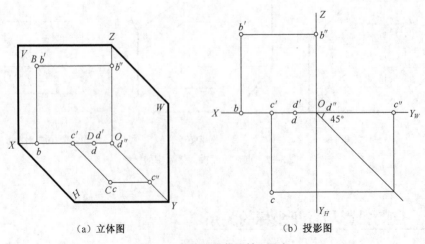

（a）立体图　　　　　　　　　　　　（b）投影图

图 3-13　投影面和投影轴上的点

（1）投影面上的点有一个坐标为零；在该投影面上的投影与该点重合，另两个投影分别在相应的投影轴上。

（2）投影轴上的点有两个坐标为零；在包含这条轴的两个投影面上的投影都与该点重合，另一投影面上的投影与原点重合。

【应用实例 3-1】　如图 3-14（a）所示，已知点 $A$（20，10，18），求作它的三面投影图。

**分析**：由点 $A$（20，10，18）可知，点 $A$ 与三个投影面均有距离，即点 $A$ 是既不在投影面上也不在投影轴上的一般点。

作图步骤如图 3-14（b）所示。

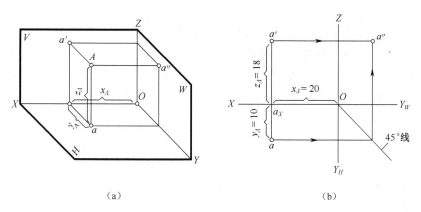

（a）　　　　　　　　　　　　　（b）

图 3-14　已知点的坐标求作投影图

（1）画出投影轴并标记。

（2）在 $OX$ 轴上由点 $O$ 向左量取 20mm，得 $a_X$。

（3）过 $a_X$ 作 $OX$ 轴的垂线，并沿垂线向下量取 $a_X a$=10mm，得 $a$；向上量取 $a_X a'$=18mm，得 $a'$。

（4）作 $\angle Y_H O Y_W$ 的角平分线。过 $a$ 作 $H$ 面投影中的 $O Y_H$ 的垂线使其与角平分线相交，自交点作 $W$ 面投影中的 $O Y_W$ 的垂线，与过 $a'$ 所作 $OZ$ 的垂线交于 $a''$，即得点 $A$ 的三面投影。

【应用实例 3-2】　如图 3-15（a）所示，已知点 $A$ 的正面投影和侧面投影，求作其水平投影。

**分析**：已知点 $A$ 的正面投影 $a'$ 和侧面投影 $a''$，则点 $A$ 的空间位置已经确定，因此，可作出其水平投影。

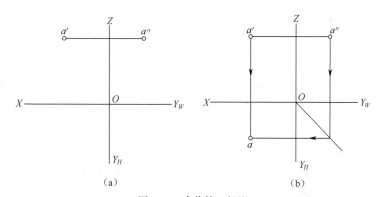

（a）　　　　　　　　　　　　　（b）

图 3-15　求作第三投影

作图步骤如图 3-15（b）所示。

（1）作 $\angle Y_H O Y_W$ 的角平分线。

（2）过 $a''$ 作 $W$ 面投影中 $OY_W$ 的垂线使其与角平分线相交，自交点作 $H$ 面投影中 $OY_H$ 的垂线，与过 $a'$ 所作 $OX$ 的垂线相交，即得 $a$。

### 3.2.4　两点的相对位置和重影点

#### 1. 判断两点的相对位置

两点的相对位置是指两点间的左右、前后和上下的位置关系。

通过比较两点的各个同面投影（即在同一投影面上的投影）之间的坐标关系，可以判断空间两点的相对位置，在投影图中是由它们各个同面投影的坐标差来确定的。从图 3-16（a）所示可以看出，$V$ 面投影反映出两点的上下、左右关系；$H$ 面投影反映出两点的左右、前后关系；$W$ 面投影反映出两点的上下、前后关系。从图 3-16（b）所示可以看出：点 $A$ 在点 $B$ 的左、上、后方。

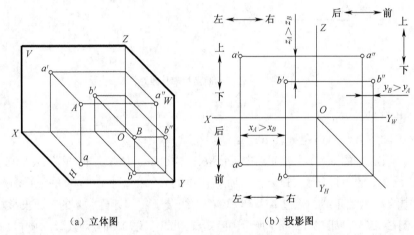

（a）立体图　　　　　　　　（b）投影图

图 3-16　两点的相对位置

【应用实例 3-3】　如图 3-17（a）所示，已知点 $A$ 和点 $B$ 的投影图，试判断两点的空间位置关系，并画出其立体图。

**分析：** 由图 3-17（a）所示可知，点 $A$ 在点 $B$ 的左、下、前方。根据点 $A$ 和点 $B$ 的投影图可画出立体图。

作图步骤如图 3-17（b）所示。

（1）画三面投影体系的立体图：过点 $O$ 向右画出水平线 $OX$ 轴，过点 $O$ 向上画出铅垂线 $OZ$ 轴，用 45° 三角板过 $O$ 作 $OY$ 轴使 $\angle XOY=135°$，作 $OX$、$OY$、$OZ$ 的平行线得 $H$、$V$ 及 $W$ 面。

（2）画点 $A$ 及其投影的立体图：在立体图的 $OX$、$OY$、$OZ$ 轴上分别从图 3-17（a）中量取点 $A$ 的三个坐标值，从量得的点分别作各相应轴的平行线，即得交点 $a$、$a'$、$a''$，再由 $a$、$a'$、$a''$ 作相应轴的平行线，三线交于点 $A$。

（3）画点 $B$ 及其投影的立体图：用第（2）步同样的方法可作出点 $B$ 及其投影的立体图。

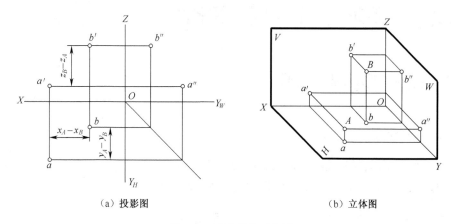

（a）投影图　　　　　　　　　　　　（b）立体图

图 3-17　两点的相对位置

## 2. 重影点及其可见性

对于空间中的两点，若它们的某个同面投影重合，称为对该投影面的重影点。此时，两点必位于同一投射线上，即它们有两对同名坐标相等。如图 3-18（a）所示，$E$、$F$ 两点位于垂直于 $V$ 面的投射线上，$e'$、$f'$ 重合，即 $x_E=x_F$、$z_E=z_F$，但 $y_E>y_F$，表示点 $E$ 位于点 $F$ 的前方。

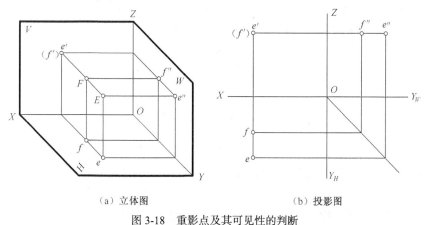

（a）立体图　　　　　　　　　　　　（b）投影图

图 3-18　重影点及其可见性的判断

由于一对重影点有一组同面投影重合，在对该投影面投射时，存在一点遮住另一点的问题，即重合的投影存在着可见与不可见的问题。

重影点的可见性可利用两点不相等的同名坐标加以判断。现规定：对 $H$ 面的重影点从上向下观察，$Z$ 坐标值较大者为可见；对 $V$ 面的重影点从前向后观察，$Y$ 坐标值较大者为可见；对 $W$ 面的重影点从左向右观察，$X$ 坐标值较大者为可见。

如图 3-18（b）所示，点 $E$ 和点 $F$ 为对 $V$ 面的重影点，沿着对 $V$ 面投射线方向观察，因 $y_E>y_F$，所以点 $E$ 遮住了点 $F$，即 $e'$ 可见而 $f'$ 不可见（规定在不可见投影的符号上加括号），但其水平投影和侧面投影均为可见。

## 任务 3.3　绘制形体上直线的投影

### 3.3.1　直线投影的基本特性

**1．直线的投影一般仍是直线**

如图 3-19（a）所示，将直线 AB 对投影面 H 进行投射，投影仍为一条直线。设 AB 对 H 面的倾角为 $\alpha$，显然 $ab=AB\cos\alpha$。所以，直线段的投影往往小于它的实长。

**2．直线垂直于投影面时，其投影积聚为一点**

如图 3-19（b）所示，当直线 CD 垂直于投影面 H 时，对 H 面的倾角 $\alpha=90°$，则其投影长度为 0，即重合成一点 $c（d）$。直线上任一点的投影都与 $c（d）$ 重合，这种性质称为积聚性。

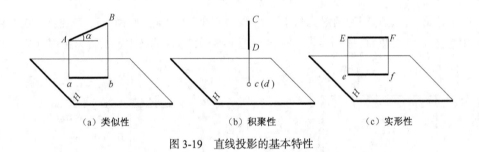

（a）类似性　　　（b）积聚性　　　（c）实形性

图 3-19　直线投影的基本特性

**3．直线平行于投影面时，其投影反映实长**

如图 3-19（c）所示，若直线 EF 平行于投影面 H 时，对 H 面的倾角 $\alpha=0°$，则 $ef=EF$。所以，直线平行于投影面时，其投影反映直线的实长。

根据直线的基本性质——两点确定一条直线，作直线的投影时，可作出确定该直线的任意两点的投影，将这两点的同面投影相连，便可得到直线的投影。

### 3.3.2　各种位置直线及其投影特性

根据直线对投影面的相对位置，可将直线分为投影面倾斜线、投影面平行线和投影面垂直线三类。其中，前一类直线称为一般位置直线，后两类称为特殊位置直线。它们具有不同的投影特性，现分述如下。

**1．一般位置直线及其投影特性**

对三个投影面都倾斜的直线称为一般位置直线。如图 3-20 所示，直线 AB 即为一般位置直线。

直线与它在投影面上的投影所成的锐角，称为直线对该投影面的倾角，分别用 $\alpha$、$\beta$、$\gamma$ 表示。如图 3-20（a）所示，直线 $AB$ 的三面投影长度与倾角的关系为 $ab = AB\cos\alpha$、$a'b' = AB\cos\beta$、$a''b'' = AB\cos\gamma$。

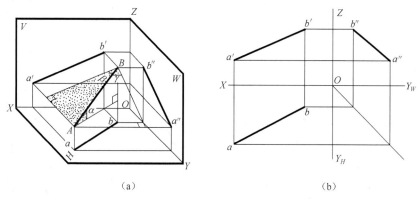

（a）　　　　　　　　　　　　　（b）

图 3-20　一般位置直线的投影

因为 $\alpha$、$\beta$、$\gamma$ 均不等于零，由此可知，一般位置直线的投影特性：直线的三面投影长度均小于实长，三面投影都倾斜于投影轴，但都不反映空间直线对投影面倾角的实际大小。

## 2. 投影面平行线及其投影特性

只平行于一个投影面，而与另两个投影面倾斜的直线称为投影面平行线。投影面平行线的投影特性如表 3-1 所示。

表 3–1　　　　　　　　　　　投影面平行线的投影特性

| 名　称 | 水平线（$AB$//$H$ 面） | 正平线（$AC$//$V$ 面） | 侧平线（$AD$//$W$ 面） |
|---|---|---|---|
| 立体图 | | | |
| 投影图 | | | |

51

| 名　　称 | | 水平线（AB//H 面） | 正平线（AC//V 面） | 侧平线（AD//W 面） |
|---|---|---|---|---|
| 实<br>例 | 在形体投影图中的位置 |  |  |  |
| | 在形体立体图中的位置 |  |  |  |
| 投影特性 | | （1）ab 与投影轴倾斜，ab=AB，反映倾角 β、γ 的真实大小。<br>（2）a'b'//OX；a"b"//OY，且均不反映实长 | （1）a'c' 与投影轴倾斜，a'c'=AC，反映倾角 α、γ 的真实大小。<br>（2）ac//OX；a"c"//OZ，且均不反映实长 | （1）a"d" 与投影轴倾斜，a"d"=AD，反映倾角 α、β 的真实大小。<br>（2）ad//OY；a'd'//OZ，且均不反映实长 |

投影面平行线有三种位置，它们分别是：

水平线——平行于 $H$ 面，且同时倾斜于 $V$、$W$ 面的直线；

正平线——平行于 $V$ 面，且同时倾斜于 $H$、$W$ 面的直线；

侧平线——平行于 $W$ 面，且同时倾斜于 $H$、$V$ 面的直线。

表 3-1 所示列出了三种投影面平行线的立体图、投影图、实例及其投影特性。下面以水平线为例（见表 3-1），说明其投影特性。

① 因为 $AabB$ 是矩形，且 $ab//AB$，所以 $ab=AB$，即水平线的水平投影反映直线实长。

② 因为 $AB$ 上各点的 $z$ 坐标相等，所以 $a'b'//OX$ 轴；$a"b"//OY$ 轴，且 $a'b'=AB\cos\beta<AB$，$a"b"=AB\cos\gamma<AB$，即水平线的正面投影和侧面投影分别平行于相应的投影轴。

③ 水平线的水平投影 $ab$ 与 $OX$ 轴的夹角等于该直线对 $V$ 面的倾角 $\beta$，$ab$ 与 $OY$ 轴的夹角等于该直线对 $W$ 面的倾角 $\gamma$。

同理，对正平线和侧平线进行分析，也可得出其投影特性（见表 3-1）。

由表 3-1 所示可概括出投影面平行线的投影特性如下。

① 直线在它所平行的投影面上的投影反映实长。

② 直线在另两个投影面上的投影平行于相应的投影轴，但不反映实长。

③ 反映直线实长的投影与投影轴的夹角分别反映该直线对相应投影面的真实倾角。

### 3. 投影面垂直线及其投影特性

垂直于一个投影面，而与另两个投影面都平行的直线称为投影面垂直线。

投影面垂直线有三种位置，它们分别是：

铅垂线——垂直于 $H$ 面的直线；

正垂线——垂直于 $V$ 面的直线；

侧垂线——垂直于 $W$ 面的直线。

表 3-2 所示列出了三种投影面垂直线的立体图、投影图、实例及其投影特性。下面以铅垂线为例（见表 3-2），说明其投影特性。

① 因为直线 $AB \perp H$ 面，所以 $a$（$b$）成一点，即铅垂线的水平投影积聚为一点。

② 因为 $AB // V$ 面，且 $AB // W$ 面，所以 $a'b' \perp OX$，$a''b'' \perp OY$，即铅垂线的正面投影和侧面投影分别垂直于相应的投影轴。

③ 因为 $AB // V$ 面，且 $AB // W$ 面，所以 $a'b' // a''b'' // OZ$，$a'b'=a''b''=AB$，即铅垂线的正面投影和侧面投影反映直线的实长。

同理，对正垂线和侧垂线进行分析，也可得出其投影特性（见表 3-2）。

表 3-2                                            投影面垂直线的投影特性

| 名　　称 | | 铅垂线（$AB \perp H$ 面） | 正垂线（$AC \perp V$ 面） | 侧垂线（$AD \perp W$ 面） |
|---|---|---|---|---|
| 立体图 | | | | |
| 投影图 | | | | |
| 实例 | 在形体投影图中的位置 | | | |
| | 在形体立体图中的位置 | | | |
| 投影特性 | | （1）$a$（$b$）积聚为一点。<br>（2）$a'b' \perp OX$；$a''b'' \perp OY$。<br>（3）$a'b'=a''b''=AB$ | （1）$a'$（$c'$）积聚为一点。<br>（2）$ac \perp OX$；$a''c'' \perp OZ$。<br>（3）$ac=a''c''=AC$ | （1）$a''$（$d''$）积聚为一点。<br>（2）$ad \perp OY$；$a'd' \perp OZ$。<br>（3）$ad=a'd'=AD$ |

由表 3-2 所示可概括出投影面垂直线的投影特性如下。

① 直线在它所垂直的投影面上的投影积聚为一点。

② 直线在另两个投影面上的投影垂直于相应的投影轴，且反映实长。

### 3.3.3　两直线的相对位置

空间两直线的相对位置有平行、相交和交叉三种情况。

#### 1.　两直线平行

若空间两直线平行，则其各同面投影必定相互平行。反之，若两直线的同面投影都互相平行，则该两直线在空间必平行。

如图 3-21 所示，$AB$ 与 $CD$ 两直线平行。将它们向 $V$ 面投影时，投射线 $Aa' \parallel Bb' \parallel Cc' \parallel Dd'$，两直线与投射线所构成的两个平面 $Aa'b'B$ 和 $Cc'd'D$ 也相互平行，两平面与 $V$ 面的交线 $a'b' \parallel c'd'$。同理，$ab \parallel cd$，$a''b'' \parallel c''d''$。

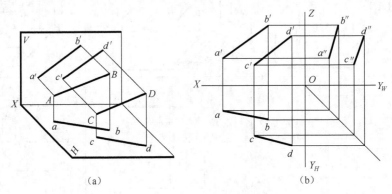

（a）　　　　　　　　　　　　　（b）

图 3-21　平行两直线的投影

【应用实例 3-4】　如图 3-22（a）所示，判断直线 $AB$ 与 $CD$ 是否平行。

**分析：** 由图 3-22（a）所示可知，直线 $AB$ 和 $CD$ 均为侧平线。两直线的水平投影和正面投影分别平行，要判别两空间直线是否平行，应先求出其侧面投影。

作图步骤如图 3-22（b）所示。

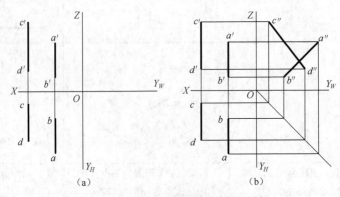

（a）　　　　　　　　　　　　　（b）

图 3-22　判断两投影面平行线是否平行

（1）作$\angle Y_H O Y_W$的角平分线。

（2）求出两直线端点的侧面投影$a''$、$b''$、$c''$、$d''$，连接$a''$、$b''$和$c''$、$d''$，可知$a''b''$和$c''d''$不平行。

（3）直线$AB$和$CD$的同面投影并非都相互平行，所以$AB$与$CD$不平行。

实际上，对于一般位置的两直线，只要任意两组同面投影分别平行即可判定该两直线平行；但当两直线平行于某一投影面时，通常要看两直线在该投影面上的投影是否平行才能确定。

### 2．两直线相交

若空间两直线相交，则其各同面投影必定相交，且交点的投影符合空间点的投影规律。反之，若两直线的各同面投影都相交，且交点的投影符合空间点的投影规律，则该两直线在空间必定相交。

如图 3-23 所示，直线$AB$与$CD$相交于点$E$，$ab$和$cd$的交点$e$是交点$E$的水平投影，同理，$a'b'$和$c'd'$的交点$e'$及$a''b''$和$c''d''$的交点$e''$，分别是交点$E$的正面投影和侧面投影。点$e$、$e'$、$e''$应符合一个点的投影规律。

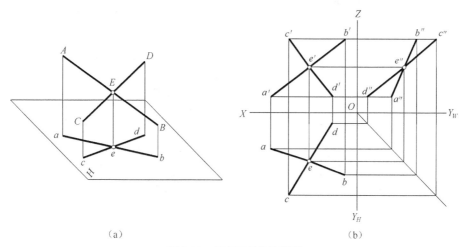

（a）　　　　　　　　　　　　　　　（b）

图 3-23　相交两直线的投影

【应用实例 3-5】　如图 3-24（a）所示，判断直线$AB$与$CD$是否相交。

分析：由图 3-24（a）所示可知，直线$AB$是一般位置直线，直线$CD$为侧平线。两直线的水平投影和正面投影分别相交，要判别两空间直线是否相交，应先求出其侧面投影。

作图步骤如图 3-24（b）所示。

（1）作$\angle Y_H O Y_W$的角平分线。

（2）求出两直线端点的侧面投影$a''$、$b''$、$c''$、$d''$，连接$a''$、$b''$和$c''$、$d''$。

（3）各同面投影的交点不满足一个点的投影规律，所以$AB$与$CD$不相交。

判断一般位置的两直线是否相交，只要任意两组同面投影就能作出正确的判断。但是当存在投影面平行线时，通常要看所平行的投影面上的投影情况而定。

【应用实例 3-6】　如图 3-25（a）所示，过点$B$作直线$AB$与$CD$相交于点$E$，且点$E$距离$H$面 15mm，点$A$在点$B$的左方 25mm 处。

分析：所求直线$AB$与已知直线$CD$的交点$E$的投影应在$CD$的同面投影上，又根据点$E$距$H$面 15mm，可求出点$E$的投影，以此确定直线$AB$的方向。

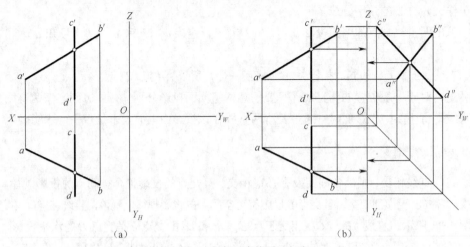

图 3-24　判断两直线是否相交

作图步骤如图 3-25（b）所示。

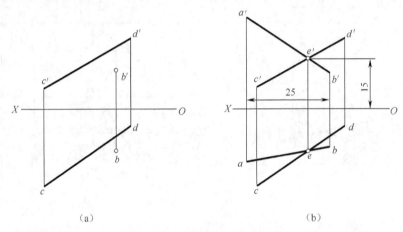

图 3-25　作与已知直线相交的直线

（1）在 *OX* 轴上方 15mm 处作水平线交 *c'd'* 于 *e'*。

（2）过 *e'* 作铅垂线交 *cd* 于 *e*。

（3）连接 *b'e'* 和 *be*，并延长至点 *B* 左方 25mm 得 *a'*、*a*。*ab* 和 *a'b'* 即为所求直线 *AB* 的投影。

## 3．两直线交叉

空间两直线既不平行又不相交，则称为两直线交叉（异面两直线）。交叉两直线不存在共有点，但其同面投影可能相交，交点不符合一个点的投影规律，实际上是两直线处于同一投射线上的两个点的重影。重影点可见性的判别可依据前述的方法进行。

判断两直线
空间相对位
置关系的方法

如图 3-26 所示，直线 *AB* 与 *CD* 交叉。正面投影 *a'b'*、*c'd'* 的"交点"，实际上是直线 *AB* 上的点 Ⅰ 和直线 *CD* 上的点 Ⅱ 投影的重合，因点 Ⅰ 的 *Y* 坐标大于点 Ⅱ，所以点 Ⅰ 的正面投影 1' 可见，点 Ⅱ 的正面投影（2'）不可见。同样，水平投影 *ab*、*cd* 的"交点"，实际上是直线 *AB* 上的点 Ⅲ 和直线 *CD* 上的点 Ⅳ 投影的重合，因点Ⅳ的 *Z* 坐标大于点Ⅲ，所以点Ⅳ的水平投影 4 可见，点Ⅲ的水平投影（3）不可见，不可见的投影用括号括起。

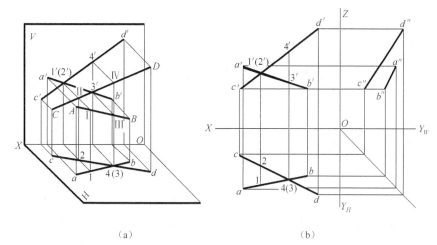

（a）　　　　　　　　　　　（b）

图 3-26　交叉两直线的投影

# 任务3.4　绘制形体上面的投影

## 3.4.1　用几何元素表示平面

一平面的空间位置可由不在同一直线上的三点确定，在投影图上，平面可以用下列任何一组几何要素的投影来表示，如图 3-27 所示。

（1）不在同一直线上的三点，如图 3-27（a）所示。

（2）一直线和直线外的一点，如图 3-27（b）所示。

（3）相交两直线，如图 3-27（c）所示。

（4）平行两直线，如图 3-27（d）所示。

（5）任意平面图形（三角形或其他图形），如图 3-27（e）所示。

以上 5 种表示法是可以互相转化的，但以平面图形表示平面最为常用。

平面的表示法

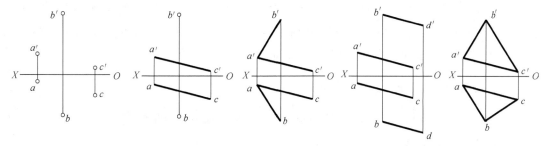

（a）不在同一直线上的三点　（b）一直线和直线外的一点　（c）相交两直线　（d）平行两直线　（e）任意平面图形

图 3-27　用几何要素表示平面

### 3.4.2 平面投影的基本特性

**1. 实形性**

平面平行于投影面时，它在投影面上的投影反映平面的真实形状，如图 3-28（a）所示。

**2. 积聚性**

平面垂直于投影面时，它在投影面上的投影积聚成一条直线，如图 3-28（b）所示。

**3. 类似性**

平面倾斜于投影面时，它在投影面上的投影是一个缩小了的平面图形。如果是多边形，则其投影仍为边数相同的多边形，如图 3-28（c）所示。

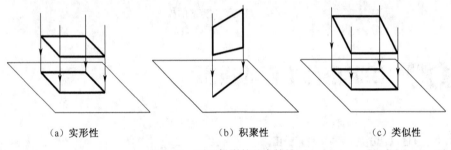

（a）实形性　　　　　　　　　　（b）积聚性　　　　　　　　　　（c）类似性

图 3-28　平面投影的基本特性

### 3.4.3 各种位置平面及其投影特性

根据平面对投影面的相对位置，可将平面分为一般位置平面、投影面垂直面和投影面平行面三类。后两类平面称为特殊位置平面。平面与水平面 $H$、正平面 $V$、侧平面 $W$ 的倾角，分别用 $\alpha$、$\beta$、$\gamma$ 表示。

**1. 一般位置平面及其投影特性**

对三个投影面都倾斜的平面称为一般位置平面。如图 3-29 所示，三棱锥的棱面 $\triangle SAB$ 与 $V$ 面、$H$ 面、$W$ 面均倾斜，所以在三个投影面上的投影 $\triangle a'b's'$、$\triangle abs$、$\triangle a''b''s''$ 均为缩小了的类似形。三个投影面上的投影都不能直接反映该平面对投影面的倾角。

**2. 投影面垂直面及其投影特性**

垂直于一个投影面而与另两个投影面倾斜的平面称为投影面垂直面。

投影面垂直面有三种位置，它们分别是：

铅垂面——只垂直于 $H$ 面的平面；

正垂面——只垂直于 $V$ 面的平面；

侧垂面——只垂直于 $W$ 面的平面。

投影面垂直面的投影特性如表 3-3 所示。

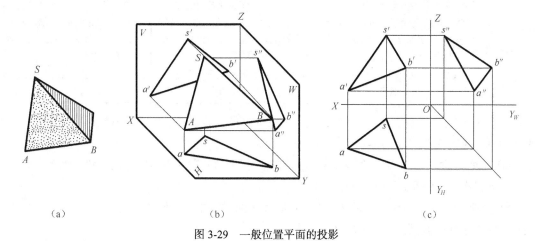

（a）　　　　　　　　　　　（b）　　　　　　　　　　　（c）

图 3-29　一般位置平面的投影

表 3-3　　　　　　　　　　　　　　　　投影面垂直面的投影特性

| 名　　称 | | 铅垂面（$A$ 面⊥$H$ 面） | 正垂面（$B$ 面⊥$V$ 面） | 侧垂面（$C$ 面⊥$W$ 面） |
|---|---|---|---|---|
| 立体图 | | | | |
| 投影图 | | | | |
| 实例 | 在形体投影图中的位置 | | | |
| | 在形体立体图中的位置 | | | |

续表

| 名　　称 | 铅垂面（A 面⊥H 面） | 正垂面（B 面⊥V 面） | 侧垂面（C 面⊥W 面） |
|---|---|---|---|
| 投影特性 | （1）水平投影有积聚性，且与 OX 轴的夹角反映 β 角的真实大小、与 OY 轴的夹角反映 γ 角的真实大小。<br>（2）正面投影和侧面投影小于实形，均为类似形 | （1）正面投影有积聚性，且与 OX 轴的夹角反映 α 角的真实大小、与 OZ 轴的夹角反映 γ 角的真实大小。<br>（2）水平投影和侧面投影小于实形，均为类似形 | （1）侧面投影有积聚性，且与 OY 轴的夹角反映 α 角的真实大小、与 OZ 轴的夹角反映 β 角的真实大小。<br>（2）水平投影和正面投影小于实形，均为类似形 |

（1）表 3-3 所示列出了三种投影面垂直面的立体图、投影图、实例及其投影特性。下面以正垂面为例（见表 3-3），说明其投影特性。

① 平面 B 垂直于 V 面，在该投影面上的投影积聚为一条倾斜直线。属于该平面的一切点、线的正面投影均与该平面的正面投影重合。

② 该平面的正面投影与 OX 轴的夹角反映该平面对水平面的倾角 α 的真实大小，与 OZ 轴的夹角反映该平面对侧面的倾角 γ 的真实大小。

③ 该平面的水平投影和侧面投影均为小于实形的类似形。

同理，对铅垂面和侧垂面进行分析，也可得出其投影特性（见表 3-3）。

（2）由表 3-3 所示可概括出投影面垂直面的投影特性如下。

① 平面在所垂直的投影面上的投影积聚为一条倾斜直线，且与相应投影轴的夹角反映该平面与相应投影面倾角的真实大小。

② 平面在另外两个投影面上的投影均为小于实形的类似形。

### 3．投影面平行面及其投影特性

平行于一个投影面的平面称为投影面平行面。投影面平行面有三种位置，它们分别是：

水平面——平行于 H 面的平面；

正平面——平行于 V 面的平面；

侧平面——平行于 W 面的平面。

（1）表 3-4 列出了三种投影面平行面的立体图、投影图、实例及其投影特性。下面以正平面为例（见表 3-4），说明其投影特性。

① 平面 B 平行于 V 面，在该投影面上的投影反映实形。

② 该平面的水平投影和侧面投影积聚成直线，且分别平行于 OX 轴和 OZ 轴。

表 3-4　　　　　　　　　　　　投影面平行面的投影特性

| 名　　称 | 水平面（A 面//H 面） | 正平面（B 面//V 面） | 侧平面（C 面//W 面） |
|---|---|---|---|
| 立体图 | | | |

| 名　称 | 水平面（A 面//H 面） | 正平面（B 面//V 面） | 侧平面（C 面//W 面） |
|---|---|---|---|
| 投影图 | 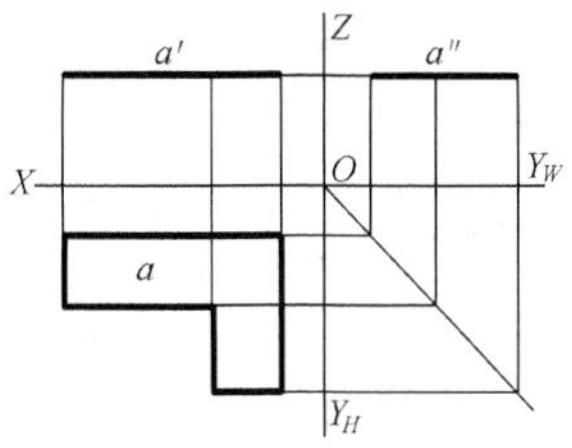 | 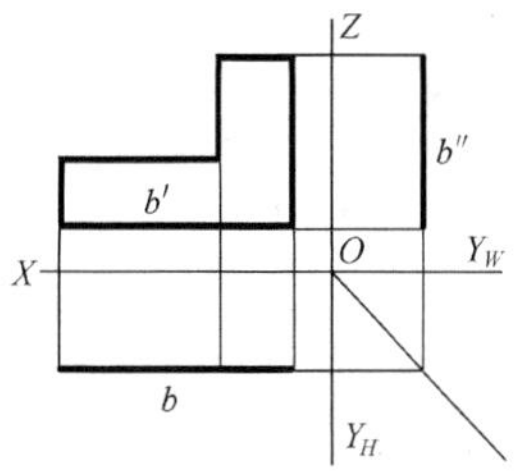 | 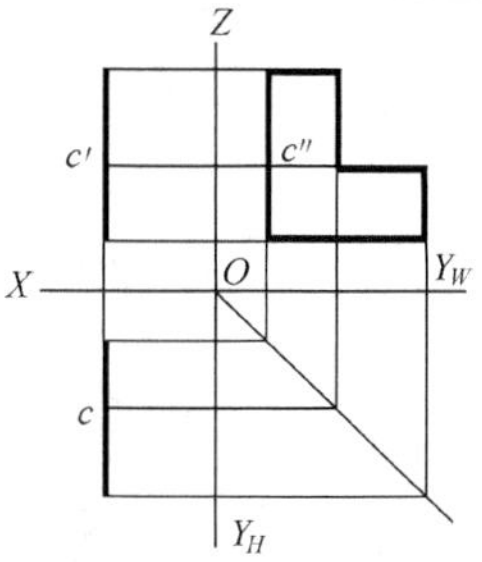 |
| 实例 — 在形体投影图中的位置 | 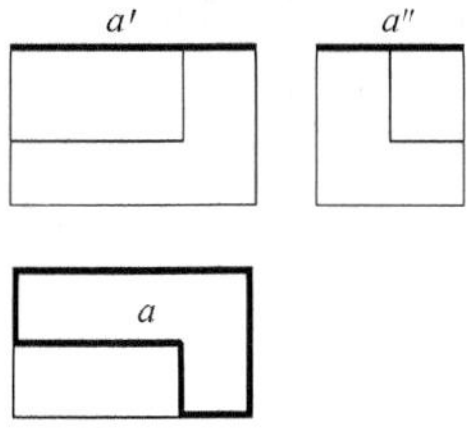 | 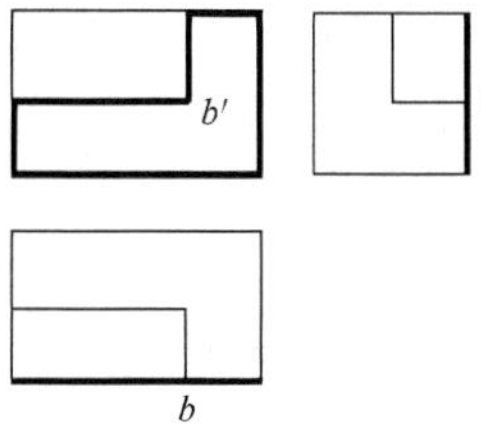 | 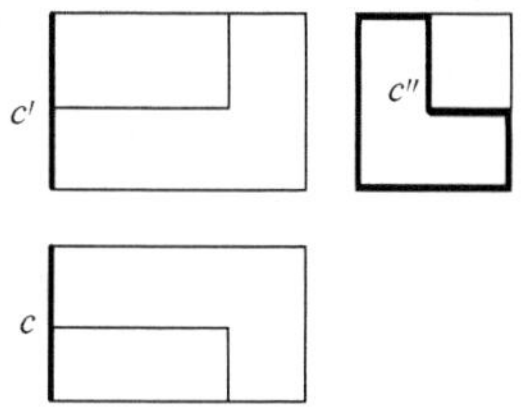 |
| 实例 — 在形体立体图中的位置 | 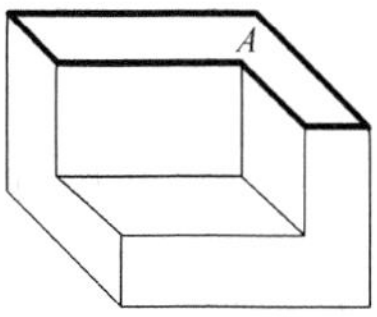 | 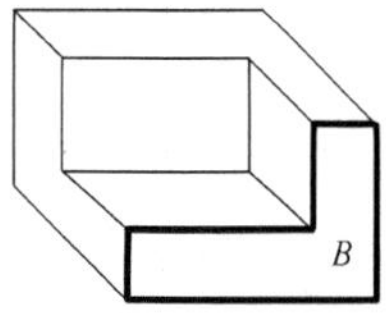 | 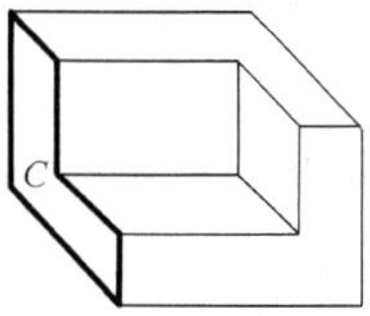 |
| 投影特性 | （1）水平投影反映实形。<br>（2）正面投影和侧面投影积聚成直线，且分别平行于 $OX$ 轴和 $OY$ 轴 | （1）正面投影反映实形。<br>（2）水平投影和侧面投影积聚成直线，且分别平行于 $OX$ 轴和 $OZ$ 轴 | （1）侧面投影反映实形。<br>（2）水平投影和正面投影积聚成直线，且分别平行于 $OY$ 轴和 $OZ$ 轴 |

同理，对水平面和侧平面进行分析，也可得出其投影特性（见表 3-4）。

（2）由表 3-4 所示可概括出投影面平行面的投影特性如下。

① 平面在所平行的投影面上的投影反映实形。

② 平面在另外两个投影面上的投影积聚为直线，且平行于相应的投影轴。

## 3.4.4　平面上的直线和点

### 1．平面上的直线

直线在平面上的几何条件有以下两种情况。

（1）直线通过平面上的两点。

（2）直线通过平面上的一点，且平行于平面上的任一直线。

【应用实例 3-7】　如图 3-30（a）所示，在 $\triangle ABC$ 上，过点 $A$ 作一条水平线。

分析：此题属于求特殊位置直线，该直线应符合直线在平面上的条件，又应具有投影面平行线的投影特性。

作图步骤如图 3-30（b）所示。

（1）过 $a'$ 作 $a'd' // OX$ 轴，与 $b'c'$ 交于 $d'$。

（2）过 d'作投影连线，与 bc 交于 d，连接 ad，即作出△ABC 上水平线 AD 的两面投影 ad、a'd'。同理，可在该平面上作出正平线和侧平线。

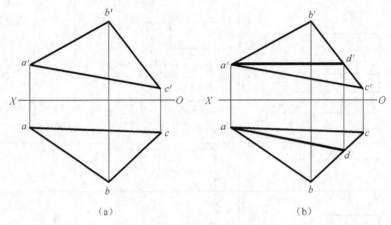

（a）　　　　　　　　　　　　　　　　（b）

图 3-30　平面上的水平线

【应用实例 3-8】　如图 3-31（a）所示，已知直线 DE 在△ABC 上，V 面投影 d'e'，求 H 面投影 de。

**分析：** 由于直线 DE 在△ABC 上，所以它必通过平面上的两点，可通过延长 DE 求出平面上的两点；再应用直线上点的投影特性，即可求出直线的 H 面投影。

作图过程如图 3-31（b）～图 3-31（d）所示。

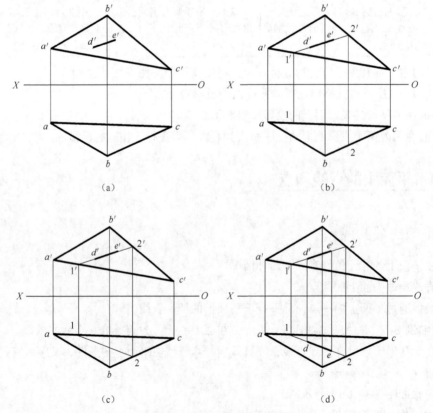

（a）　　　　　　　　　　　　　　　　（b）

（c）　　　　　　　　　　　　　　　　（d）

图 3-31　求平面上直线的投影

## 2．平面上的点

点在平面内的条件：如果点在平面内的任一直线上，则此点在该平面上。因此，在平面上作点，必须先在平面内作一辅助直线，然后再在此直线上作点。

【应用实例 3-9】　如图 3-32（a）所示，已知一四边形 *ABCD*：①判别点 *K* 是否在该平面上；②已知平面上一点 *E* 的正面投影 *e′*，求其水平投影 *e*。

**分析**：判别一点是否在平面上或在平面上取点，都必须在平面上取直线。

作图过程如图 3-32（b）～图 3-32（d）所示。由图 3-32（b）所示可知点 *K* 不在平面上。

由此可见，即使点的两个投影都在平面图形的投影轮廓范围内，该点也不一定在平面上。即使一点的两个投影都在平面图形的投影轮廓范围外，该点也不一定不在平面上。

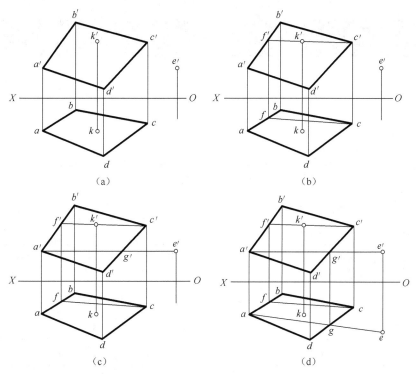

图 3-32　求平面上的点

# 知识梳理与总结

1．通过本项目的学习，读者应掌握正投影法的基本概念，三视图的投影规律，各种位置点、线、面的投影特性。

2．正投影法的特点是作图简便，能反映物体的真实形状，在机械制图中被广泛使用。

3．点的投影是学习直线、平面、立体等投影的基础。从学习点的投影开始就应注意培养空间概念的习惯。

4．作直线的投影时，一般先画出直线两端点的投影，然后将两端点的同面投影相连。

5．求平面的投影的实质是求平面各个顶点的投影。

6．将特殊位置的点、线、面的投影作为掌握简单形体三视图绘制的切入点。

# 绘制基本几何体的三视图

## 教学导航

| | |
|---|---|
| 教学目标 | 掌握平面立体、回转体三视图的绘制；掌握截交线、相贯线的画法；掌握基本几何体的尺寸标注；初步培养读图的技能 |
| 教学重点 | 平面立体、回转体的三视图；基本几何体的尺寸标注 |
| 教学难点 | 基本几何体的截交线、相贯线 |
| 能力目标 | 会绘制基本几何体的三视图；会绘制中等难度的截交线、相贯线；会对基本几何体进行合理的尺寸标注 |
| 知识目标 | 平面立体的三视图；回转体三视图；求截交线、相贯线；基本几何体尺寸标注 |
| 选用案例 | 棱柱、棱锥、圆柱、圆锥、圆球、圆环、开槽半球、顶尖 |
| 考核与评价 | 项目成果评价占 50%，学习过程评价占 40%，团队合作评价占 10% |

## 项目导读

　　生产实际中种类繁多、形状各异的零件，从几何形体的角度看，都是由一些柱、锥、球、环等几何体经过切割、相交等方式组合而成的。这些简单的形体称为基本几何体，简称基本体。图 4-1 所示为由基本体组成的机件实例。本项目将通过一些典型案例来学习基本体三视图画法、表面交线的画法、基本体尺寸标注及读图方法等，为后续绘制组合体三视图奠定基础。

　　基本体分为平面立体和曲面立体两类。平面立体主要有棱柱和棱锥两种；常见的曲面立体是回转体，主要有圆柱、圆锥、圆球和圆环。

（a）钩头楔键

（b）V形铁

（c）接头

（d）顶尖

图 4-1　由基本体组成的机件

## 任务 4.1　绘制平面立体的三视图

表面由平面所围成的形体称为平面立体。平面立体各表面的交线称为棱线。平面立体的各表面是由棱线所围成，而每条棱线由两端点确定，因此，绘制平面立体的三视图可转换为绘制各棱线及各端点的三视图。为了便于画图和看图，在绘制平面立体三视图时，应尽可能地将它的一些棱面或棱线放置在与投影面平行或垂直的位置。

### 4.1.1　棱柱

**1．形体特征**

常见的棱柱为直棱柱，其顶面和底面是全等且互相平行的多边形，称为特征面，各棱面为矩形，侧棱垂直于顶面和底面，如图 4-2（a）所示。顶面和底面为正多边形的直棱柱，称为正棱柱。下面以正六棱柱为例分析棱柱的投影及三视图画法。

**2．投影分析**

如图 4-2（b）所示，将正六棱柱放在三投影面体系中，使其底面平行于 $H$ 面，并使其一个棱面平行于 $V$ 面，得到三个视图，如图 4-2（c）所示。对其投影进行分析如下。

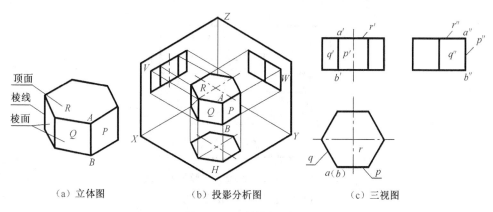

（a）立体图　　　　　（b）投影分析图　　　　　（c）三视图

图 4-2　正六棱柱的三视图

$P$ 面是正平面，所以投影 $p'$ 反映实形，$p$ 和 $p''$ 均积聚为直线。同理，可分析后棱面。

$Q$ 面是铅垂面，所以投影 $q$ 积聚成直线，$q'$ 和 $q''$ 均为缩小了的类似形。同理，可分析其余三个侧棱面。

$R$ 面是水平面，所以投影 $r$ 为反映顶面实形的正六边形，$r'$ 和 $r''$ 均积聚成直线。同理，可分析底面。

$AB$ 是铅垂线，所以投影 $a$（$b$）积聚成点，$a'b'$ 和 $a''b''$ 均为反映棱线实长的直线。同理，可分析其他棱线。

### 3. 作图步骤

画正六棱柱的三视图时，一般先画出对称中心线、对称线，再画出棱柱的水平投影；然后根据投影关系画出它的正面投影和侧面投影。可见的棱线画粗实线，不可见的则画虚线。

绘制棱柱三视图

### 4. 棱柱表面上取点

由于正放棱柱的各表面都处于特殊位置，所以其表面上点的投影均可利用平面的积聚性来作图。在判别可见性时，若平面处于可见位置，则该面上点的同名投影也是可见的；反之，则为不可见。在平面积聚投影上点的投影，可以不必判别其可见性。

**【应用实例 4-1】** 已知正六棱柱上 $A$、$B$、$C$、$D$ 四点的一个投影如图 4-3（a）所示，求这四个点的另两个投影。

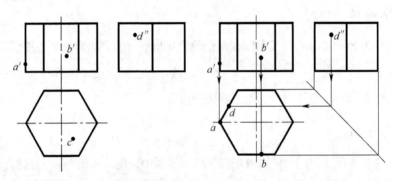

（a）$A$、$B$、$C$、$D$ 四点的一个投影　　　（b）求点 $A$、$B$、$D$ 的水平投影

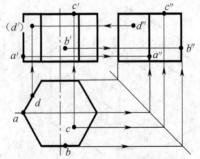

（c）求点 $A$、$B$、$D$ 的另一个投影和点 $C$ 的投影

图 4-3　求正六棱柱表面上的点

**分析：** 由图 4-3（a）可知，点 $A$、$B$ 和 $D$ 均在正六棱柱的棱面上，而其棱面的水平投影积聚成正六边形的六条边，因此，这三个点的水平投影在正六边形的边上。作图时可先求其水平投影，

再由投影规律求另一个投影。点 *C* 在正六棱柱的顶面上，而顶面的正面和侧面投影均积聚成直线，因此，可直接求其两面投影。

由于点 *A*、*B* 的正面投影为可见，其水平投影在六边形的前面；点 *C* 的水平投影为可见，所以它在正六棱柱的顶面上；点 *D* 的侧面投影为可见，所以它在正六棱柱的左棱面上。具体作图步骤如图 4-3（b）、（c）所示。

## 4.1.2　棱锥

### 1. 形体特征

棱锥的底面为多边形，各侧面为若干具有公共顶点的三角形，该点称为锥顶。当棱锥底面为正多边形，各侧面是全等的等腰三角形时，称为正棱锥。图 4-4（a）所示为一个正三棱锥的立体图，下面以此为例分析棱锥的投影及三视图画法。

### 2. 投影分析

如图 4-4（b）所示，将正三棱锥放在三投影面体系中，使其底面平行于 *H* 面，并有一个棱面垂直于 *W* 面，得到三个视图，如图 4-4（c）所示。对其投影进行的分析如下。

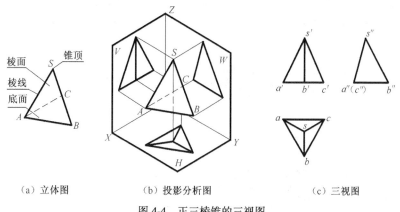

（a）立体图　　　　　（b）投影分析图　　　　　（c）三视图

图 4-4　正三棱锥的三视图

侧棱面△*SAB* 是一般位置平面，它的三个投影均为三角形的类似形。同理，可分析△*SBC*。

后棱面△*SAC* 是侧垂面，它的侧面投影积聚成一条倾斜直线，正面和水平面投影为三角形的类似形。

底面△*ABC* 是水平面，它的水平面投影反映底面实形，正面和侧面投影均积聚成直线。

*SB* 是侧平线，它的侧面投影反映棱线的实长；*SA*、*SC* 是一般位置直线，它们的三个投影均为缩短了的直线。

### 3. 作图步骤

画正放的正三棱锥的三视图时，一般先画出底面的水平投影（正三角形）和底面的另两个投影（均积聚为直线）；再画出锥顶的三个投影；然后将锥顶和底面三个顶点的同面投影连接起来，即得正三棱锥的三视图。

### 4. 棱锥表面上取点

凡属于特殊平面上的点，可利用该平面有积聚性的投影直接求得；属于一般位置平面上的点，可利用该面上的辅助线求得。

**【应用实例4-2】**　如图4-5所示，已知三棱锥的棱面△SAC上点 M 的水平面投影 m 和棱面△SAB 上点 N 的正面投影 n′，求作 M、N 两点的其余投影。

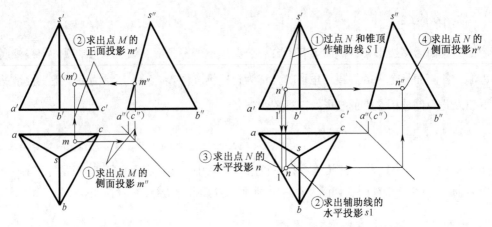

（a）利用积聚性求点 M 的投影　　　　（b）过锥顶作辅助线求点 N 的投影

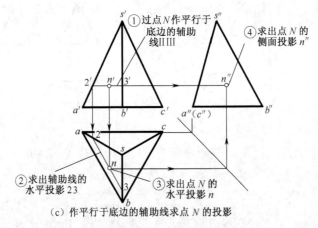

（c）作平行于底边的辅助线求点 N 的投影

图 4-5　求三棱锥表面上的点

**分析**：根据点 M 的水平投影 m 的位置及可见性，可知点 M 在正三棱锥的棱面△SAC 上，且△SAC 的侧面投影有积聚性，可利用积聚性求出其余两投影。

根据点 N 的正面投影 n′ 的位置及可见性，可知点 N 在正三棱锥的棱面△SAB 上，且棱面△SAB 为一般位置平面，需用辅助线法来求点的其余两投影。

作图步骤如下。

（1）求点 M 的投影：求点 M 的投影的步骤如图4-5（a）所示。

（2）求点 N 的投影：求点 N 的投影的辅助线方法有两种，其作图步骤如图4-5（b）、（c）所示。

# 任务4.2 绘制回转体的三视图

由一条母线（直线或曲线）绕某一轴线旋转而成的表面，称为回转面；由回转面或回转面和平面所围成的立体，称为回转体。最常见的回转体有圆柱、圆锥、圆球和圆环。由于回转面是光滑的，所以其视图仅画出在某一投影方向上观察回转体时可见与不可见部分的分界线（转向轮廓线）。

## 4.2.1 圆柱

### 1．圆柱面的形成

如图 4-6（a）所示，圆柱面可看成是由一条直母线 $AA_1$（母线）绕与其平行的轴线 $OO_1$ 回转而成。圆柱面上任意一条平行于轴线 $OO_1$ 的直线，称为圆柱面的素线。

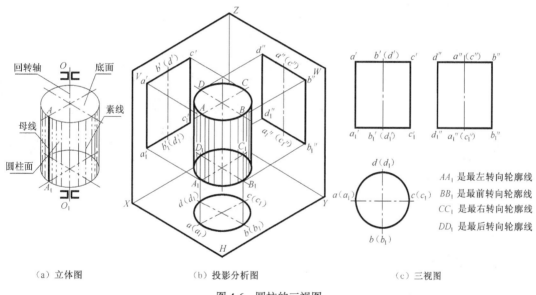

（a）立体图　　　　　　　　　（b）投影分析图　　　　　　　　（c）三视图

图 4-6　圆柱的三视图

圆柱的表面由圆柱面和上、下底面（圆平面）围成。

### 2．投影分析

如图 4-6（b）所示，将圆柱放置在三投影面体系中，使其底面平行于 $H$ 面，即轴线垂直于 $H$ 面，得到三个视图。对圆柱的三个视图分析如下。

水平投影为一圆，反映圆柱上、下底面的实际形状；由于圆柱面上的素线垂直于底面，所以圆柱面的 $H$ 面投影积聚成圆，即圆柱面上任何点和线的 $H$ 面投影都必定积聚在该圆上。

正面、侧面投影均是矩形。矩形的上、下两边分别为圆柱上、下底面的积聚性投影；矩形的左、右两边是圆柱面上最左、最右、最前和最后转向轮廓线的投影。

### 3. 作图步骤

画轴线处于特殊位置的圆柱三视图时，一般先画出轴线和对称中心线（均用细点画线表示）；然后画出圆柱面有积聚性的投影（为圆）；再根据投影关系画出圆柱的另两个投影（为同样大小的矩形）。

绘制圆柱三视图

### 4. 圆柱表面上取点

圆柱表面上点的投影均可利用圆柱面投影的积聚性求得。

【**应用实例 4-3**】 已知圆柱面上 *A*、*B*、*C*、*D* 四点的一个投影如图 4-7（a）所示，求作其余两面投影。

**分析**：点 *A*、*B* 处在圆柱面最右、最前转向轮廓线上，是特殊点，其投影可直接求出；点 *C*、*D* 是一般位置点，因为圆柱面的投影有积聚性，所以可利用积聚性来求点 *C* 和 *D* 的另两面投影。

作图步骤如图 4-7（b）、（c）所示，其中序号①、②是指作图的顺序。

圆柱体表面上点的投影分析

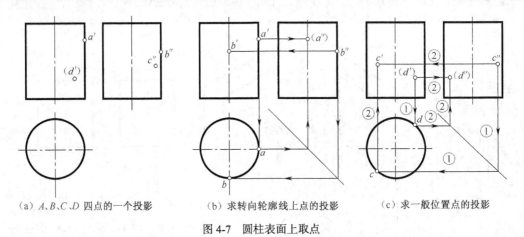

（a）*A*、*B*、*C*、*D* 四点的一个投影　　（b）求转向轮廓线上点的投影　　（c）求一般位置点的投影

图 4-7　圆柱表面上取点

## 4.2.2　圆锥

### 1. 圆锥面的形成

如图 4-8（a）所示，圆锥面可看成是由一条直线 *SA*（母线）绕与其相交的轴线 *SO* 回转而成的。圆锥面上任意一条过锥顶的直线，称为圆锥面的素线。

圆锥是由圆锥面和底面（圆平面）围成的。

### 2. 投影分析

如图 4-8（b）所示，将圆锥放置在三投影面体系中，使其底面平行于 *H* 面，即轴线垂直于 *H* 面，得到的三视图如图 4-8（c）所示。对圆锥的三个视图分析如下。

水平投影为一圆，反映圆锥底面的实际形状，同时也表示圆锥面的投影。

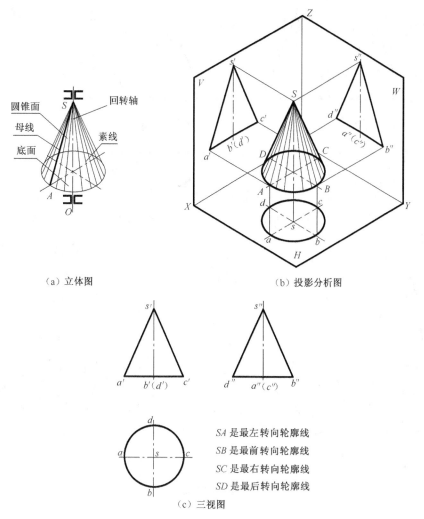

（a）立体图　　　　　　　　　　　　（b）投影分析图

*SA* 是最左转向轮廓线
*SB* 是最前转向轮廓线
*SC* 是最右转向轮廓线
*SD* 是最后转向轮廓线

（c）三视图

图 4-8　圆锥的三视图

正面、侧面投影是一个等腰三角形，其底边是圆锥底面的积聚性投影；两腰是圆锥面上最左、最右、最前和最后转向轮廓线的投影。

### 3．作图步骤

画轴线处于特殊位置的圆锥三视图时，一般先画出轴线和对称中心线（用细点画线表示）；然后画出圆锥反映为圆的投影；再根据投影关系画出圆锥的另两个投影（为同样大小的等腰三角形）。

绘制圆锥
三视图

### 4．圆锥表面上取点

处于圆锥转向轮廓线或底面的点是特殊位置点，其投影可利用投影关系或积聚性直接求出；其余处于圆锥表面上的一般位置点的投影可借助辅助线的方法求出。

【应用实例 4-4】　如图 4-9（a）所示，已知圆锥表面上的点 *A*、*B*、*C* 和 *M* 的一个投影，求作它们的另外两个投影。

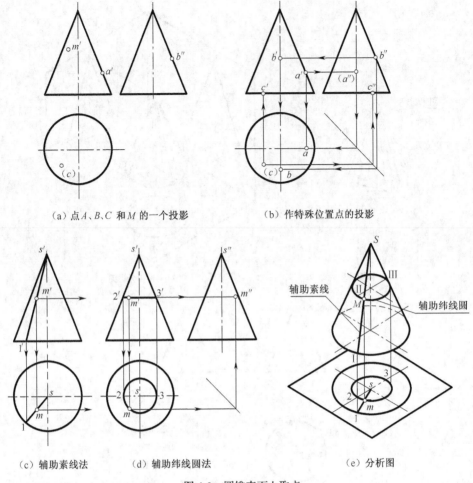

（a）点 A、B、C 和 M 的一个投影　　　　　（b）作特殊位置点的投影

（c）辅助素线法　　　（d）辅助纬线圆法　　　　（e）分析图

图 4-9　圆锥表面上取点

**分析**：由于点 A、B 分别处在圆锥面上最右和最前的转向轮廓线上，故其投影可以利用点在直线上投影的从属性直接求出；点 C 的水平投影不可见，由此可知点 C 在圆锥底面上，那么利用底面的积聚投影可直接求出点 C 的另两个投影。所以 A、B、C 是圆锥表面上的特殊位置点。

点 M 是圆锥面上的一般位置点，且圆锥面的投影没有积聚性，因此，需要用作辅助线的方法求其投影。

作图步骤如下。

（1）求特殊位置点 A、B、C 的投影，如图 4-9（b）所示。

（2）辅助素线法：如图 4-9（e）所示，过锥顶和点 M 作一辅助素线 SⅠ，再根据从属性求出另两个投影。具体作图方法如图 4-9（c）所示。

（3）辅助纬线圆法：如图 4-9（e）所示，过点 M 在圆锥面上作一垂直于圆锥轴线的水平纬线圆，其 V 面投影积聚为直线（长度等于辅助纬线圆的直径），H 面投影反映圆的实形；然后根据从属性求出点的另两个投影。具体作图方法如图 4-9（d）所示。

圆锥表面上点
的投影分析

### 4.2.3    圆球

#### 1. 圆球面的形成

如图 4-10（a）所示，圆球面是由一个圆作母线，绕其直径旋转而成。母线圆上任一点的运动轨迹为大小不等的圆。

#### 2. 投影分析

如图 4-10（b）所示，将圆球放置在三投影面体系中，由于圆球任何方向的投影都是等直径的圆，这三个圆分别表示三个不同方向的圆球面转向轮廓线的投影，具体分析如图 4-10（c）所示。

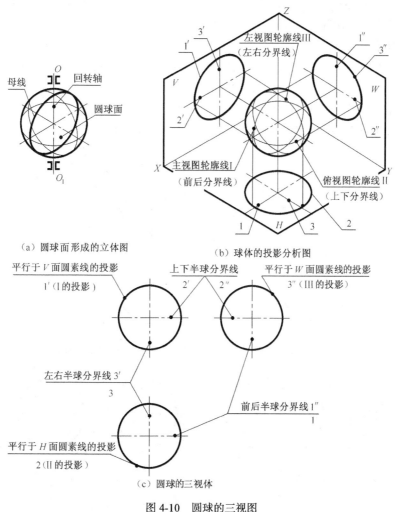

（a）圆球面形成的立体图          （b）球体的投影分析图

（c）圆球的三视体

图 4-10    圆球的三视图

#### 3. 作图步骤

画圆球的三视图时，可先画出确定球心三个投影位置的三组对称中心线；再以球心的三个投影为圆心分别画出三个与圆球直径相等的圆即可。

### 4. 圆球表面上取点

由于圆球的三个投影均无积聚性，所以在圆球表面上取点，除属于转向轮廓线上的特殊点的投影可直接求出外，其余一般位置点的投影必须采用辅助线（纬线圆）求出。

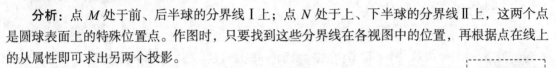

绘制球体
三视图

**【应用实例 4-5】** 如图 4-11（a）所示，已知圆球表面上点 M、N 和 K 的一个投影，求作其他两个投影。

**分析：** 点 M 处于前、后半球的分界线Ⅰ上；点 N 处于上、下半球的分界线Ⅱ上，这两个点是圆球表面上的特殊位置点。作图时，只要找到这些分界线在各视图中的位置，再根据点在线上的从属性即可求出另两个投影。

由点 K 不可见的水平投影（k），可知点 K 处于圆球的前、右、下部分，是一般位置点，因此，要用辅助纬线圆法求出它的投影。

作图步骤如下。

球面上点的
投影分析

（1）由点 M、N 的已知投影分别向另两个投影图作投影连线和点画线的交点即为所求。具体作图步骤如图 4-11（b）所示。

（2）过点 K 作辅助纬线圆平行于 V 面或 H 面或 W 面，即可根据从属性在辅助纬线圆的各投影上求得点 K 的相应投影。具体作图步骤如图 4-11（c）、（d）所示。

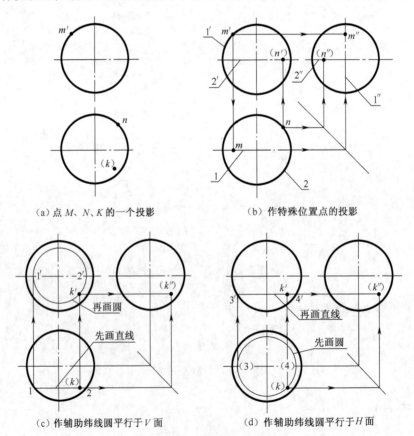

（a）点 M、N、K 的一个投影　　　（b）作特殊位置点的投影

（c）作辅助纬线圆平行于 V 面　　　（d）作辅助纬线圆平行于 H 面

图 4-11　圆球表面上取点

### 4.2.4　圆环

#### 1．圆环面的形成

如图 4-12（a）所示，圆环是由一个圆绕与其共面但不通过圆心的轴线旋转而形成的。圆环面分外环面和内环面。

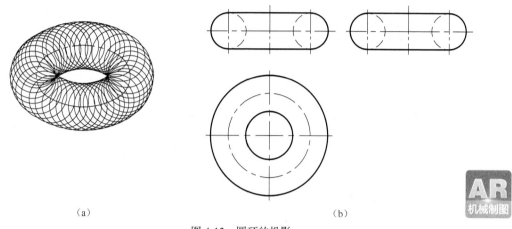

（a）　　　　　　　　　　　　　　　　　　　（b）

图 4-12　圆环的投影

#### 2．投影分析

将圆环放置在三投影面体系中，使其轴线垂直于 $H$ 面，得到圆环的三视图，如图 4-12（b）所示。对圆环的三个视图分析如下。

正面、侧面投影是全等的图形，两个小圆是圆环面最左、最右和最前、最后轮廓线圆的投影，由于内环面从前向后、从左向右均看不见，所以靠近轴线的两个半圆画成虚线。与这两个小圆相切的直线表示内、外环面分界圆的投影。

水平投影是两个同心圆，分别表示圆环面水平方向最大和最小的轮廓线圆的投影；点画线的圆表示母线圆中心运动轨迹的水平投影。

#### 3．作图步骤

画圆环的三视图时，应画出圆环面的回转轴线、对称中心线（均用细点画线表示）及内、外环面的轮廓线圆。

一般先画出圆环轴线及对称中心线，再画圆环在水平面上的投影（三个同心圆），最后画出两个全等的投影。

绘制圆环
三视图

# 任务4.3　基本几何体的截交线

基本几何体被平面截切后的形体称为截断体；用来截切立体的平面称为截平面；截平面与立

体表面的交线称为截交线。如图 4-13 所示，平面 *P*、*Q* 就是截平面，与立体表面的交线即为截交线。

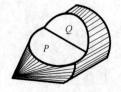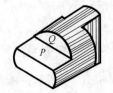

图 4-13　截断体

### 4.3.1　截交线的基本性质

**1. 截交线的基本性质**

由于基本体的形状和截平面的位置不同，所以截交线的形状也各不相同，但任何截交线都具有以下基本性质。

（1）共有性：截交线既在截平面上，又在基本体表面上，是截平面与基本体表面的共有线。

（2）封闭性：由于基本体都占有一定的空间范围，所以截交线是封闭的平面图形。截交线通常为平面折线、平面曲线或由平面曲线与直线组成。

**2. 求截交线的方法和步骤**

（1）求画截交线就是求画截平面与基本体表面的一系列共有点。求共有点的方法有以下两种。

① 积聚性法：平面与立体相交，截平面处于特殊位置，截交线有一个或两个投影有积聚性，利用积聚性求截交线上共有点的投影。

② 辅助面法：利用辅助平面使其与截平面和立体表面同时相交，求截交线上的共有点。

（2）作图步骤如下。

① 找（求）出属于截交线上一系列的特殊点。

② 求出若干一般点。

③ 判别可见性。

④ 依次连接各点成折线或曲线。

### 4.3.2　平面立体的截交线

如果用一个平面去截切平面立体，所得截交线为一封闭的平面多边形。多边形的各个顶点是棱线与截平面的交点，多边形的每一条边是棱面与截平面的交线，如图 4-14 所示。因此，求截交线投影，即是求平面立体上各棱线与截平面的交点的投影，然后依次相连。

**1. 棱柱的截交线**

棱柱的截交线可按棱柱表面取点、取线的方法，求出截平面和

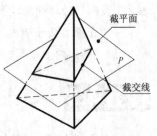

图 4-14　平面立体的截交线

棱柱表面的共有线，判断可见性后连接即可。

**【应用实例 4-6】**  正六棱柱如图 4-15（a）所示，现用正垂面对其进行截切，其正面投影积聚成直线，如图 4-15（b）所示，求作截交线的水平投影和侧面投影。

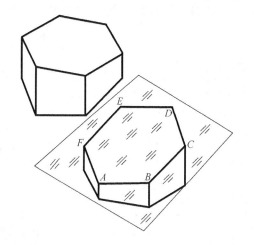

（a）立体图

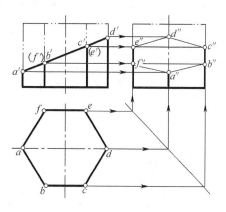

（b）求出正六棱柱表面的交点和交线

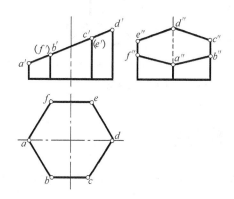

（c）连接各交点，擦去切除的棱线，描深加粗，完成全图

图 4-15  求正六棱柱的截交线

**分析**：正六棱柱被正垂面 *ABCDEF* 截切，截交线的 *V* 面投影积聚成直线，反映切口特征；*H* 面投影积聚在正六边形上；*W* 面投影为六边形的类似形。

作图步骤如下。

（1）画出完整的正六棱柱的三视图。

（2）确定截平面的位置，从而得到截平面与正六棱柱侧棱线交点的 *V* 面投影；利用正六棱柱水平积聚性投影求各交点的 *H* 面投影；最后求出各交点的 *W* 面投影，如图 4-15（b）所示。

（3）依次连接各点的同名投影，即得截交线的投影；擦去被截平面截去的部分，保留未截的棱线并加粗，完成全图，如图 4-15（c）所示。

平面截切棱柱
后的截交线

## 2. 棱锥的截交线

棱锥的截交线可按棱锥表面取点、取线的方法，求出截平面和棱锥表面的共有线，判断可见性后连接即可。

**【应用实例 4–7】** 如图 4-16（a）所示，求作正垂面 P 斜切正四棱锥的截交线。

**分析**：截平面与棱锥的四条棱线相交，可判定截交线是四边形，其四个顶点分别是四条棱线与截平面的交点。因此，只要求出截交线的四个顶点在各投影面上的投影，然后依次连接各顶点的同名投影，即得截交线的投影。

作图步骤如下。

（1）利用截平面 P 正面投影的积聚性，求出其与各棱线交点的正面投影 $a'$、$b'$、$c'$、$d'$。

（2）根据交点在棱线上的投影规律，求出另两组投影，如图 4-16（b）所示。

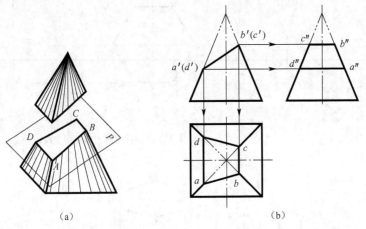

（a）                                （b）

图 4-16　求正四棱锥的截交线

平面截切棱锥
后的截交线

### 4.3.3　回转体的截交线

截平面与回转体相交时，截交线一般是封闭的平面曲线（见图 4-17）或平面曲线与直线的组合（见图 4-13）。

求作回转体截交线的步骤如下。

（1）求特殊位置点的投影：特殊位置点一般是截平面与回转体转向轮廓线的交点、截交线上的极限位置点或椭圆长、短轴的端点等。特殊位置点的投影对确定截交线的范围、趋势，判别可见性以及准确地求作截交线有重要的作用，作图时必须首先求出。

（2）求一般位置点的投影：为使作图较为准确，还需作出一定数量的一般位置点的投影。取的点越多越接近实际截交线的形状。

（3）光滑连接各点的投影：判别各点的投影可见性，并将其顺次连接。

图 4-17　回转体的截交线

### 1.　圆柱的截交线

由于截平面与圆柱轴线的相对位置不同，其截交线有三种不同的形状，如表 4-1 所示。

表 4-1　　　　　　　　　　　　　　　　圆柱的截交线

| 截平面的位置 | 平行于轴线 | 垂直于轴线 | 倾斜于轴线 |
|---|---|---|---|
| 截交线的形状 | 矩　形 | 圆 | 椭　圆 |
| 立体图 | | | |
| 投影图 | | | |

【应用实例 4-8】　如图 4-18（a）所示，求圆柱被正垂面截切后的截交线。

**分析**：由图 4-18（a）所示可知，截平面倾斜于圆柱轴线，截交线为椭圆，它的 $V$ 面投影积聚为一直线，$H$ 面投影与圆柱面水平投影重合为圆，$W$ 面投影是椭圆的类似形。根据投影规律可由正面投影和水平投影求出侧面投影。

平面截切圆柱
后的截交线

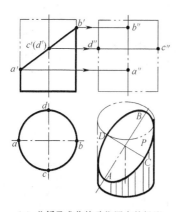

（a）分析及求作特殊位置点的投影

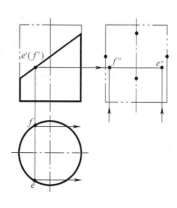

（b）求作一般位置点的投影

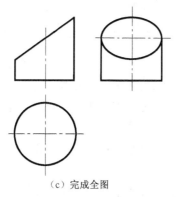

（c）完成全图

图 4-18　求斜切圆柱的截交线

作图步骤如下。

（1）先找出截交线上特殊位置点的正面投影，它们是圆柱的最左、最右以及最前、最后转向轮廓线上的点，也是椭圆长、短轴的四个端点。再找出其水平投影和侧面投影，如图 4-18（a）所示。

（2）再画出适当数量的一般位置点的投影，如图 4-18（b）所示。

（3）将这些点的侧面投影依次光滑连接，就得到截交线的侧面投影，如图 4-18（c）所示。

### 2. 圆锥的截交线

圆锥面没有积聚性，因此，圆锥的截交线只能用圆锥表面取点、取线的方法，求出特殊位置点和一般位置点的投影，判断其可见性后光滑连接。由于截平面与圆锥轴线的相对位置不同，截交线有五种不同的形状，如表 4-2 所示。

表 4-2　　　　　　　　　　　　圆锥的截交线

| 截平面的位置 | 过锥顶 | 不过锥顶 | | | |
| --- | --- | --- | --- | --- | --- |
| | | 垂直于轴线 | 倾斜于轴线，不与轮廓线平行 | 平行于任一条素线 | 平行于轴线 |
| 截交线的形状 | 相交两直线 | 圆 | 椭圆 | 抛物线 | 双曲线 |
| 立体图 | | | | | |
| 投影图 | | | | | |

【应用实例 4-9】　　如图 4-19（a）所示，求被正平面截切的圆锥截交线。

**分析**：圆锥面被平行于圆锥轴线的正平面 $P$ 截切，截交线为双曲线，其 $H$ 面和 $W$ 面投影分别积聚为直线，正面投影为双曲线实形，如图 4-19（a）所示。

作图步骤如下。

（1）求特殊位置点的投影：点Ⅲ是最高点，点Ⅰ、Ⅱ是最左、最右点，求出此三点的正面投影，如图 4-19（b）所示。

（2）求一般位置点的投影：作辅助水平面，该辅助面与截交线的交点为Ⅳ、Ⅴ，先确定其侧面投影，再根据点在圆上确定其水平投影，最后求出其正面投影，如图4-19（c）所示。

（3）将各点的正面投影光滑连接，整理全图，如图4-19（d）所示。

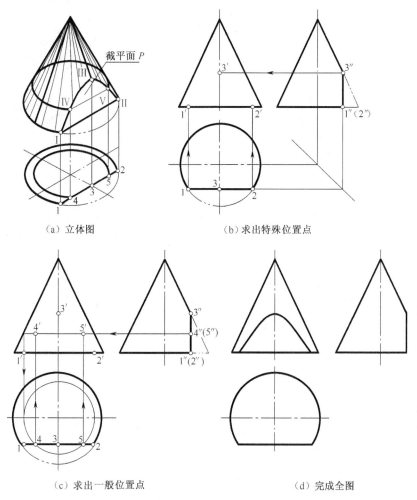

（a）立体图　　　　　　　　　　（b）求出特殊位置点

（c）求出一般位置点　　　　　　（d）完成全图

图4-19　求正平面截切圆锥的截交线

### 3．圆球的截交线

圆球被任意方向截平面截切，截交线都是圆。圆的直径大小取决于截平面与球心的距离，越靠近球心，圆的直径越大。当截平面通过球心，圆的直径最大，等于圆球的直径。

当截平面平行于某一投影面时，截交线在该投影面上的投影为圆的实形，其他两投影面上的投影都积聚为直线，其长度等于圆的直径，称为圆球的特殊截交线，如图4-20所示。

【应用实例4-10】　如图4-21（a）所示，已知一开槽半球的主视图，求其俯、左视图。

**分析：**开槽半球是由两侧平面与一水平面截切而成的。侧平面截切半球后，截交线的侧面投影是圆的一部分，水平投影积聚为直线；水平面截切半球后，截交线的水平投影是圆的一部分，侧面投影积聚为直线；两个侧平面与水平面的交线都是正垂线，侧面投影上有一部分为不可见。

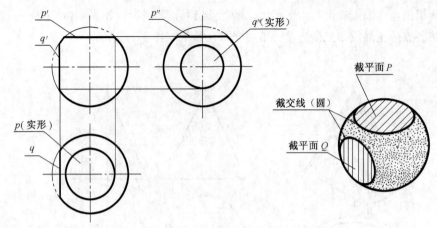

图 4-20 圆球的特殊截交线

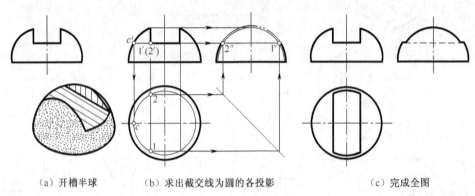

（a）开槽半球　　　　（b）求出截交线为圆的各投影　　　　（c）完成全图

图 4-21 开槽半球的截交线

作图步骤如下。

（1）求出水平截切面与球面交点 $C$ 的正面投影，做出点 $C$ 的水平投影，以点 $c$ 到球心的距离为半径作圆，即为该水平截切面的水平投影。

（2）求Ⅰ、Ⅱ两点的水平投影及侧面投影。

（3）求侧平截切面的侧面投影。

（4）整理全图。

平面截切球面
后的截交线

### 4. 共轴回转体的截交线

由几个共轴线的回转体组成的形体称为共轴回转体。为准确地绘制共轴回转体的截交线，必须对其进行形体分析。首先要分析共轴回转体是由哪些基本体所组成的，并找出它们的分界线；再分析截平面与每个被截切的基本体的相对位置、截交线的形状和投影特性；然后逐个画出基本体的截交线，并在分界点处将它们连接成封闭的平面图形。

【应用实例 4-11】 求作图 4-22（b）所示顶尖的截交线。

分析：顶尖头部是由共轴的圆锥和圆柱组合而成的，它被互相垂直的截平面 $P$、$Q$ 所截切。其中，截平面 $Q$ 平行于轴线且为水平面，截切圆锥所得的截交线为双曲线，截切圆柱所得的截交线为两条素线组成的矩形，它们的水平投影反映实形，侧面投影积聚成直线；截平面 $P$ 垂直于轴线且为侧平面，截切圆柱所得的截交线是一圆弧，该圆弧的侧面投影反映实形，水平投影积聚成直线。

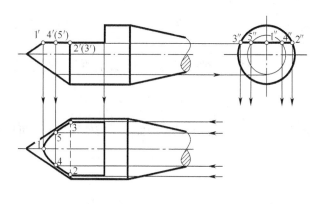

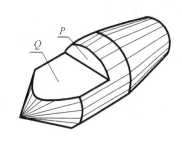

（a）三视图　　　　　　　　　　　　　　　　　（b）立体图

图 4-22　顶尖的截交线

作图步骤如下。

（1）作出共轴回转体完整的水平、侧面投影。

（2）作出截平面 $P$ 截切圆柱所得的截交线，该截交线可直接画出。

（3）作出截平面 $Q$ 截切共轴回转体所得的截交线，圆柱部分的截交线可直接作出；圆锥部分的截交线须求出特殊位置点和一般位置点的投影后，光滑连接得到。

（4）最后修改圆柱和圆锥截交线水平投影的可见性，整理全图。

## 任务 4.4　基本几何体的相贯线

两立体相交称为相贯，两立体表面的交线称为相贯线。两立体常见的相贯形式有三种：两平面立体相贯、平面立体与回转体相贯、两回转体相贯，如图 4-23 所示。

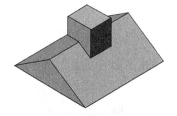
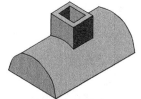
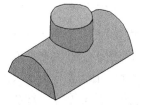

（a）两平面立体相贯　　　　　（b）平面立体与回转体相贯　　　　（c）两回转体相贯

图 4-23　相贯体

由于平面立体可以看作由若干个平面围成的实体，因此前两种立体相贯的相贯线，可转化成平面与平面立体表面相交和平面与回转体表面相交求截交线的问题求解。下面着重介绍两回转体相交时相贯线的性质和作图方法。

### 4.4.1　相贯线的基本性质

1. 相贯线的基本性质

由于相交的两回转体的几何形状、大小和相对位置不同，相贯线的形状也不相同，但所有相贯线都具有以下两个基本性质。

（1）共有性

相贯线是两相交立体表面的共有线，也是两立体表面的分界线，相贯线上的所有点都是两回转体表面的共有点。

（2）封闭性

由于基本体占有一定的空间范围，所以相贯线一般是封闭的空间曲线，特殊情况下还可能是平面曲线或直线。

### 2. 求相贯线的方法和步骤

（1）求相贯线的方法

根据上述基本性质，求相贯线可归结为求两基本体表面的共有点的投影问题，常用的作图方法有积聚性法、辅助平面法和辅助同心球法。

（2）作图步骤

① 找出一系列特殊位置相贯点（特殊位置点包括极限位置点、转向点、可见性分界点）的投影。

② 求出若干一般位置点的投影。

③ 判别可见性。

④ 顺次连接各点的同名投影。

⑤ 整理轮廓线。

## 4.4.2 求回转体相贯线投影的基本方法

### 1. 利用积聚性法求相贯线

当相交的两个回转体中有一个（或两个）圆柱，且其轴线垂直于投影面时，由于圆柱在该投影面上的投影（圆）具有积聚性，相贯线上的点在该投影面上的投影也一定积聚在圆周上，其他投影可根据表面上取点方法求出。

【应用实例 4-12】 如图 4-24（a）所示，求轴线正交的两圆柱相贯线的投影。

分析：从图 4-24 中可以看出，直径不同的两圆柱体轴线垂直相交，相贯线为前后左右对称的空间曲线。由于大圆柱体的轴线为侧垂线，因此相贯线的侧面投影积聚在大圆柱侧面投影的一段圆弧上，小圆柱体的轴线为铅垂线，因此相贯线的水平投影积聚在小圆柱水平投影圆上，可利用圆柱的积聚性，求出相贯线的正面投影，特殊点可直接求出，一般点利用面上取点的方法求出。

具体作图步骤如图 4-24 所示。

关于正交的两圆柱相贯的讨论如下。

（1）正交的两圆柱直径变化对相贯线的影响：当两圆柱直径不相等时，相贯线为空间曲线，相贯线在两轴线所平行投影面的投影为曲线，曲线总是凸向大圆柱的轴线。当两圆柱直径相等时，相贯线为椭圆曲线，在两轴线所平行投影面的投影积聚为两条直线，如图 4-25 所示。

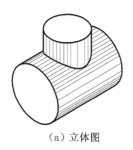

（a）立体图

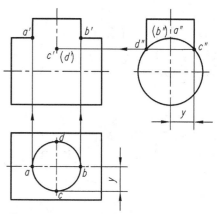

（b）求特殊点。相贯线上的最左点A、最右点B、最前点C、最后点D都在转向轮廓线上，可由水平投影和侧面投影，直接求出正面投影

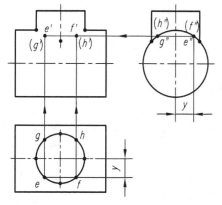

（c）求一般点。在相贯线的侧面投影上任取一般 $e''$、$f''$，求出水平投影e、f，再由水平投影和侧面投影作出正面投影 $e'$、$f'$

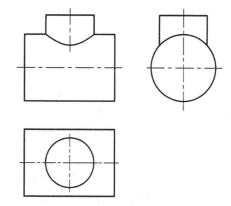

（d）检查，光滑连接各点，整理图线

图 4-24　求两圆柱体正交的相贯线

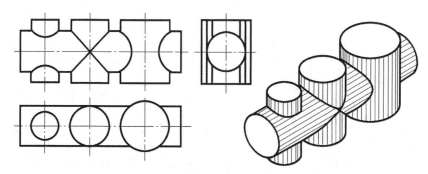

图 4-25　相贯线投影的弯曲趋向

（2）正交的两圆柱相贯有三种基本形式：两外圆柱面相交，其交线为外相贯线，画粗实线，如图 4-26（a）所示；外圆柱面与内圆柱面相交，其交线仍为外相贯线，也画粗实线，如图 4-26（b）所示；两内圆柱面相交，其交线为内相贯线，与实心两圆柱相贯线对应，画虚线，如图 4-26（c）所示。

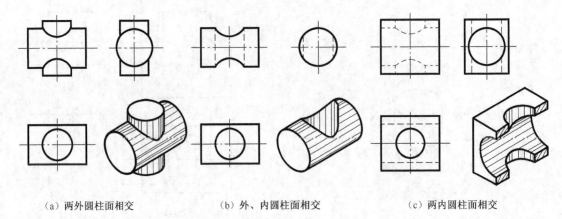

（a）两外圆柱面相交　　　　　　（b）外、内圆柱面相交　　　　　　（c）两内圆柱面相交

图 4-26　两圆柱相贯的三种基本形式

## 2. 用辅助平面法求相贯线

当相贯线只有一个投影有积聚性，或投影都没有积聚性时，可以用辅助平面法求出两立体表面的共有点。

如图 4-27（a）所示，辅助平面法采用三面共点的原理，作一辅助正平面 $Q$，同时截切相贯的圆柱和圆环，得到圆柱的截交线是直线 $N$，圆环的截交线是圆 $M$，这两组截交线的交点 $A$、$B$，即为相贯线上的点。利用辅助平面法求作相贯线的步骤如图 4-27（b）所示。

为了作图简便和准确，辅助平面的选取原则如下。

（1）辅助平面应为特殊位置平面，并作在两回转面的相交范围内。

（2）辅助平面与两回转体的截交线的投影都是最简单易画的图形（如多边形或圆）。

两圆柱相贯线
画法

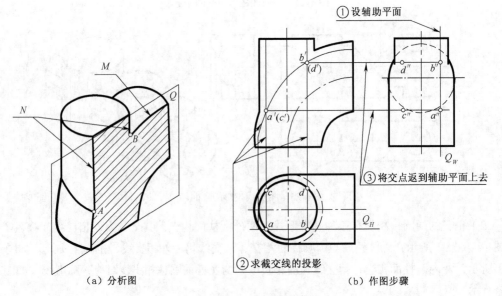

（a）分析图　　　　　　　　　　　（b）作图步骤

图 4-27　辅助平面法的作图原理及步骤

【应用实例 4-13】　已知圆柱与圆锥台的轴线垂直相交，求相贯线的投影。

**分析：** 如图 4-28（a）所示，相贯线为一封闭的空间曲线。圆柱面的轴线垂直于 $W$ 面，其侧面投影积聚成圆，因此相贯线的侧面投影也积聚在该圆上，为两立体共有部分的一段圆弧。相贯线的正面投影和水平投影没有积聚性，应分别求出。

作图步骤如下。

（1）求特殊位置点的投影

相贯线的最高点 Ⅰ 和 Ⅱ 位于圆柱和圆锥台的正视转向轮廓线上，其投影可直接求出。相贯线的最前点 Ⅲ 和最后点 Ⅳ，分别位于圆锥台最前和最后两条左视转向轮廓线上，可由其侧面投影求正面及水平投影，如图 4-28（a）所示。

（2）求一般位置点的投影

作辅助水平面 $P$，它与圆锥面的交线为圆，与圆柱的交线为两平行直线，两直线与圆交于四个点 Ⅴ、Ⅵ、Ⅶ、Ⅷ，先求出它们的水平投影，然后再求其正面投影，如图 4-28（b）所示。

（3）完成全图

将各点的同面投影光滑地连接起来，即得相贯线的投影，如图 4-28（c）所示。

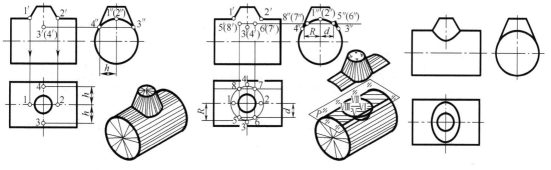

（a）分析及求作特殊位置点的投影　　　（b）利用辅助平面 $P$ 求作一般位置点的投影　　（c）完成全图

图 4-28　求圆柱与圆锥台正交的相贯线

## 4.4.3　相贯线的特殊情况

两回转体相交时，其相贯线一般为空间曲线。但在特殊情况下，也可能是平面曲线或直线段。

（1）当两圆柱轴线相互平行或两圆锥共顶相交时，相贯线为直线，如图 4-29 所示。

（2）当两回转体具有公共轴线时，相贯线是垂直于轴线的圆，当轴线平行于某一投影面时，相贯线在该投影面上的投影积聚成一直线，如图 4-30 所示。

（3）当圆柱与圆柱、圆柱与圆锥轴线相交，并公切于一球面时，相贯线为椭圆。如图 4-31 所示，椭圆的正面投影为一直线段，水平投影为类似形（圆或椭圆）。

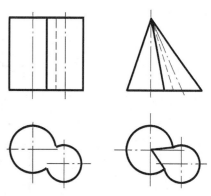

图 4-29　相贯线的特殊情况（一）

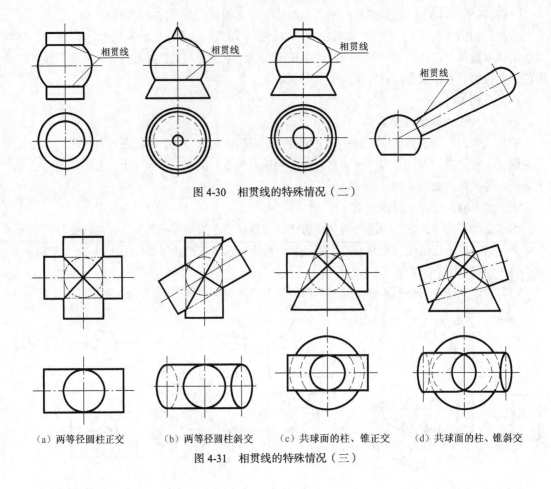

图 4-30　相贯线的特殊情况（二）

（a）两等径圆柱正交　　（b）两等径圆柱斜交　　（c）共球面的柱、锥正交　　（d）共球面的柱、锥斜交

图 4-31　相贯线的特殊情况（三）

## 4.4.4　相贯线的近似画法

在不引起误解的情况下，相贯线允许采用近似画法，即用圆弧代替空间曲线。圆弧半径等于大圆柱半径，即 $R = D/2$，其圆心位于小圆柱轴线上，具体作图如图 4-32 所示。

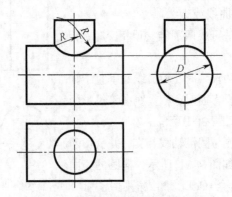

图 4-32　圆柱相贯线投影的近似画法

## 任务 4.5 基本几何体的尺寸标注

### 4.5.1 基本几何体的尺寸注法

基本几何体的尺寸标注方法如图 4-33 所示，所标注的尺寸以能确定基本几何体的形状、大小为原则。平面立体一般要标注长、宽、高三个方向的尺寸，如图 4-33（a）所示；回转体一般只要标注径向和轴向两个方向的尺寸，有时加上尺寸符号（直径符号"$\phi$"或球的直径符号"$S\phi$"）后，可减少视图数量，如图 4-33（b）所示。

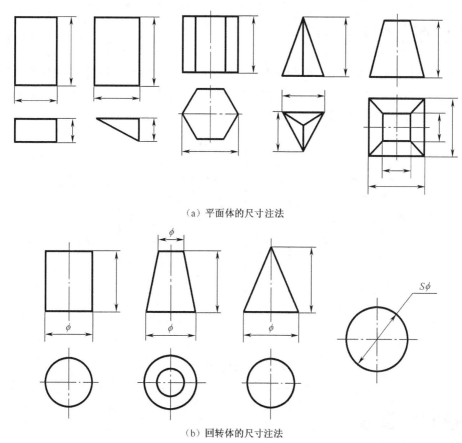

（a）平面体的尺寸注法

（b）回转体的尺寸注法

图 4-33 基本几何体的尺寸注法

### 4.5.2 截断体的尺寸标注

标注截断体尺寸时，除了应注出基本形体的尺寸外，还应标注确定截平面位置的尺寸。当基本体与截平面之间的相对位置确定后，截交线也就确定了，因此截交线上不需再标注尺寸。

如图 4-34 所示，标注截断体尺寸，只需注出参与截交的基本形体的定形尺寸和截平面的定位尺寸。

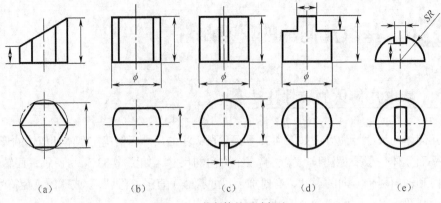

| (a) | (b) | (c) | (d) | (e) |

图 4-34 截断体的尺寸标注

### 4.5.3 相贯体的尺寸标注

标注相贯体尺寸时，除了应注出相交两基本形体的尺寸外，还应标注两相交体的相对位置尺寸。当两相交基本形体的形状、大小和相对位置确定后，相贯线的形状、大小也就确定了，因此相贯线上不需再标注尺寸，如图 4-35 所示。

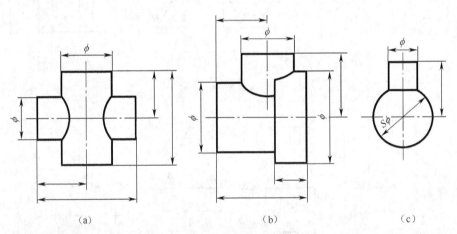

| (a) | (b) | (c) |

图 4-35 相贯体的尺寸标注

# 知识梳理与总结

1. 本项目以棱柱、棱锥、圆柱、圆锥、圆球等为案例，来叙述基本几何体的投影特性及作图方法。基本体是形成组合体的基本单元，读者应熟练掌握基本体的投影特征，对今后画图、读图和标注尺寸都起着重要作用，在学习中应当重视。

2. 求作基本几何体的截交线和相贯线，作图时分析截交线和相贯线的性质，确定其上一系列特殊位置点及一般位置点，依次光滑连接各点的同面投影。

3. 基本几何体尺寸标注重点解决截断体和相贯体的尺寸标注，这是今后组合体尺寸标注的基础。

# 绘制组合体的三视图

## 教学导航

| | |
|---|---|
| 教学目标 | 掌握组合体形体分析方法；掌握组合体三视图的绘制方法及尺寸标注；掌握读组合体基本要点及方法 |
| 教学重点 | 组合体三视图画法及尺寸标注；读组合体三视图的方法 |
| 教学难点 | 组合体三视图画法和尺寸标注；两视图补画第三视图 |
| 能力目标 | 能绘制中等复杂程度组合体的三视图并合理标注尺寸；能由已知两视图补画出第三视图或补画漏线 |
| 知识目标 | 组合形式；形体分析法；叠加式组合体三视图；切割式组合体三视图；组合体尺寸标注；识读组合体视图；由两视图补画第三视图 |
| 选用案例 | 支座、镶块、支架、支撑座、切割体 |
| 考核与评价 | 项目成果评价占50%，学习过程评价占40%，团队合作评价占10% |

## 项目导读

任何复杂的机器零件，从形体角度看，都是由一些基本几何体（棱柱、棱锥、圆柱、圆锥、圆球和圆环等）按一定连接方式组合而成的。通常由两个或两个以上的基本几何体组合而成的形体称为组合体。学好组合体三视图的画法、尺寸标注和读图方法，可以为后续零件图、装配图的读图和绘制打下坚实的基础。

## 任务5.1  组合体的形体分析

学好组合体三视图的画法、尺寸标注和读图方法，需要建立在对组合体的形体分析基础之上。

### 5.1.1　组合体的组合形式

组合体的组合形式可分为叠加和切割两种基本形式，常见的是这两种形式的综合，如图 5-1 所示。

**1．叠加**

叠加是指构成组合体的各基本几何体相互堆积。如图 5-1（a）所示，该组合体可以看成是由 Ⅰ、Ⅱ、Ⅲ 部分叠加而成的。

**2．切割**

切割是指从较大的基本几何体中挖掘出或切割出较小的基本几何体。如图 5-1（b）所示，该组合体可以看成是四棱柱被切去 Ⅰ、Ⅱ、Ⅲ 部分后形成的。

**3．综合**

综合是指构成组合体的各基本几何体既有叠加，又有切割。如图 5-1（c）所示，该组合体可以看成是由 Ⅰ、Ⅱ、Ⅲ 部分叠加之后，又被切去Ⅳ部分后形成的。

组合体的组合形式

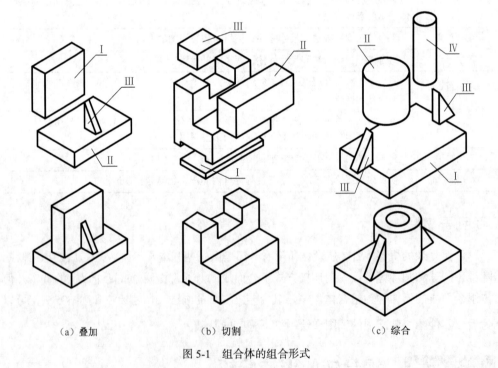

（a）叠加　　　　　　　　　（b）切割　　　　　　　　　（c）综合

图 5-1　组合体的组合形式

### 5.1.2　组合关系及画法

当基本几何体组合在一起时，必须正确地表示基本几何体之间的表面连接关系，表面连接关系有不平齐、平齐、相切和相交四种情况。画组合体的视图时，必须注意其组合形式和各组成几何体表面间的连接关系，才不会多线或漏线。在识图时注意这些关系，才能想清楚组合体的整体结构形状。

### 1. 两表面间平齐

当两个基本几何体的表面平齐时，连接处不应有分界线隔开，如图5-2（a）所示。

### 2. 两表面间不平齐

当两个基本几何体的表面不平齐时，相接处应画分界线，如图5-2（b）所示。

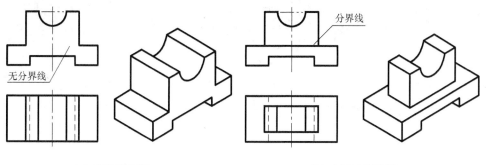

（a）表面平齐画法　　　　　　　　　　（b）表面不平齐画法

图5-2　两基本体间表面平齐与不平齐的画法

### 3. 相切

当两个基本几何体的表面在连接处相切时，两表面光滑过渡，相切处不存在轮廓线，在视图上相切处不应画线。如图5-3（b）所示，耳板前后面与圆柱相切，在主、左视图中不画出两个相切表面的切线，但耳板下表面的投影应画到切点处。

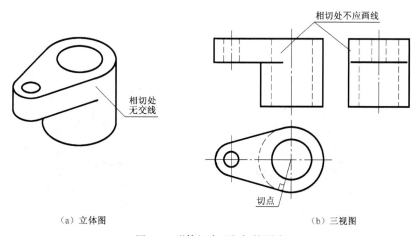

（a）立体图　　　　　　　　　　　　　（b）三视图

图5-3　形体间表面相切的画法

### 4. 相交

当两个基本几何体的表面在连接处相交时，在相交处应画出交线，如图5-4所示。交线的具体形状及画法应视交线特点而定，若属于空间曲线，则按前述相贯线画法。

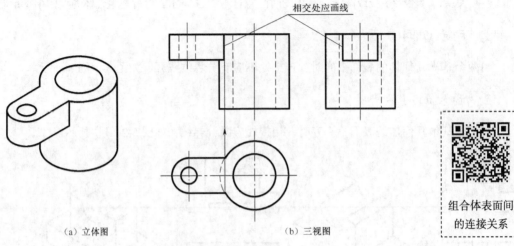

（a）立体图　　　　　　　　　（b）三视图

图 5-4　形体间表面相交的画法

组合体表面间
的连接关系

### 5.1.3　形体分析法

为了运用前述基本几何体的投影特征及作图方法，通常在绘图、标注尺寸和读组合体三视图的过程中，假想把组合体分解成若干基本几何体，分析清楚各基本几何体的结构形状、组合形式和相对位置，以及表面间的连接关系。这种将复杂形体分解为几个简单几何体的分析方法，称为形体分析法。

例如，图 5-5（a）所示的支座可分解为图 5-5（b）所示的底板、圆筒、侧立板、凸台和肋板五部分。

形体分析法采用的是"先分后合"的方法，化繁为简，把解决复杂的组合体的问题转化为简单的几何体问题。它是绘图、标注尺寸和读图的基本方法。

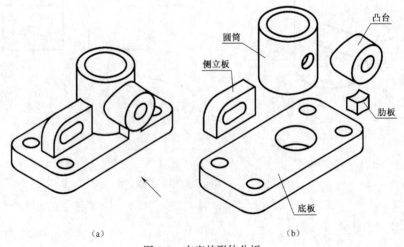

（a）　　　　　　　　　　（b）

图 5-5　支座的形体分析

## 任务 5.2  组合体三视图的画法

### 5.2.1  叠加式组合体

下面以图 5-5 所示的支座为例来练习叠加式组合体三视图的画法。首先要对组合体进行形体分析，然后选择主视图的投射方向。在画图过程中应考虑组合体的各组成部分的形状、相对位置和组合形式，以及相邻两部分的表面连接关系，避免多线或漏线。

#### 1.  形体分析

图 5-5 所示为支座的形体分析图，该零件可看作由底板、圆筒、侧立板、凸台和肋板组成。该组合体的主要组合形式是叠加式，圆筒与底板叠加；圆筒与凸台垂直相贯，内外表面都有相贯线；侧立板与底板叠加，并与圆筒相交，有截交线；肋板与底板叠加，前端面平齐，无分界线，并与圆筒、凸台分别相交，均有截交线。

#### 2.  选择主视图

在三视图中，主视图通常反映零件的主要形状特征，是最主要的视图，因此确定主视图的投射方向是画图的一个关键环节。选择主视图时，通常将物体放正，并尽可能使物体的主要平面（或轴线）平行或垂直于投影面，以便使投影得到实形。一般选最能反映物体形状特征的方向作为主视图的投射方向，并兼顾其他视图表达的清晰性。

图 5-6（a）所示的支座沿箭头方向所得的视图满足了上述的基本要求，可作为主视图。主视图投射方向确定后，俯视图和左视图也就随之确定了。

#### 3.  作图步骤

（1）选比例、定图幅

视图确定后，要根据物体大小和复杂程度，选择符合标准规定的比例和图幅。一般情况下，应尽量选用 1∶1 的比例绘图。图幅大小应根据所绘视图大小，标注尺寸、画标题栏和写技术要求等的位置来确定。

（2）布置视图，画出作图基准线

布置视图位置时，要根据各个视图每个方向的最大尺寸，在视图之间留足标注尺寸的空隙，使视图布局合理，排列匀称，画出各视图的作图基准线，如图 5-6（a）所示。

（3）画视图底稿

画图步骤如图 5-6（b）～图 5-6（e）所示，画底稿时应注意以下问题。

① 按形体分析法逐个地画出每个基本几何体的三视图，应从形状特征明显的视图开始，再按投影规律，三个视图配合作图。切忌画完整个视图后，再画另一个视图。逐个画出每个基本几何体的三视图能提高作图速度、避免多画和错画图线。

② 画图顺序：先画主体，后画细节；先画完整基本几何体，后画切割、挖孔结构；先画可见的轮廓，后画不可见的轮廓；先画投影为圆的视图，后画与其对应的非圆的视图。

（4）检查、描深

完成底稿后，应认真检查各基本几何体表面间的连接、相交、相切等处的合理性，以及是否符合投影原则。经全面检查、修改，确定无误后，擦去多余底稿图线，方可描深，结果如图 5-6（f）所示。

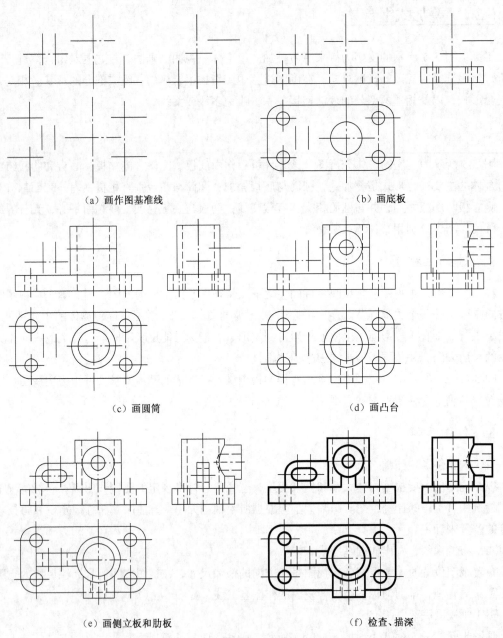

（a）画作图基准线　　　　　　　　　　　　　　（b）画底板

（c）画圆筒　　　　　　　　　　　　　　　　　（d）画凸台

（e）画侧立板和肋板　　　　　　　　　　　　　（f）检查、描深

图 5-6　支座三视图的画法

## 5.2.2　切割式组合体

画切割式组合体视图与叠加式组合体视图在所用的分析方法和作图的几大步骤上基本相同，

但具体画图的过程有所差异。切割式组合体的作图步骤如下。

① 先画被切割前的完整的基本形体。

② 按切割过程逐个画出被切割部分的视图。在画图时，对于被切割部分，应先画出切平面有积聚性的投影，然后再画其他视图的投影。

③ 画切割体的关键在于求切割面与物体表面的截交线，以及切割面之间的交线。作截交线的投影时应注意分析截交线的形状和空间位置及投影特性。

切割式组合体（带切口四棱柱）三视图的画法如图 5-7 所示。

### 1. 形体分析

图 5-7（a）所示为四棱柱被正垂面 P 切割后，左边又被挖去了一矩形槽，要作出它的投影图，需先画出四棱柱的三视图，再根据截平面的位置，利用在平面立体表面上取点、取线的作图方法来作图。

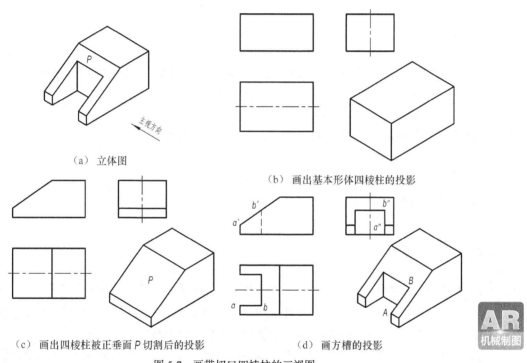

（a）立体图

（b）画出基本形体四棱柱的投影

（c）画出四棱柱被正垂面 P 切割后的投影

（d）画方槽的投影

图 5-7  画带切口四棱柱的三视图

### 2. 确定主视图

选择图 5-7 中箭头所指方向为主视图的投影方向，它能较清晰地表达出带切口四棱柱的特征结构。

### 3. 作图步骤

（1）画出基本形体四棱柱的三视图，如图 5-7（b）所示。

（2）根据截平面 $P$ 的位置，画出它的具有积聚性的正面投影，再画出水平面投影和侧面投影，如图 5-7（c）所示。

（3）由于该形体左端的矩形槽是由两个正平面、一个侧平面切割而成，因此根据切口尺寸，先画矩形槽具有积聚性的水平投影，再画正面投影，根据主、俯视图，利用投影规律，作出各点的侧面投影，连接各点，完成矩形槽的投影，如图 5-7（d）所示。

（4）擦去多余的图线，检查即得物体的三视图。

## 任务 5.3　组合体的尺寸标注

由于视图只能表达形体的结构形状，不能表达形体的大小尺寸，故本任务将在前面学习的平面图形尺寸标注的基础上，学习组合体的尺寸标注方法，为机件的尺寸标注奠定基础。

### 5.3.1　尺寸标注的基本要求

#### 1. 正确

标注的尺寸数值要正确无误，标注方法要符合机械制图国家标准中有关尺寸标注方法的基本规定。

#### 2. 完整

标注的尺寸必须能完全确定组合体的形状、大小及相对位置，不遗漏、不重复。

#### 3. 清晰

尺寸的布置要整齐、清晰醒目，便于查找和看图。

### 5.3.2　尺寸基准

尺寸基准是标注或测量尺寸的起点。标注尺寸前应先确定尺寸基准。由于组合体有长、宽、高三个方向的尺寸，因此，在每个方向上都至少要有一个尺寸基准。同方向上的尺寸基准不管多少，只能有一个主要基准（通常是有较多尺寸从它标注出的那个基准）。

组合体上能作为尺寸基准的几何要素有对称平面、底平面、重要的大端面以及回转体的轴线等。图 5-8（b）、（c）所示为支架的各方向的主要尺寸基准。

### 5.3.3　尺寸种类

组合体的尺寸有定形尺寸、定位尺寸和总体尺寸三种。

#### 1. 定形尺寸

确定基本形体的形状和大小的尺寸称为定形尺寸。图 5-8（a）所示的尺寸均为定形尺寸。

### 2．定位尺寸

确定各基本形体间相互位置的尺寸称为定位尺寸。图5-8（c）所示的24、56、42等均为定位尺寸。

定位尺寸也是组合体某方向上的主要基准与基本形体自身的基准之间的尺寸联系。若基本形体上某平面处于与同方向主要基准面重合（或平齐）或其自身的对称平面（或回转轴线）与同方向组合体的对称平面（或回转轴线）重合，则可省略其该方向上的定位尺寸标注。

### 3．总体尺寸

确定组合体外形所占空间大小的总长、总宽和总高的尺寸称为总体尺寸，如图5-8（c）所示的总长66、总宽44。总高由42+18决定，不再标注总高尺寸。即组合体的一端或两端为回转体时，不直接标注总体尺寸，而只是标注回转体的定形尺寸及其定位尺寸。

## 5.3.4　标注组合体尺寸的方法和步骤

### 1．标注组合体尺寸的方法和步骤

下面以支架（见图5-8～图5-11）为例，说明组合体的尺寸标注方法和步骤。

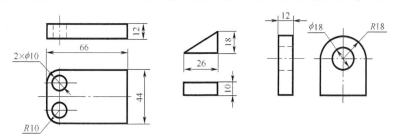

（a）定形尺寸

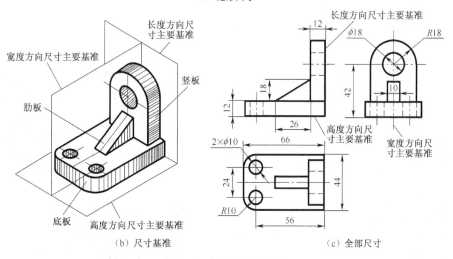

（b）尺寸基准　　　　　　　　　　（c）全部尺寸

图 5-8　支架的尺寸分析

（1）形体分析

通过对支架的形体分析将其分解为底板、竖板和肋板，如图5-8（b）所示。

（2）选择尺寸基准

按组合体长、宽、高三个方向依次选定其主要基准，如图 5-8（c）所示。

（3）标注定形尺寸

依次标注全各基本形体的定形尺寸。将图 5-8（a）所示各部分的定形尺寸注在图 5-9 中。

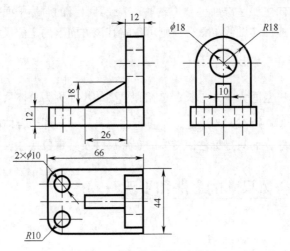

图 5-9　支架的定形尺寸分析

（4）标注定位尺寸

从组合体长、宽、高三个方向的主要基准和辅助基准出发依次标注出各基本形体的定位尺寸，如图 5-10 所示。

（5）标注总体尺寸

定形尺寸、定位尺寸和总体尺寸有兼做情况，或具有规律分布的多个相同的基本形体时，都应避免重复标注，故要进行检查、调整，再标注总体尺寸，如图 5-11 中的总长 66、总宽 44；而总高由 42+18 决定，故不再标注总高尺寸。

（6）依次检查三类尺寸，保证正确、完整、清晰

注意尺寸间的协调，最后完成的支架尺寸标注如图 5-11 所示。

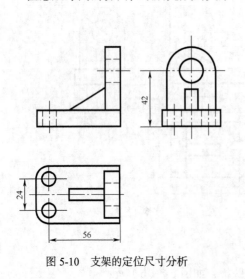

图 5-10　支架的定位尺寸分析

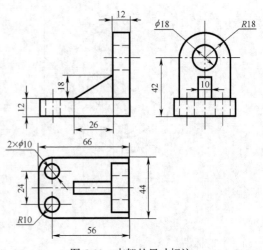

图 5-11　支架的尺寸标注

## 2. 标注组合体尺寸的注意事项

（1）定形尺寸应尽可能标注在反映形体形状特征较明显的视图上；定位尺寸应尽量标注在反映形体间相互位置关系明显的视图上，并尽量与定形尺寸集中在一起，以便查找和看图。

（2）为保持图形清晰，尺寸应尽量标注在视图外面，尺寸排列整齐，且应使小尺寸在里（靠近图形），大尺寸在外。当图上有足够地方能清晰地标注尺寸数字，又不影响图形的清晰时，也可注在视图内，如图 5-12（a）所示。

（3）圆柱、圆锥的直径尺寸应尽量标注在非圆的视图上，半圆以及小于半圆的圆弧的半径尺寸一定要标注在投影为圆弧的视图上，如图 5-13（a）所示。

组合体的尺寸
标注要点

（4）同一形体的尺寸尽量集中标注，同一方向串联的尺寸，箭头应互相对齐，排在同一直线上。

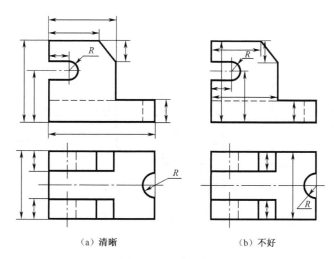

图 5-12　尺寸的布局

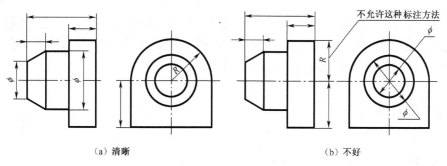

图 5-13　直径、半径的尺寸标注

## 3. 常见几种平板的尺寸注法

常见几种平板的尺寸注法如图 5-14 所示。

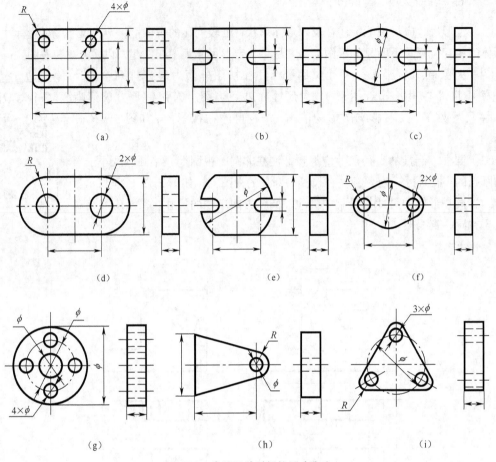

图 5-14　常见几种平板的尺寸注法

## 任务 5.4　读组合体视图

读图是根据物体的视图想象出物体形状的过程，要提高读图能力、迅速地读懂视图，需要学习有关读图的基本知识和了解正确读图的方法和步骤，并通过反复地读图实践才能达到。本任务将结合读图的基本要点来练习如何读组合体视图。

### 5.4.1　读图要点

#### 1. 将三个视图联系起来读图

一般来说，一个视图不能完全确定物体的形状，必须将几个视图联系起来分析、构思，才能想象出物体的形状。图 5-15 所示两物体的主视图和左视图是一样的，但俯视图不相同，所以它们表达的物体形状也不相同。图 5-16 所示的物体也同样如此。

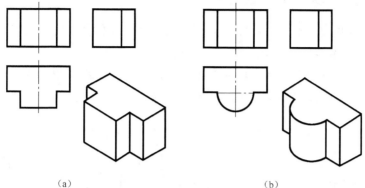

（a）　　　　　　　　　　　　　　（b）

图 5-15　几个视图联系起来想象物体的形状（一）

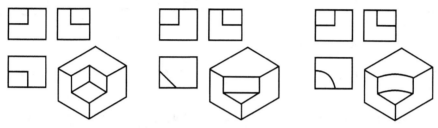

图 5-16　几个视图联系起来想象物体的形状（二）

## 2. 善于抓住反映特征的视图

读图时，要先从反映形状特征和位置特征较明显的视图看起，再与其他视图联系起来，形体的形状才能识别出来。如图 5-17（a）所示，左视图是反映形体上Ⅰ与Ⅱ两部分位置关系最明显的视图，将主、左两个视图联系起来看，就可唯一判定形体是图 5-17（c）所示的形状。

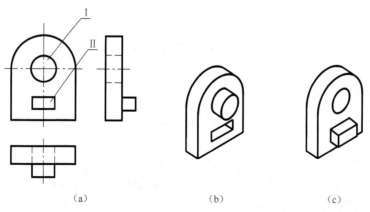

（a）　　　　　　　　　（b）　　　　　　　　　（c）

图 5-17　从反映形体特征明显的视图看起

### 3. 明确视图中线框和图线的含义

（1）当相连两线框表示两个不同位置的表面时，其两线框的分界线可以表示具有积聚性的第三表面积聚成的线或两表面的交线，如图 5-18 所示。

（2）线框里有另一线框时，可以表示凸起或凹进的表面，如图 5-19（a）、（b）所示；也可表示具有积聚性的圆柱通孔的内表面积聚，如图 5-19（c）所示。

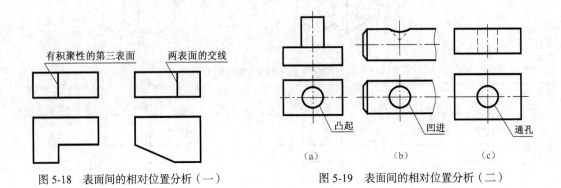

图 5-18 表面间的相对位置分析（一）          图 5-19 表面间的相对位置分析（二）

（3）线框边上有开口线框和闭口线框时，分别表示通槽，如图 5-20（a）所示；不通槽，如图 5-20（b）所示。

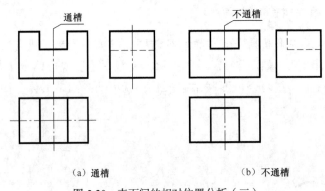

（a）通槽          （b）不通槽

图 5-20 表面间的相对位置分析（三）

### 4. 善于进行空间构思

（1）掌握正确的思维方法，不断地把构思结果与已知视图对比，及时修正有矛盾的地方，直至构思的立体形状与视图所表达的物体完全吻合为止。

例如，在想象图 5-21（a）所示的组合体的形状时，可先根据已知的主、俯视图进行分析，想象成图 5-21（b）、（c）所示的立体，再默画所想立体的视图，与已知视图对照是否相符，不符则根据二者的差异修改想象中的形体，直至各个视图都相符。由此可见，图 5-21（d）所示才是已知视图所确定的物体。

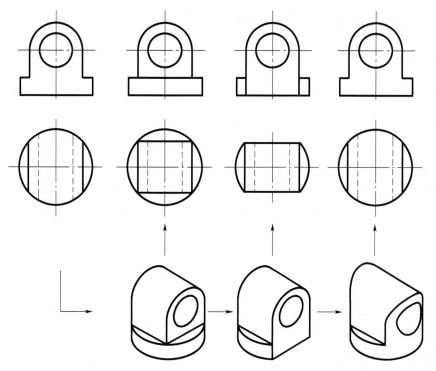

（a）想象组合体　　（b）与主、俯视图不符　　（c）与主、俯视图不符　　（d）与主、俯视图相符

图 5-21　构思形体的过程

　　这种边分析、边想象、边修正的方法在实践中是一种行之有效的思维方式。无论是在想象各基本形体的形状，还是想象整个立体的形状时，都要注意应用。

（2）构思的立体要合理

①　两个形体组合时要连接牢固，不能出现点接触或线接触，如图 5-22（a）、（b）所示；也不能用面连接，如图 5-22（c）、（d）所示。

②　不要出现封闭的内腔，因为封闭的内腔不便于加工造型，如图 5-22（e）所示。

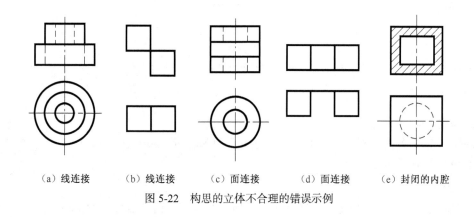

（a）线连接　　（b）线连接　　（c）面连接　　（d）面连接　　（e）封闭的内腔

图 5-22　构思的立体不合理的错误示例

### 5.4.2　读组合体视图的方法和步骤

读组合体视图的方法主要有形体分析法和线面分析法。

#### 1．形体分析法

形体分析法是读叠加式或综合式组合体视图的基本方法。

下面以图 5-23（a）所示的组合体（支承座）三视图为例，说明运用形体分析法识读组合体视图的方法与步骤。

（1）分线框、对投影

从主视图入手，将主视图划分成四个线框，在俯视图和左视图上把每个线框对应的投影找出来，如图 5-23（a）所示。

组合体视图读图技巧

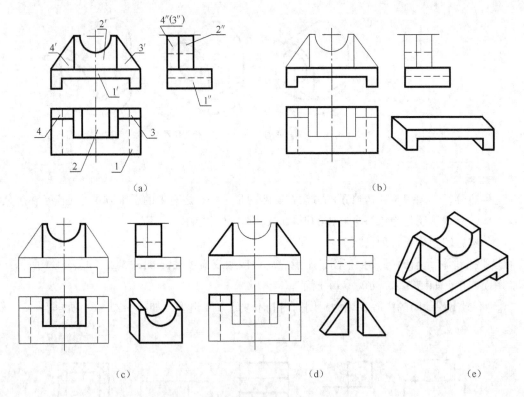

（a）　　　　　　　　　　（b）

（c）　　　　　　　　（d）　　　　　　（e）

图 5-23　用形体分析法读图举例（支承座）

（2）识形体、定位置

根据每一部分的三视图，逐个想象出各部分的形状和位置，如图 5-23（b）～图 5-23（d）所示。

（3）合起来、想整体

每个部分的形状和位置确定后，整个组合体的形状也就确定了，如图 5-23（e）所示。

形体分析法读图原理

## 2. 线面分析法

看切割式组合体的三视图时，主要用线面分析法。所谓线面分析法就是运用投影规律把物体的表面分解为线、面等几何要素，通过分析这些要素的空间形状和位置，来想象物体各表面形状和相对位置，从而想象出组合体的形状。

下面以图 5-24（a）所示的组合体三视图为例，说明运用线面分析法识读组合体视图的方法与步骤。

形体分析法
读图案例

（1）抓住线段对应投影

所谓抓住线段是指抓住平面投影成积聚性的线段，按投影对应关系，找出其他两投影面上的投影，从而判断出该截切面的形状和位置。

如图 5-24（a）所示，线框 Ⅰ（1、1′、1″）在三视图中是"一框对两线"，其中"框"在正面，故表示正平面；线框 Ⅱ（2、2′、2″）在三视图中是"两框对一线"，其中"线"倾斜在正面，故表示正垂面；线框 Ⅲ（3、3′、3″）在三视图中是"一框对两线"，其中"框"在侧面，故表示侧平面；线框 Ⅳ（4、4′、4″）在三视图中是"两框对一线"，其中"线"倾斜在侧面，故表示侧垂面。

线面分析法读图
原理

（2）综合起来想整体

切割体往往是由基本几何体经切割形成的，在想象整体的形状时，应以基本几何体的原形为基础，再将各个表面的结构形状和空间位置进行组装，综合想象出整体的形状，如图 5-24（b）所示。

线面分析法
读图案例

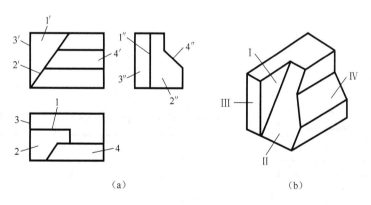

（a）　　　　　　　　　　　（b）

图 5-24　用线面分析法读图举例（切割体）

## 5.4.3　由两个视图补画第三视图

由两个视图补画第三个视图，是读图和画图的综合训练。通过分析给出的两视图，做出判断，并经过试补、调整、验证、想象，最后补出所缺的视图。

下面以图 5-25（a）所示的主、俯视图为例，说明补画左视图的方法与步骤。

## 1. 看懂主、俯视图，想象其整体形状

采用形体分析法，将主视图分为三个线框，对照俯视图找出其对应的投影。分别想象出各部分和整体的形状，如图 5-25（b）所示。

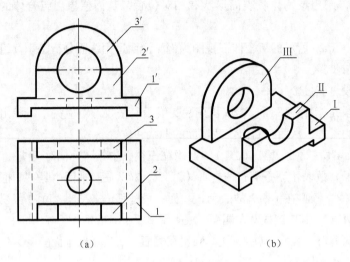

（a）                    （b）

图 5-25　补画左视图

## 2. 补画左视图

在看懂主、俯视图的基础上补画左视图，补画左视图的作图过程如图 5-26（b）～图 5-26（d）所示。

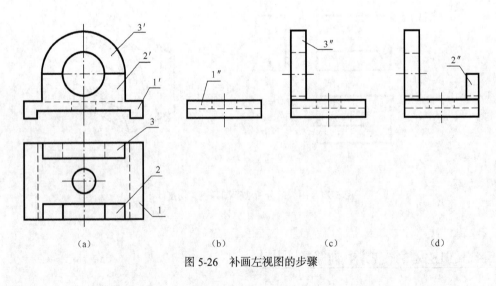

（a）            （b）            （c）            （d）

图 5-26　补画左视图的步骤

【应用实例 5-1】　根据图 5-27（a）所示组合体的主、俯视图，求作左视图。

分析：采用形体分析法，将主视图分为四个线框，对照俯视图找出其对应的投影。分别想象出各部分和整体的形状，如图 5-27（b）所示。

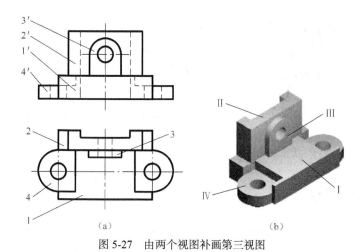

图 5-27 由两个视图补画第三视图

作图步骤如图 5-28 所示。

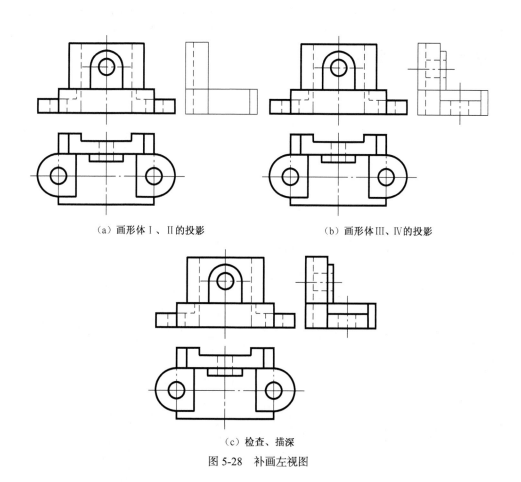

（a）画形体Ⅰ、Ⅱ的投影　　　　　　（b）画形体Ⅲ、Ⅳ的投影

（c）检查、描深

图 5-28 补画左视图

机械制图（AR版）（附微课视频）

## 教学导航

| | |
|---|---|
| 教学目标 | 理解轴测投影的基本概念；掌握基本几何体、组合体正等轴测图的绘制方法 |
| 教学重点 | 正等轴测投影的形成；正等轴测投影的参数 |
| 教学难点 | 基本几何体、组合体正等轴测图的画法 |
| 能力目标 | 能正确绘制基本几何体、组合体的正等轴测图 |
| 知识目标 | 轴测投影的形成；轴测轴、轴间角、轴向伸缩系数；轴测投影的分类；基本几何体的正等轴测图画法；组合体的正等轴测图画法 |
| 选用案例 | 三棱锥、正六棱柱、平面柱体、圆柱、圆台、圆球、叠加式组合体、切割式组合体（垫块） |
| 考核与评价 | 项目成果评价占 50%，学习过程评价占 40%，团队合作评价占 10% |

## 项目导读

　　前面各项目所绘制的正投影图（三视图）如图 6-1（a）所示，其优点是画图简单，度量性好，它可以准确完整地表达物体的形状和大小。因此正投影图在工程上得到广泛应用，但它立体感差，缺乏看图知识的人难以看懂。而轴测图能在一个投影面上同时反映物体长、宽、高三个方向的形状，是生产中所采用的一种辅助图样，如图 6-1（b）所示。

　　轴测图常用来表达机器外观形状、工作原理、操纵机构、空间管路等。在制图课程的学习过程中，常把学习轴测图画法作为发展空间思维能力的手段之一，通过画轴测图可以帮助想象物体的形状，培养制图者的空间想象能力。

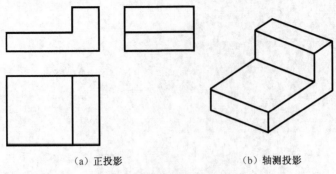

（a）正投影           （b）轴测投影

图 6-1 正投影与轴测投影比较

## 任务 6.1   轴测投影的基本知识

### 6.1.1   轴测投影的基本概念

**1. 轴测投影的形成**

将物体连同其直角坐标系，沿不平行于任一坐标平面的 $S$ 方向，用平行投影法将其投射在单一投影面上所得的具有立体感的图形，称为轴测投影（轴测图）。

投射方向与轴测投影面垂直时，所得到的轴测图称为正轴测图，如图 6-2（a）所示；投射方向与轴测投影面倾斜时，所得到的轴测图称为斜轴测图，为了作图方便，通常取轴测投影面 $P$ 平行于 $XOZ$ 坐标面，如图 6-2（b）所示。

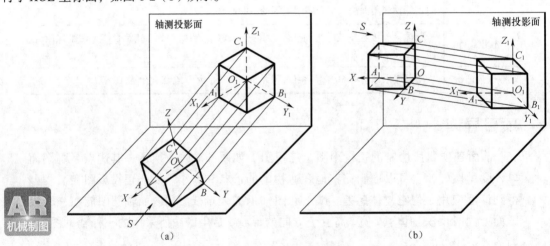

（a）         （b）

图 6-2 轴测图的形成

**2. 轴测投影面、轴测轴**

单一投影面称为轴测投影面。直角坐标轴 $OX$、$OY$、$OZ$ 在轴测投影面上的投影 $O_1X_1$、$O_1Y_1$、$O_1Z_1$ 称为轴测轴。三条轴测轴的交点 $O_1$ 称为原点。

### 3．轴间角

在轴测投影中，任意两根轴测轴之间的夹角，称为轴间角。三个轴间角之和为360°。

### 4．轴向伸缩系数

轴测轴上线段的单位长度与直角坐标轴上对应线段的单位长度的比值，称为轴向伸缩系数。$O_1X_1$、$O_1Y_1$、$O_1Z_1$ 轴上的伸缩系数分别用 $p$、$q$、$r$ 来表示。

### 5．轴测投影的基本性质

由于轴测图是用平行投影法绘制的，所以其具有以下平行投影的特性。

（1）平行性

物体上互相平行的线段，在轴测图上仍互相平行；平行于坐标轴的线段，在轴测图上仍平行于相应的轴测轴，且同一轴向所有线段的轴向伸缩系数相同。

（2）等比性

直线段上两线段长度之比，等于其轴测投影长度之比。

由轴测投影特性可知：画轴测图时，物体上凡是与三根坐标轴平行的线段的尺寸，应按平行于相应轴测轴的方向画出，其大小可乘以各轴测轴的轴向伸缩系数后，沿各轴向直接量取。因此，"轴测"二字包含沿轴测量的意思。

## 6.1.2　轴测投影的分类

按获得轴测投影的投射方向对轴测投影面的相对位置不同，轴测投影可分为正轴测投影和斜轴测投影两大类。

### 1．正轴测投影

用正投影法得到的轴测投影，称为正轴测投影。正轴测投影分为以下几种。

（1）正等轴测投影（正等轴测图）

三个轴向伸缩系数均相等（$p=q=r$）的正轴测投影，称为正等轴测投影（简称正等测）。

（2）正二等轴测投影（正二轴测图）

两个轴向伸缩系数相等（$p=q\neq r$ 或 $p=r\neq q$ 或 $q=r\neq p$）的正轴测投影，称为正二等轴测投影（简称正二测）。

（3）正三轴测投影（正三轴测图）

三个轴向伸缩系数均不等（$p\neq q\neq r$）的正轴测投影，称为正三轴测投影（简称正三测）。

### 2．斜轴测投影

用斜投影法得到的轴测投影，称为斜轴测投影。斜轴测投影分为以下几种。

（1）斜等轴测投影（斜等轴测图）

三个轴向伸缩系数均相等（$p=q=r$）的斜轴测投影，称为斜等轴测投影（简称斜等测）。

（2）斜二等轴测投影（斜二轴测图）

轴测投影面平行一个坐标平面，且平行于坐标平面的两根轴的轴向伸缩系数相等（$p=q\neq r$ 或 $p=r\neq q$ 或 $q=r\neq p$）的斜轴测投影，称为斜二等轴测投影（简称斜二测）。

（3）斜三轴测投影（斜三轴测图）

三个轴向伸缩系数均不等（$p\neq q\neq r$）的斜轴测投影，称为斜三轴测投影（简称斜三测）。

在实际工作中，正等测用得较多，本项目只介绍正等测的画法。

### 6.1.3　正等轴测图

#### 1．正等轴测图的形成

物体上三根直角坐标轴与轴测投影面倾斜的角度相同，且采用正投影的方法得到的单面正投影图，称为正等轴测投影，简称正等测。

将图 6-3（a）所示的正方体按图 6-3（b）和图 6-3（c）所示旋转方向转成对角线与轴测投影面 $P$ 垂直，并以该对角线的方向作为轴测投影方向，最后得到正方体的正等轴测图，如图 6-3（d）所示。

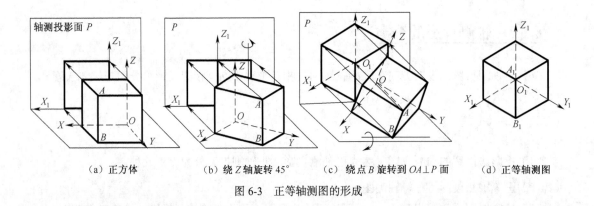

| （a）正方体 | （b）绕 $Z$ 轴旋转 45° | （c）绕点 $B$ 旋转到 $OA\perp P$ 面 | （d）正等轴测图 |

图 6-3　正等轴测图的形成

#### 2．轴间角及轴测轴的画法

在正等轴测图中，由于物体上的三根直角坐标轴与轴测投影面的倾角相等，因此，与之相对应的轴测轴之间的轴间角也必相等，即 $\angle X_1O_1Y_1=\angle X_1O_1Z_1=\angle Y_1O_1Z_1=120°$。画轴测轴时，规定 $O_1Z_1$ 画成铅垂方向，各轴测轴的画法如图 6-4 所示。

#### 3．轴向伸缩系数

正等轴测图中三根轴测轴的轴向伸缩系数都相等，经数学推证，$p=q=r\approx 0.82$。在画图时，物体的长、宽、高三个方向的尺寸均要缩小 0.82 倍。为了方便作图，通常采用简化的轴向伸缩系数 $p=q=r=1$。这样画出的正等轴测图，沿各轴向的长度都分别放大了 $1/0.82\approx 1.22$ 倍，但形状没有改变，如图 6-5 所示。

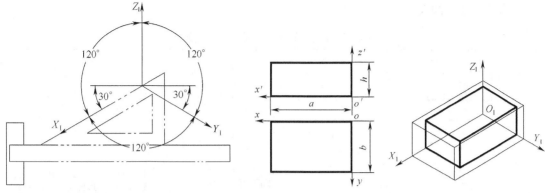

图 6-4 正等轴测图的轴间角及轴测轴的画法　　　图 6-5 轴向伸缩系数不同的两种正等轴测图

# 任务6.2 绘制基本几何体的正等轴测图

## 6.2.1 平面立体正等轴测图的画法

平面立体正等轴测图的画法通常采用坐标法。坐标法是根据平面立体表面上各顶点的坐标，分别画出它们的轴测投影，然后顺次连接各顶点，即可完成平面立体正等轴测图的绘制。它是画平面立体的基本方法，也适用于画曲面立体，同时还适用于绘制其他类型的轴测图。

【应用实例6-1】 根据图 6-6（a）所示三棱锥的三视图，画出它的正等轴测图。

**分析：** 如图 6-6（a）所示，三棱锥的底面平行于 $H$ 面，其俯视图反映底面的实形。可将坐标原点 $O$ 定在底面三角形右边的顶点上，并在图中标出三根坐标轴的位置。求出三棱锥上各点的轴测投影，连接起来即可得到所求的正等轴测图。

作图步骤如图 6-6（b）、（c）、（d）所示。

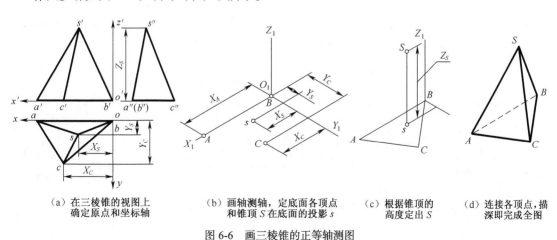

（a）在三棱锥的视图上　　（b）画轴测轴，定底面各顶点　　（c）根据锥顶的　　（d）连接各顶点，描
　确定原点和坐标轴　　　　和锥顶 $S$ 在底面的投影 $s$　　　高度定出 $S$　　　深即完成全图

图 6-6 画三棱锥的正等轴测图

【应用实例6-2】 根据表 6-1（a）所示正六棱柱的三视图，画出它的正等轴测图。

**分析：** 由于正六棱柱前后、左右对称，故选择顶面的中点 $O$ 作为坐标原点，棱柱的中心高作为 $OZ$ 轴，顶面的两条对称线作为 $OX$、$OY$ 轴，这样作图较为方便。

具体作图步骤如表6-1所示。

表6–1                               绘制正六棱柱正等轴测图的具体步骤

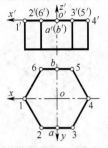

（a）在视图上选定原点和坐标轴

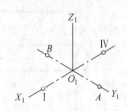

（b）画轴测轴，分别在 $O_1X_1$、$O_1Y_1$ 轴上截取顶点 I、IV 及前后两对边中点 $A$、$B$

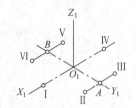

（c）过 $A$、$B$ 分别作 $O_1X_1$ 轴的平行线，截取六边形的边长，得前后两对边及四顶点 II、III、V、VI

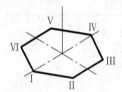

（d）依次连接六个顶点得正六棱柱顶面正六边形的正等轴测图

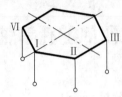

（e）过顶点 VI、I、II、III 作 $O_1Z_1$ 轴的平行线，在其上截取六棱柱的高，得下底面六边形上可见的四个顶点

（f）依次连接下底面六边形可见的四个顶点，描深加粗即完成正六棱柱的正等轴测图

通过以上两个实例，总结出画平面立体正等轴测图的注意事项如下。

（1）应先在视图上选定坐标原点和坐标轴

原点和坐标轴的选择，应以作图简便为原则，一般选形体上的中心点、平面图形的顶点等为原点，选对称中心线、轴线和主要轮廓线为坐标轴。画图时，应在适当的位置定出原点，画出轴测轴。

（2）应分析形体特征以确定作图的顺序

读者在具体画图时，不要看到一个点就画一个点，这样显得没有章法，而是应分析形体的特征面及一般的棱面，先画特征面，再画其余各棱面，如图6-7所示。对初学者来说，这样不仅可以简化作图，而且还可以帮助理解，尽快掌握平面立体轴测图的画法。

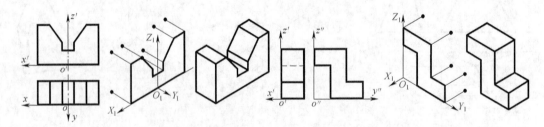

（a）主视图是特征面，应先画出其轴测图       （b）左视图是特征面，应先画出其轴测图

图6-7  平面柱体的正等轴测图画法

（3）为使图形清晰，在轴测图上一般不画虚线

但是，在有些情况下，为了表达立体的结构特点和增加轴测图的立体感，也可画出少量虚线，如图6-6（d）所示的三棱锥。

## 6.2.2　回转体正等轴测图的画法

### 1. 圆的正等轴测图的画法

图 6-8 所示为平行于各坐标面的圆的正等轴测图。从图中可看出：在正等轴测图中，圆在三个坐标面上的图形均为形状和大小完全相同的椭圆，即水平椭圆、正面椭圆和侧面椭圆。但其长、短轴方向各不相同。作图时，应先把构成相应坐标面的两根轴测轴画出，再按坐标法或菱形法画出椭圆。

用坐标法画椭圆时，应先作出圆周上若干点在轴测图中的位置，然后用曲线板连接，如图 6-9 所示。圆周上的点取得越多、越密，则画出的椭圆越准确。

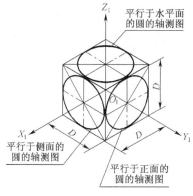

图 6-8　平行于各坐标面的圆的正等轴测图

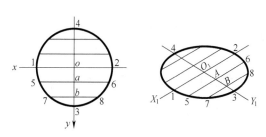

图 6-9　坐标法画圆的正等轴测图

由于用坐标法画椭圆较烦琐，实际作图时，常采用菱形法。平行于 H 面的圆的正等轴测图的作图步骤如表 6-2 所示。

表 6-2　　　　　　　　用菱形法绘制平行于 H 面的圆的正等轴测图的具体步骤

| 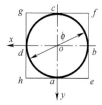 | 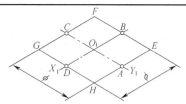 | 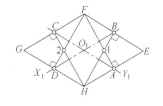 |
| --- | --- | --- |
| （a）以圆心为原点，两中心线为坐标轴 OX、OY（H 面就是 XOY 坐标面） | （b）画轴测轴 $O_1X_1$、$O_1Y_1$，按圆的直径 "$\phi$" 作 A、B、C、D 四个切点，过这四个点作轴测轴的平行线，得菱形 EFGH | （c）分别过 A、B、C、D 四个点作所在边的垂线，交于 F、H、1、2，则这四个点就是四个圆心 |
| 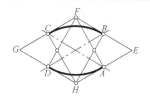 | 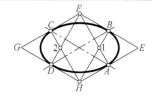 | 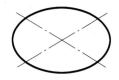 |
| （d）分别以 F、H 为圆心，以 FA（或 FD、HB、HC）为半径，在 AD、BC 之间画两段大圆弧 | （e）分别以 1、2 为圆心，以 1A（或 1B、2C、2D）为半径，在 AB、CD 之间画两段小弧 | （f）擦去作图线，依次描深加粗各圆弧，完成全图 |

## 2. 圆柱正等轴测图的画法

画圆柱的正等轴测图时，应先作出上、下底面的椭圆，再作两椭圆的外公切线。由于上、下底面的椭圆相同，为简化作图，可先画上底面的椭圆，再用平移法画出下底面的椭圆。圆柱正等轴测图的具体作图步骤如表 6-3 所示。

圆柱的正等
轴测图画法

表 6-3　　　　　　　　　　　绘制圆柱正等轴测图的具体步骤

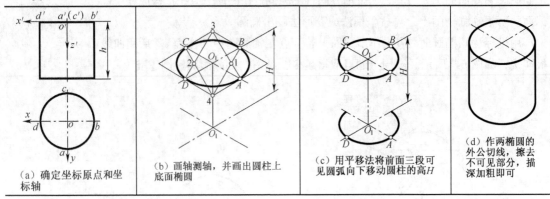

| （a）确定坐标原点和坐标轴 | （b）画轴测轴，并画出圆柱上底面椭圆 | （c）用平移法将前面三段可见圆弧向下移动圆柱的高 $H$ | （d）作两椭圆的外公切线，擦去不可见部分，描深加粗即可 |

## 3. 圆角正等轴测图的画法

圆角即为 1/4 圆柱面，由上面圆的正等轴测图的作图方法可得出圆角的画法，如图 6-10 所示。

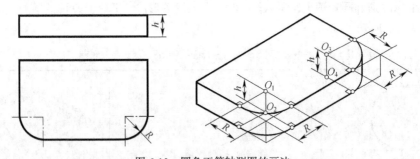

图 6-10　圆角正等轴测图的画法

## 4. 圆台正等轴测图的画法

画圆台的正等轴测图时，应先作出上、下两底面的椭圆，然后再作两椭圆的外公切线，如图 6-11 所示。

## 5. 圆球正等轴测图的画法

画圆球的正等轴测图，常画出三个与坐标面平行的圆的轴测图，再作这三个椭圆的外包络圆，如图 6-12 所示。

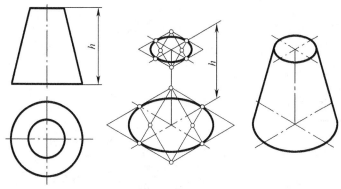

图 6-11　圆台正等轴测图的画法

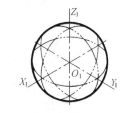

图 6-12　圆球正等轴测图的画法

## 任务6.3　绘制组合体的正等轴测图

为了便于作图，画组合体的轴测图时，应根据其组合方式，从基本形体开始，按它们的相对位置顺序画出。画每一基本形体时，要沿轴测轴度量，定出形体上一些点的坐标，然后逐步连线画出图形。

### 6.3.1　叠加法

对于叠加式组合体，可先将其分解成若干基本几何体，再按其相对位置，逐个叠加画出各基本几何体的轴测图，从而完成组合体轴测图的方法称为叠加法。

图 6-13（a）所示为叠加式组合体的三视图，其正等轴测图的画法如下。

#### 1．形体分析

该组合体左右对称，立板与底板两侧面、后面平齐。取底板下表面的后棱线中点 $O$ 为坐标原点，确定 $OX$、$OY$、$OZ$ 轴的方向，如图 6-13（a）所示。

#### 2．画轴测轴并画底板

沿 $O_1X_1$ 轴自点 $O_1$ 左、右各量取 $a/2$。沿 $O_1Y_1$ 轴正向量取 $b$，画出底板的下底面。沿 $O_1Z_1$ 轴正向量取 $c$，即可画出底板的长方体。再画底板上两圆角的正等轴测图，如图 6-13（b）所示。

#### 3．画立板

在底板的后、上方（两侧面、后面平齐），沿 $O_1Y_1$ 轴自后向前量取 $e$；沿 $O_1Z_1$ 轴自下向上量取 $f+R$，即可画出立板的长方体。再画立板上部半圆柱的轴测图，如图 6-13（c）所示。

#### 4．画立板上的圆柱孔

画立板上的圆柱孔，如图 6-13（d）所示。

#### 5．描深加粗

通常不画物体的不可见轮廓，擦去多余线条，然后描深加粗，即完成作图，如图 6-13（e）所示。

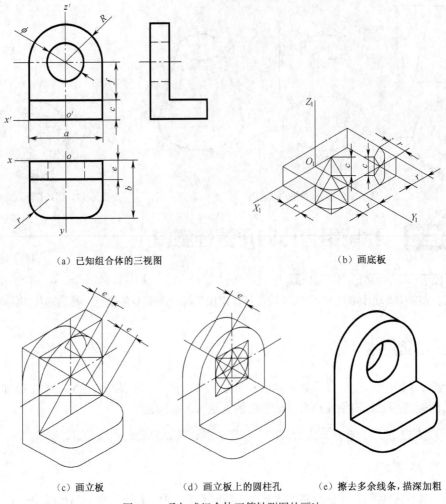

（a）已知组合体的三视图 　　　　　　　　　　（b）画底板

（c）画立板 　　　　（d）画立板上的圆柱孔 　　　（e）擦去多余线条，描深加粗

图 6-13　叠加式组合体正等轴测图的画法

## 6.3.2　切割法

对于切割式的组合体，应先画出完整的基本几何体的轴测图，然后按切割顺序及切割位置，逐个画出被切去部分的轴测图，从而完成组合体的轴测图，称为切割法。

图 6-14（a）所示为组合体（垫块）的三视图，其正等轴测图的画法如下。

### 1. 形体分析

该组合体前后对称，切割前其完整的形状为长方体，第一次切割左上角的梯形块，第二次切割左下角的长方体。取垫块底面右后顶点 $O$ 为坐标原点，确定 $OX$、$OY$、$OZ$ 轴的方向，如图 6-14（a）所示。

### 2. 画轴测轴、长方体

画轴测轴，沿相应的轴量取 $a$、$b$、$h$，画长方体，如图 6-14（b）所示。

### 3. 画左上角的梯形块

量取尺寸 $c$、$g$、$d$，作 $O_1Y_1$ 轴的平行线，连接这些线段的端点，切去左上角，如图 6-14（c）所示。

### 4. 画左下角的长方体

沿垫块左底边的中点，分别向前、后各量取 $f/2$，沿 $O_1X_1$ 量取 $e$，切去长方体，如图 6-14（d）所示。

### 5. 描深加粗

通常不画物体的不可见轮廓，擦去多余线条，然后描深加粗，即完成作图，如图 6-14（e）所示。

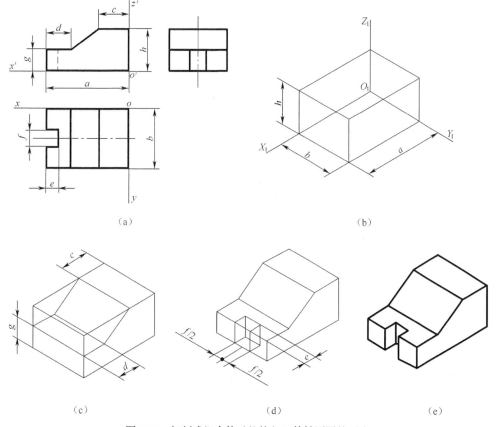

（a）　　　　　　　　　　　　　　　（b）

（c）　　　　　　　（d）　　　　　　（e）

图 6-14　切割式组合体（垫块）正等轴测图的画法

## 知识梳理与总结

1. 轴测图虽不是本课程的重点内容，但由于它符合人们的视觉习惯，直观性强，故其常作为辅助图样来说明零、部件的形状。轴测图能加强初学者对空间立体概念的理解，提高其空间想象能力及分析能力，同时对其画图和读图都有帮助。

2. 本项目的重点是正等轴测图的画法。为了能正确画图，读者必须先在三视图中建立合理的坐标系，再依据组合体的结构形式确定绘制轴测图的步骤。

3. 轴间角和轴向伸缩系数是决定轴测图的关键要素，在绘制轴测图时，读者必须沿轴测轴的方向量取相应尺寸。在绘制圆的轴测投影时一定要注意圆平面所处的空间位置。

# 机件的表示方法

## 教学导航

| | |
|---|---|
| 教学目标 | 掌握视图的分类、画法及应用；了解剖视图的概念；熟练掌握各种剖视图的画法及标注；了解断面图的分类、画法及应用；了解其他表示方法 |
| 教学重点 | 基本视图、向视图、局部视图的绘制；断面图的绘制；局部放大图、简化图的绘制 |
| 教学难点 | 斜视图、剖视图的绘制；断面图的标注 |
| 能力目标 | 能根据机件的结构特点，合理选择相应的表达方法 |
| 知识目标 | 基本视图、向视图、局部视图、斜视图、剖视图、断面图、局部放大图、简化图 |
| 选用案例 | 弯管、轴承盖、支座、端盖、连杆、三星齿轮架、轴、轴承座、带轮、四通管 |
| 考核与评价 | 项目成果评价占 50%，学习过程评价占 40%，团队合作评价占 10% |

## 项目导读

在生产实际中，机件的结构形状是千变万化的。对于简单的机件，有时仅用一个或两个视图，再加上其他条件就能清楚地将其表达出来。但对于外形和内部都较复杂的机件，只用三个视图不可能完整、清晰地表示出其空间结构形状。因此，国家标准《技术制图》与《机械制图》中规定了机件的各种表示法。

## 任务 7.1 视图

机件向投影面投射所得的图形称为视图。视图主要用来表示机件的外部结构形状，其不可见部分用虚线表示，必要时也可省略不画。根据国家标准《技术制图 图样画法 视图》（GB/T 17451—1998）规定，视图通常有基本视图、向视图、局部视图和斜视图。

### 7.1.1 基本视图

在原来的三个基本投影面（*V*面、*H*面、*W*面）的基础上，再增加三个互相垂直的投影面，构成一个六面体，将机件置于其中，然后向各基本投影面投射，所得到的六个视图称为基本视图，前面已经介绍了三个基本视图（主视、俯视图，左视图），新增加的三个基本视图是从右向左投射得到的右视图，从下向上投射得到的仰视图，从后向前投射得到的后视图。将各投影面按图 7-1 所示方法展开。

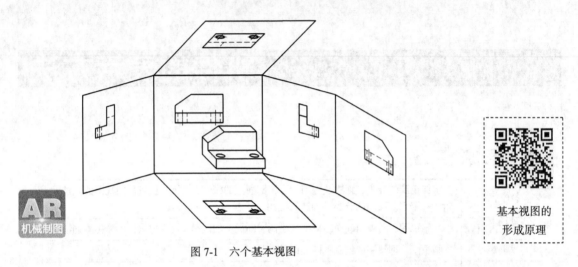

图 7-1　六个基本视图

在同一张图样内，主视图被确定之后，其他基本视图与主视图的配置关系也随之确定，此时，可不标注视图名称，如图 7-2 所示。

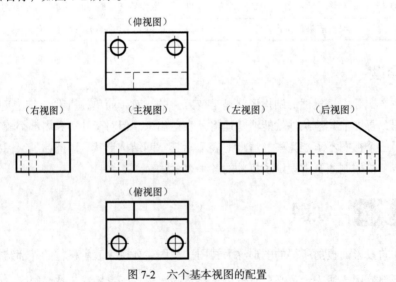

图 7-2　六个基本视图的配置

从图中可见，六个基本视图之间有以下关系。

### 1. 六个基本视图间的度量对应关系有三等规律

即主视图、俯视图、仰视图、后视图等长；主视图、左视图、右视图、后视图等高；左视图、右视图、俯视图、仰视图等宽。

### 2. 六个基本视图间的位置对应关系有远近规律

左视图、右视图、俯视图、仰视图靠近主视图的一侧为后面，而远离主视图的一侧为前面。

## 7.1.2 向视图

有时根据专业的需要，或为了合理利用图纸幅面，也可不按规定位置配置。把这种可自由配置的视图称为向视图。按向视图配置，必须在向视图的上方标注"×"（"×"为大写拉丁字母），在相应视图附近用箭头指明投射方向，并标注相同的字母，如图 7-3 所示。

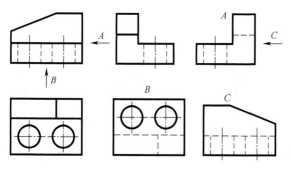

图 7-3 向视图的配置及标注

向视图的形成原理及案例

在实际绘图时，应根据物体的结构特点，按需要选择基本视图的数量，总的原则是表达完整、清晰，又不重复，使视图的数量最少。

## 7.1.3 局部视图

当采用一定数量的基本视图后，机件尚有部分结构未表达清楚，这时可单独将这一部分结构向基本投影面投射，所得的视图称为局部视图。

局部视图是一个不完整的基本视图，如图 7-4 所示。主视图和俯视图已将机件基本部分的形状表达清楚，只有左、右两侧凸台和左侧肋板的厚度尚未表达清楚。此时，可用 A 向和 B 向局部视图。

### 1. 局部视图的规定画法

局部视图的断裂边界用波浪线或双折线绘制，但不应超过机件的轮廓线，如图 7-4 所示的 A 向局部视图。当要表达的局部结构具有独立性且轮廓线又是封闭的，波浪线可省略不画，如图 7-4 所示的 B 向局部视图。

### 2. 局部视图的配置和标注

画局部视图时，与向视图一样，在相应的视图上用带字母的箭头指明所表示的投影部位和投影方向，并在局部视图上方用相同的字母"×"标明。按投影关系配置且视图间没有被其他图形隔开时可省略标注。

### 3. 对称机件的局部视图

为了节省时间和图幅，对称构件或零件的视图可只画一半或四分之一，并在对称中心线的两端画出两条与其垂直的平行细实线，如图7-5所示。

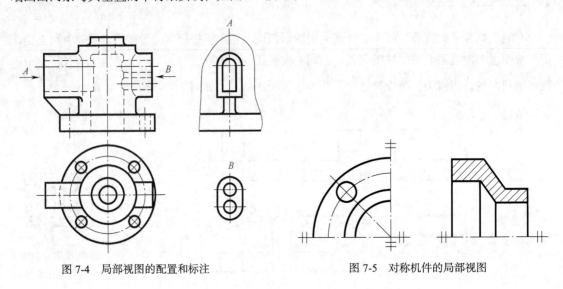

图 7-4　局部视图的配置和标注　　　　　图 7-5　对称机件的局部视图

## 7.1.4　斜视图

当机件具有倾斜结构时，为了表达倾斜部分的真实形状，可用变换投影面法，选择一个与机件倾斜部分平行，并垂直于一个基本投影面的辅助投影面，将该倾斜部分的结构形状向辅助投影面投射得到的视图，称为斜视图，如图7-6所示。

斜视图的形成

### 1. 斜视图的规定画法

斜视图通常只画出机件倾斜部分的真实形状，其余部分不必在斜视图中画出，而用波浪线断开，如图7-7所示的 A 向视图。当所表达的倾斜部分的结构是完整的，且外轮廓线自成封闭，又与其他部分截然分开，波浪线可省略不画。

### 2. 斜视图的配置和标注

斜视图通常按向视图的配置形式配置，并标注。在斜视图上方用字母标出视图名称，并在相应视图附近垂直于斜面的箭头指明投射方向，如图7-7所示。应特别注意，字母一律按水平位置书写，字头朝上。

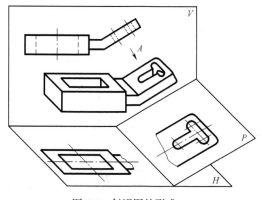

图 7-6　斜视图的形成

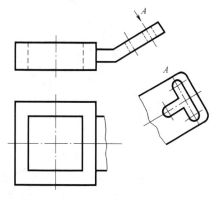

图 7-7　斜视图的配置和标注

在不致引起误解时，为了画图方便，也允许将其图形旋转放正配置，表示该视图名称的大写拉丁字母应靠近旋转符号的箭头端，也允许将旋转角度标注在字母之后，如图 7-8 所示。旋转符号的尺寸和比例如图 7-9 所示。

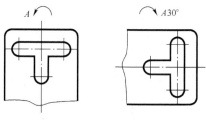

图 7-8　斜视图的旋转标注

$h = $ 符号与字体高度
$h = R$
符号笔画宽为 $\frac{1}{10}h$ 或 $\frac{1}{14}h$

图 7-9　旋转符号的尺寸和比例

## 任务 7.2　剖视图

当机件内部形状较复杂时，视图上虚线则过多，给读图和标注尺寸增加困难，为了清晰地表达机件内部形状，国家标准规定采用剖视图来表达。

### 7.2.1　剖视的概念

#### 1. 剖视图的形成

假想用剖切面剖开机件，将处在观察者和剖切面之间的部分移去，将其余部分向投影面进行投射所得的图形，称为剖视图，如图 7-10 所示。剖视图主要用于表达机件的内部结构形状。

#### 2. 剖面符号

根据《技术制图　图样画法　剖视图和断面图》（GB/T 17452—1998）国家标准规定，假想用剖切面剖开物体，剖切面与物体的接触部分，称为剖面区域。

剖视图的生成原理

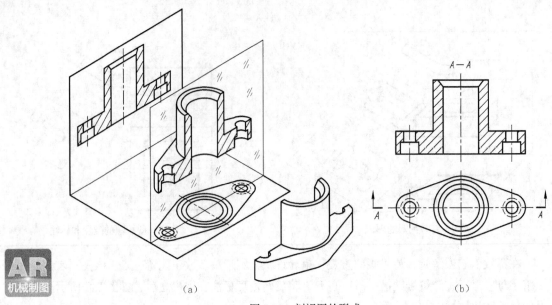

（a）　　　　　　　　　　　　（b）

图 7-10　剖视图的形成

　　根据《技术制图　图样画法　剖面区域的表示方法》（GB/T 17453—2005）国家标准中规定，剖面区域要画出剖面符号，并规定不同材料要用不同的剖面符号。各种材料的剖面符号如表 7-1 所示。

表 7-1　　　　　　　　　　剖面符号（GB/T 4457.5—2013）

| 金属材料（已有规定剖面符号者除外） | | 线圈绕组元件 | | 砖 | |
| --- | --- | --- | --- | --- | --- |
| 非金属材料（已有规定剖面符号者除外） | | 转子、电枢、变压器和电抗器等的叠钢片 | | 混凝土 | |
| 木材 | 纵剖面 | 型砂、填砂、粉末冶金、砂轮、陶瓷刀片、硬质合金刀片等 | | 钢筋混凝土 | |
| | 横剖面 | 液体 | | 基础周围的泥土 | |
| 玻璃及供观察用的其他透明材料 | | 木质胶合板（不分层数） | | 格网（筛网、过滤网等） | |

## 3. 剖视图的规定画法

　　（1）画剖视图时，首先要选择适当的剖切位置，使剖切平面尽量通过较多的内部结构（孔、槽等）的轴线或对称平面，并平行于选定的投影面。如图 7-10 所示，以机件的前后对称平面为剖切平面绘图。如图 7-11 所示，剖切平面通过孔的轴线。

　　（2）剖视只是一种表达机件内部结构的方法，并不是真正剖开和拿走一部分。因此，除剖视图以外，其他视图要按完整形状画出。

　　（3）剖切面后的可见轮廓线应全部用粗实线画出，不应漏线，如图 7-12 所示。当不可见的轮廓线在其他视图能表达清楚时，则在剖视图中一般省略不画。

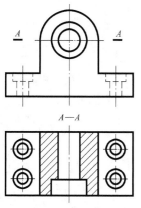

图 7-11 剖切面通过机件的非对称面

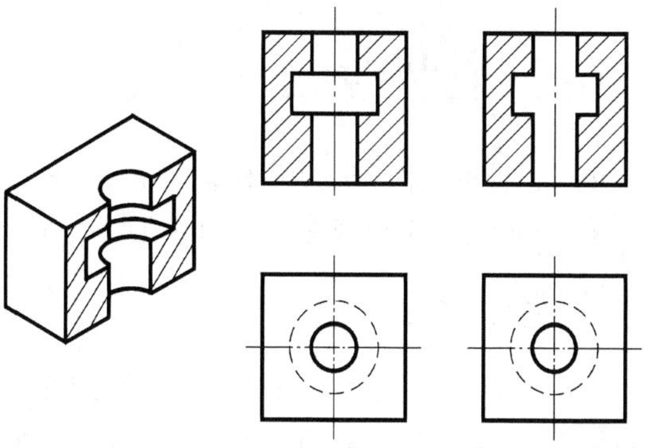

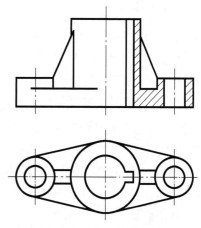

（a）立体图　　（b）正确　　（c）错误

图 7-12 剖视图漏线

（4）金属材料的剖面符号应画成与水平方向成 45° 的互相平行、间隔均匀的细实线。同一机件各个视图的剖面符号应相同。但是如果图形的主要轮廓线与水平方向成 45° 或接近 45° 时，该图剖面线应画成与水平方向成 30° 或 60°，其倾斜方向仍应与其他视图的剖面线一致，如图 7-13 所示。

### 4. 剖视图的配置和标注

剖视图一般按基本视图形式配置，必要时，也可按向视图形式配置在适当的位置。

剖视图的标注方法如下。

（1）用剖切符号（线宽 $d \sim 1.5\,d$、长 5～10mm 断开的粗实线）表示剖切面的起讫和转折位置，为了不影响图形的清晰度，剖切符号应避免与图形相交或重合。

（2）在剖切符号外侧画出与其相垂直的箭头，表示剖切后的投射方向。

（3）在剖切符号外侧写上大写拉丁字母"×"，并在相应剖视图的上方用同样字母标出剖视图的名称"×—×"，字母必须水平书写。

剖视图省略标注的情况如下。

（1）当剖视图按投影关系配置，中间又没有其他图形隔开时，可省略箭头，如图 7-11 所示。

（2）当单一剖切面通过机件的对称平面或基本对称平面，且剖视图按投影关系配置，中间又没有其他图形隔开时，可省略标注，如图 7-14 所示。

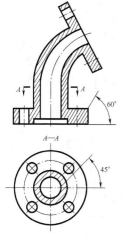

图 7-13 剖面符号的规定（弯管）

图 7-14 剖视图标注省略

### 7.2.2　剖视图的种类

由于机件的结构和形状多样，为了能清楚地表达出它们的内部和外部情况，可根据需要采用不同的剖切方法来获得剖视图。剖视图分为全剖视图、半剖视图和局部剖视图。

全剖视图的
画法

#### 1．全剖视图

用剖切面（平面或柱面）将机件完全剖开后进行投影所得到的剖视图，称为全剖视图。全剖视图主要用于表达外形比较简单（或外形已在其他视图上表达清楚），内部结构较复杂又无对称平面的机件内部情况，如图 7-15 所示，其标注与前述相同。

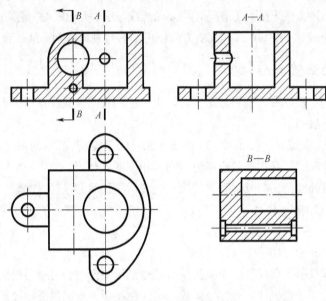

图 7-15　全剖视图

#### 2．半剖视图

当机件具有对称平面时，向垂直于对称平面的投影面上投射所得的图形，以对称中心线为界，一半画成剖视图以表达内形，另一半画成视图以表达外形，称为半剖视图。

这样既充分地表达了机件的内部结构，又保留了机件的外部形状，因此，半剖视图具有内外兼顾的特点。但半剖视图只适用于表达对称的或基本对称的机件，如图 7-16 所示。

画半剖视图时应注意以下几点。

（1）半个视图和半个剖视图的分界线

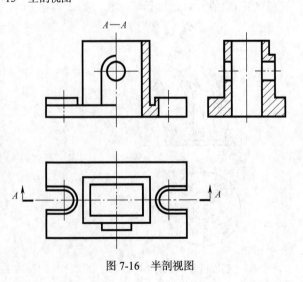

图 7-16　半剖视图

必须是点画线，而不是粗实线或细实线，如果刚好和轮廓线重合，则应避免使用。

（2）当机件形状接近于对称，并且不对称部分已另有视图表达时，也可采用半剖视图，如图 7-17 所示。

（3）因为图形对称，机件的内部结构形状已在剖视图中表达清楚，故在表达外部形状的视图中应省略虚线。

（4）半剖视图的标注和省略原则与全剖视图相同。

（5）半剖视图多画在主、俯视图的右半边，俯、左视图的前半边，主、左视图的上半边。

（6）尺寸标注稍有别于全剖视图。如图 7-18 所示的 $\phi22$、$\phi25$ 等尺寸，箭头只画出一个，另一个随轮廓线的省略而省画，但尺寸线要超出中心线 2～3mm。

半剖视图的画法及案例

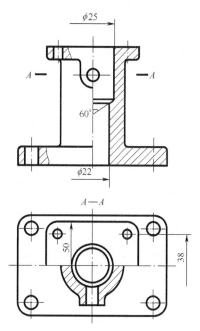

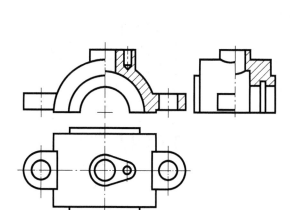

图 7-17 半剖视图表达基本对称机件（轴承盖）

图 7-18 半剖视图的尺寸标注（支座）

## 3. 局部剖视图

将机件局部剖开后得到的剖视图称为局部剖视图，如图 7-19 所示。

局部剖视图主要用于不对称机件，其内、外形均需在同一视图上兼顾表达，如图 7-20 所示。对称机件不宜作半剖视（分界线是粗实线时，见图 7-21）；实心零件上有孔、凹坑或键槽等局部结构时，也可用局部剖视图表达。

在局部剖视图中，剖视图部分与视图部分之间用波浪线分界，它可以看作是机件断裂处的边界线。画波浪线时应注意以下几点。

（1）波浪线只能画在机件表面的实体部分，不能超出视图之外，且遇到孔或槽等结构时，波浪线应断开。图 7-22 所示为波浪线的错误画法。

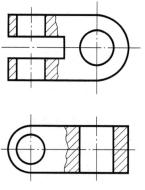

图 7-19 局部剖视图（一）

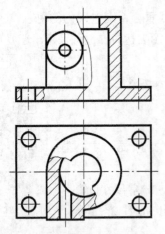

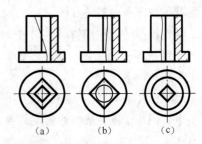

图 7-20　局部剖视图（二）　　　　　图 7-21　机件棱线与对称线重合时的局部剖视图的画法

（2）波浪线不能与其他图线重合或画在它们的延长线上，如图 7-22 所示。

（3）当被剖切部位的局部结构为回转体时，允许将该结构的轴线作为局部剖视图与视图的分界线，如图 7-23 所示。

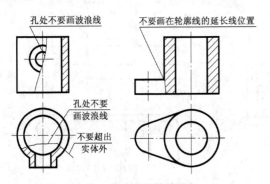

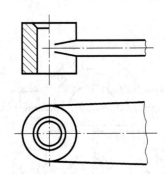

图 7-22　波浪线的错误画法　　　　　图 7-23　分界线为中心线的局部剖视图

局部视图一般可省略标注。但当剖切平面的位置不明显或剖视图不在基本视图位置时，应标注剖切符号、投射方向和局部剖视图的名称。

### 7.2.3　剖切面的种类

由于生产实际中机件的形状、结构千差万别，因此要将各种机件的形状和结构表达清楚，就需要有相应的方法。国家标准《技术制图　图样画法　剖视图和断面图》（GB/T 17452—1998）规定根据机件的结构特点可以选择以下剖切面剖开机件。

局部剖视图的
画法及案例

#### 1．单一剖切面

用一个剖切平面剖开机件的方法称为单一剖切。单一剖切平面一般为平行于基本投影面的剖切平面。前面介绍的全剖视图、半剖视图、局部剖视图均为用单一剖切平面剖切而得到的。用不平行于任何基本投影面的剖切平面剖开机件的方法称为斜剖。采用斜剖切画剖视图时必须标注，如图 7-24 所示。

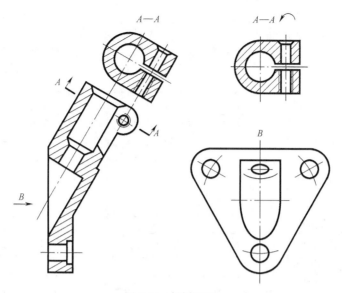

图 7-24　斜剖视图

除用平面剖切外，也可用柱面剖切机件。此时剖视图应展开绘制，且名称后加注"展开"二字，如图 7-25 所示。

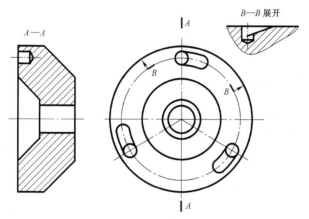

图 7-25　圆柱面剖切视图

## 2．几个平行的剖切平面

用几个互相平行的剖切平面把机件剖开的方法称为阶梯剖。它适用于表达机件内部结构的中心线排列在两个或多个互相平行的平面内的情况。

作此类剖视图应注意以下几点。

（1）要恰当地选择剖切位置，避免在视图上出现不完整的要素，故图 7-26（a）所示的剖切位置是错误的。

（2）各剖切平面剖切后所得的剖视图是一个图形，不应在剖视图中画出各剖切平面的界线，即转折处不应在剖视图中画出轮廓线，故图 7-26（b）所示的画法是错误的。

（3）标注剖切符号，不应与视图中的轮廓线重合，故图 7-26（c）所示的画法是错误的。

（4）当两个要素具有公共对称线或回转轴线时，可以各剖一半，合并成一个剖视图，此时应以对称中心线或回转轴线为分界线，如图 7-27 所示。

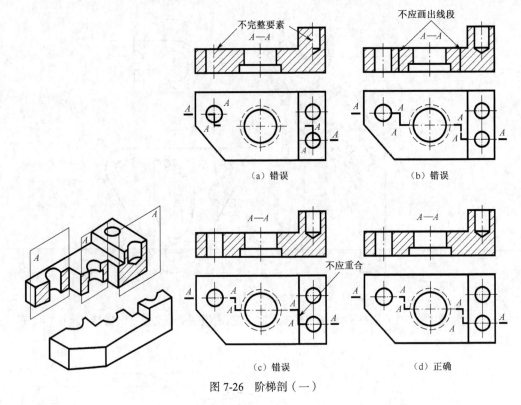

图 7-26　阶梯剖（一）

## 3．几个相交的剖切面

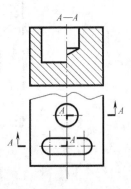

图 7-27　阶梯剖（二）

用两个相交的剖切平面（交线垂直于某一基本投影面）剖开机件的方法称为旋转剖。旋转剖常用于表达盘类零件，以表示该类零件上孔、槽的形状，如图 7-28 所示。

采用这种方法画剖视图时，先假想按剖切位置剖开机件，然后将被剖切平面剖开的结构及有关部分旋转到与选定的投影面平行位置再投影。位于剖切面后的其他结构一般仍按原来位置投影，如图 7-29 所示的油孔。当剖切后产生不完整要素时，应将此部分按不剖绘制，如图 7-30 所示。

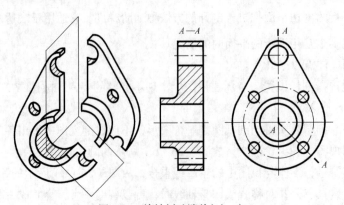

图 7-28　旋转剖（端盖）（一）

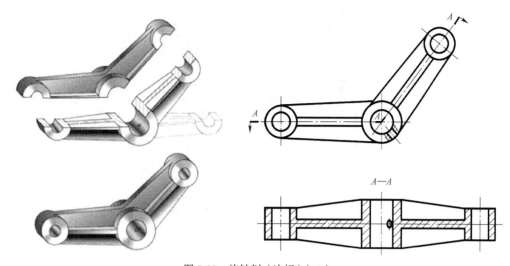

图 7-29　旋转剖（连杆）（二）

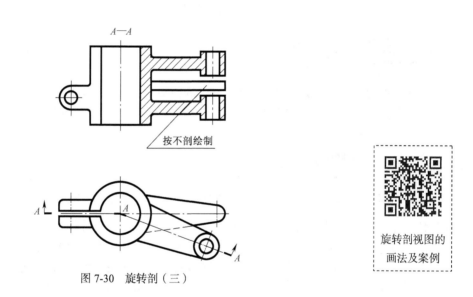

图 7-30　旋转剖（三）

旋转剖视图的
画法及案例

采用旋转剖画剖视图必须标注，其标注方法与阶梯剖基本相同，但应特别注意的是，标注中的箭头所指的方向是与剖切平面垂直的投射方向，而不是旋转方向。有时也可省略箭头，如图 7-28 所示。标注字母一律按水平位置书写，字头朝上。

### 4. 组合的剖切平面

当机件内部结构比较复杂，用阶梯剖或旋转剖仍不能完全表达清楚时，可以采用以上几种剖切平面的组合来剖开机件，这种剖切表达方法称为复合剖。常见的情况是把某一种剖视与旋转剖视结合起来作为一个完整剖视图。其剖切符号画法和标注与旋转剖、阶梯剖相同。

几个连续的旋转剖组合时，其剖视图可采用展开的画法，图名应标注"×—×展开"，如图 7-31 所示。

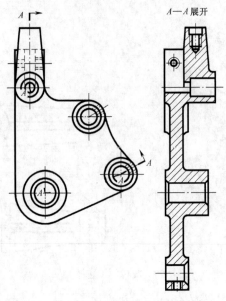

图 7-31　复合剖的展开画法（三星齿轮架）

## 任务 7.3　断面图

　　视图、剖视图主要用于表达机件外形和内部结构。在机械工程中，还常常需要表达零件某处的断面形状。本任务将在介绍断面图概念的基础上讲解两种断面图的画法。

### 7.3.1　断面图的概念

　　假想用剖切平面将机件的某处切断，仅画出该剖切面与机件接触部分的图形，称为断面图（简称为断面）。断面图常用于表达机件的肋板、轮辐、键槽、孔、支撑板及型材的断面等。

　　断面图与剖视图的区别在于：断面图仅画出机件与剖切平面接触部分的图形；而剖视图除了画出断面形状外，还必须画出剖切面后的所有可见部分的图形，如图 7-32 所示。

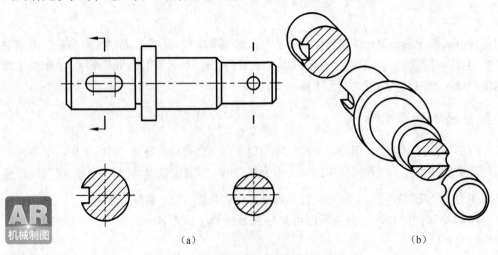

（a）　　　　　　　　　　　　　（b）

图 7-32　断面图（轴）

断面图根据画在图上的位置不同，可分为移出断面图和重合断面图。

## 7.3.2　移出断面图

画在视图之外的断面图称为移出断面图。

### 1. 移出断面图的画法

（1）移出断面图的轮廓线用粗实线绘制，并配置在剖切线的延长线上，必要时也可配置在其他适当位置，如图 7-33 所示。

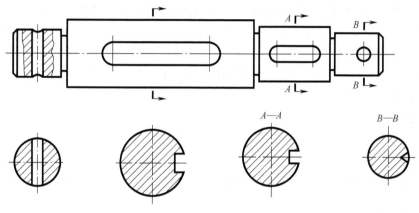

图 7-33　移出断面图

（2）当断面图形对称时，也可画在视图的中断处，如图 7-34 所示。

（3）当剖切平面通过由回转面形成的孔或凹坑等结构的轴线时，这些结构应按剖视图画出，如图 7-33 所示的 B—B 断面图和图 7-35 所示。

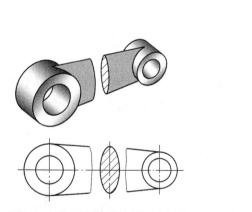

图 7-34　移出断面图画在视图中断处

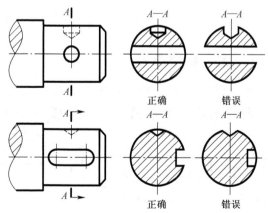

图 7-35　按剖视图绘制的移出断面图（一）

（4）当剖切平面通过非回转面，会导致出现完全分离的断面时，这样的结构也应按剖视图画出，如图 7-36 所示。

（5）由两个或多个相交的剖切面剖切得到的移出断面，中间一般应断开，并画在其中一个剖切面的延长线上，如图 7-37 所示。

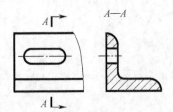

图 7-36　按剖视图绘制的移出断面图（二）

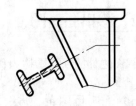

图 7-37　相交剖切面剖切的移出断面图

### 2. 移出断面图的标注

移出断面图和剖视图的标注方法相同，用剖切符号表示剖切面的位置，箭头表示投射方向，在其外侧注上大写拉丁字母，并在相应的断面图上方用同样字母标注断面图的名称"×—×"。

（1）完全标注

不配置在剖切符号延长线上的不对称移出断面或不按投影关系配置的不对称移出断面，必须完全标注，如图 7-33 所示的断面图 "A—A" "B—B"。

（2）省略字母

配置在剖切符号延长线上的移出断面，可省略字母，如图 7-33 所示的第 2 个断面图。

（3）省略箭头

对称的移出断面和按投影关系配置的断面，可省略箭头，如图 7-35 所示的第 1 个图所示。

（4）不必标注

配置在剖切符号延长线上的对称移出断面（见图 7-32 中的第 2 个断面图）、配置在视图中断处的对称移出断面（见图 7-34）及按投影关系配置的对称移出断面（见图 7-37），均不必标注。

## 7.3.3　重合断面图

画在视图之内的断面图称为重合断面图。重合断面图多用于表达机件上形状较为简单的断面。

### 1. 重合断面图的画法

为了使图形清晰，避免与视图中的线条混淆，重合断面的轮廓线用细实线绘制。当重合断面的轮廓线与视图的轮廓线重合时，仍按视图的轮廓线画出，不应中断，如图 7-38 所示。

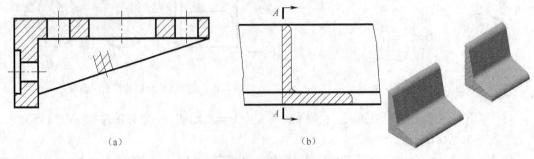

（a）　　　　　　　　　　　（b）

图 7-38　重合断面图

### 2. 重合断面图的标注

重合断面是直接画在视图内剖切位置上，标注时可省略字母，如图 7-38
所示；不对称的重合断面仍要画出剖切符号和箭头，如图 7-38（b）所示；对
称的重合断面可不必标注，如图 7-38（a）所示。

断面图的画法
及案例

## 任务7.4　其他表示方法

### 7.4.1　局部放大图

机件上某些细小结构在视图中表达得不够清楚，或不便于标注尺寸时，可将这些部分用大于
原图形所采用的比例画出，这种图称为局部放大图。

#### 1. 局部放大图的画法

（1）局部放大图与被放大部分的表达方法无关，可画成视图、剖视图或断面图。

（2）局部放大图应尽量配置在被放大部位附近，投射方向与被放大部分的投射方向一致，图
中同整体联系的部分用波浪线画出。

（3）画成剖视图和断面图时，其剖面线的方向和间隔应与原图中有关的剖面线相同，如图 7-39
所示。

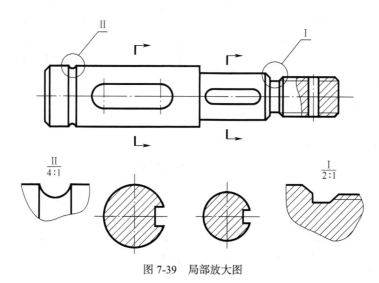

图 7-39　局部放大图

#### 2. 局部放大图的标注

（1）画局部放大图时，须在视图上画一细实线圆，标明放大部位。

（2）若机件上有多个被放大部位时，必须用罗马数字和指引线（用细实线表示）依次标明
被放大部位的顺序；并在局部放大图上方正中位置标注出相应的罗马数字和采用的放大比例（罗

马数字和比例之间的横线用细实线画出，前者写在横线之上，后者写在横线之下），如图 7-39 所示。

（3）若机件上仅有一个需要被放大的部位时，不必编号，只需在被放大的部位画圆，并在局部放大图的上方正中位置注明所采用的比例。

局部放大图的
画法及案例

## 7.4.2　简化画法

### 1．剖面符号的简化画法

在不致引起误解时，机件的移出断面允许省略剖面线，但剖切位置和断面图的标注必须遵照原规定，如图 7-40 所示。

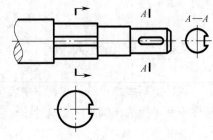

### 2．相同结构的简化画法

当机件上具有若干相同结构（孔、齿、槽等），并按一定规律分布时，只需画出几个完整的结构，其余用细实线连接，或用对称中心线表示孔的中心位置，在零件图中注明该结构的总数即可，如图 7-41 所示。

图 7-40　移出断面图可省略剖面线

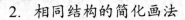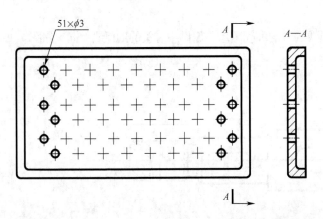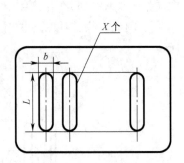

图 7-41　相同结构的简化画法

### 3．网状物、编织物的简化画法

网状物、编织物或机件的滚花部分可在轮廓线附近用细实线示意画出，并在零件图上或技术要求中注明这些结构的具体要求，如图 7-42 所示。

### 4．平面的简化画法

当图形不能充分表达平面时，可以用平面符号（两相交细实线）表示，如图 7-43（a）、（b）所示。机件较小的结构，如果在一个图形中已表达清楚，其他图形可简化或省略平面符号，如图 7-43（c）所示。

图 7-42　滚花的简化画法

### 5.  过渡线、相贯线的简化画法

如果圆柱形机件上的孔、键槽等较小结构产生的表面交线（截交线、相贯线、过渡线）在一个图形中已表达清楚时，则在其他图形中该交线允许简化或省略，如图7-44所示。

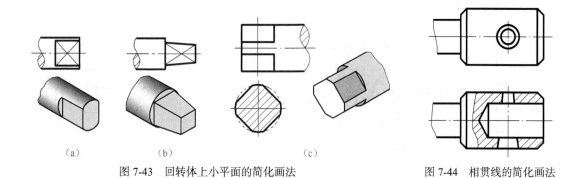

（a）　　　　　　（b）　　　　　　　　　（c）

图 7-43　回转体上小平面的简化画法　　　　　　图 7-44　相贯线的简化画法

### 6.  长机件的简化画法

较长的机件（如轴、杆、型材、连杆等）沿长度方向的形状一致或按一定规律变化时，可断开后缩短绘制，但必须按原来实际长度标注尺寸。机件断裂处用图7-45所示的方法表示。

### 7.  小斜度结构的简化画法

机件上斜度不大的结构，如果在一个视图中已表达清楚时，在其他视图上可按小端画出，如图7-46所示。

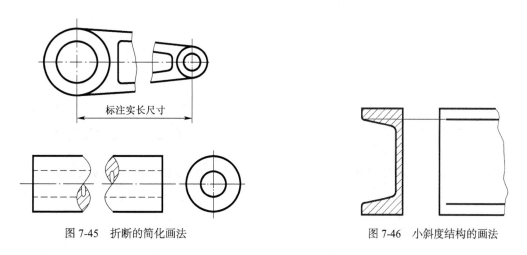

标注实长尺寸

图 7-45　折断的简化画法　　　　　　　图 7-46　小斜度结构的画法

与投影面倾斜角度小于或等于 30° 的圆或圆弧，其投影可以用圆或圆弧代替，如图 7-47所示。

### 8.  对称结构的局部视图

机件上对称结构的局部视图可按图7-48所示的方法绘制。

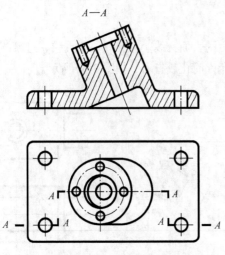

图 7-47　倾斜度≤30°的圆或圆弧的画法

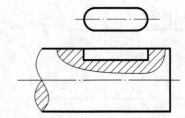

图 7-48　对称结构局部视图的简化画法

## 9. 小圆角、小倒角的简化画法

在不致引起误解时，零件图中的小圆角、锐边的小倒圆或 45°小倒角允许省略不画，但必须注明尺寸或在技术要求中加以说明，如图 7-49 所示。

## 10. 均匀分布的孔的简化画法

圆柱形凸缘（法兰）和类似机件上均匀分布在圆周上直径相同的孔，可按图 7-50 所示的方法绘制。

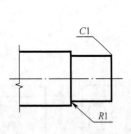

图 7-49　小圆角、小倒角的简化画法和注法

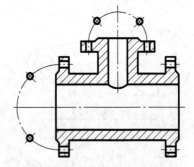

图 7-50　均匀分布同直径孔的简化画法

## 7.4.3　规定画法

### 1. 肋板、轮辐等结构的剖切画法

（1）机件上的肋板、轮辐及薄壁等结构，当剖切平面沿纵向剖切时，这些结构上都不画剖面符号，而且用粗实线将它与其相邻结构分开；当剖切平面横向剖切时，这些结构仍应画出剖面符号，如图 7-51 和图 7-52 所示。

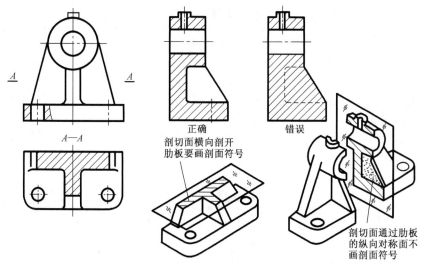

图 7-51　肋板剖切的画法（轴承座）

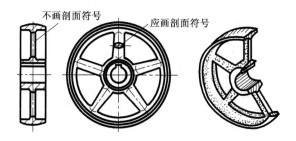

图 7-52　轮辐剖切的画法（带轮）

（2）当机件回转体上均匀分布的肋、轮辐和孔等结构不处于剖切平面上时，可将这些结构假想旋转到剖切平面上画出，且不需加任何标注，如图 7-53 所示。

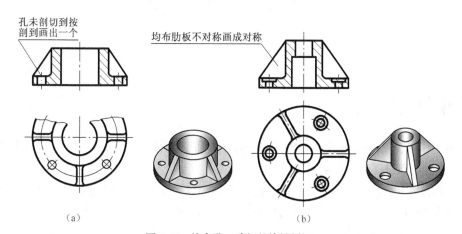

图 7-53　均布孔、肋板的旋转剖切

## 2．其他规定画法

（1）在需要表达位于剖切平面之前已剖去部分上的结构时，这些结构可按假想投影的轮廓线（用双点画线表示）绘制，如图 7-54 所示。

（2）当机件剖切后，仍有内部结构未表达完全，而又不宜采用其他方法表达时，允许在剖视图中再作一次局部剖，俗称"剖中剖"。采用这种画法时，两者的剖面线应同方向、等间隔，但要相互错开，并用引出线注其名称"×—×"，如图 7-55 所示的 D—D 剖视。当剖切位置明显时，也可省略标注。

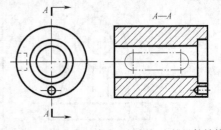

图 7-54　用双点画线表示被剖切去的机件结构

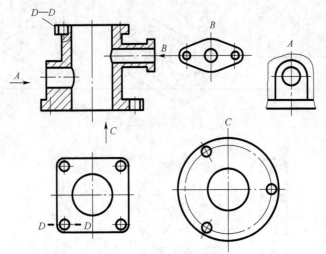

图 7-55　在剖视图中再作局部剖（四通管）

综合案例 1——
四通管的表达

综合案例 2——
支架的表达

# 知识梳理与总结

1. 本项目以多个典型案例为驱动任务完成了视图、剖视图、断面图等的绘制及标注，这些表达方法在绘制机件图时各有侧重。

视图主要用于表达机件的外部形状，包括基本视图、向视图、局部视图和斜视图；剖视图主要用于表达机件的内部形状，包括全剖视图、半剖视图和局部剖视图；断面图用于表达机件的断面形状，包括移出断面图和重合断面图。

2. 在选择表达机件的图样时，首先应考虑看图方便，并根据机件的结构特点，用较少的图形，把机件的结构形状完整、清晰地表达出来。同时还应注意所选用的每个图形，既要有各图形自身明确的表达内容，又要有它们之间的相互联系。

3. 画每种图样时，都应注意所要求的规定画法和标注。

# 绘制标准件和常用件

## 教学导航

| 教学目标 | 了解螺纹的形成和加工方法；掌握螺纹紧固件及其连接的画法和标注；掌握键、销连接的画法；掌握直齿圆柱齿轮及其啮合的画法；了解直齿锥齿轮、蜗杆蜗轮及其啮合的画法；掌握滚动轴承、弹簧的画法 |
|---|---|
| 教学重点 | 螺纹紧固件连接的画法；键、销连接的画法；直齿圆柱齿轮啮合的画法；滚动轴承、弹簧的画法 |
| 教学难点 | 螺纹紧固件连接的画法；键、销连接的画法；直齿圆柱齿轮啮合的画法；滚动轴承、弹簧的画法 |
| 能力目标 | 会查阅标准件的有关国家标准；会绘制螺纹紧固件、键、销的连接图；会绘制直齿圆柱齿轮啮合图；会识读滚动轴承代号；会绘制圆柱螺旋压缩弹簧图 |
| 知识目标 | 螺纹紧固件及其连接；键、销连接；直齿圆柱齿轮、直齿锥齿轮、蜗杆蜗轮各部分名称、参数及尺寸计算；轴承、弹簧的基本参数 |
| 选用案例 | 螺栓、螺柱、螺钉、螺母、垫圈、键、销、圆柱齿轮、锥齿轮、蜗杆、蜗轮、滚动轴承、弹簧 |
| 考核与评价 | 项目成果评价占 50%，学习过程评价占 40%，团队合作评价占 10% |

## 项目导读

在机器和设备中，除一般零件外，还广泛使用螺钉、螺栓、螺母、垫圈、键、销、滚动轴承等，这类零件的结构和尺寸均已标准化，称为标准件。此外，还有齿轮、弹簧等，这类零件的部分结构和参数已标准化，称为常用件。

在机械图样中，对标准件和常用件的某些结构和形状不必按真实投影绘制，而是执行国家标准的有关规定。

本项目主要介绍标准件和常用件的基本知识、规定画法、代号、标注方法以及有关标准表格的查用。这些内容与生产实际有着紧密联系。

# 任务 8.1 绘制螺纹紧固件及其连接

螺纹紧固件的种类很多，常见的螺纹紧固件有螺栓、螺柱（双头螺柱）、螺母、垫圈和螺钉等，如图 8-1 所示。螺纹连接方式有螺栓连接、双头螺柱连接和螺钉连接等。

图 8-1 常用的螺纹紧固件

## 8.1.1 螺纹的画法

### 1. 螺纹的形成

在圆柱或圆锥表面上，沿着螺旋线所形成的具有规定牙型的连续凸起，称为螺纹。其中，外表面上形成的螺纹称为外螺纹；内表面上形成的螺纹称为内螺纹。内、外螺纹成对使用。

加工螺纹的方法有很多种，图 8-2 所示为在车床上加工内、外螺纹的示意图。在箱体、底座等零件上加工内螺纹（螺孔），一般先用钻头钻孔，再用丝锥攻出螺纹，如图 8-3 所示。

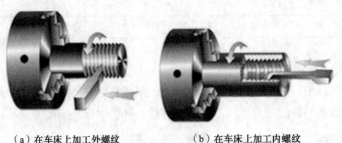

（a）在车床上加工外螺纹　　　　（b）在车床上加工内螺纹

图 8-2 车削螺纹

### 2. 螺纹的结构要素

螺纹的结构和尺寸是由牙型、直径、螺距和导程、线数、旋向等要素确定的。

（1）螺纹牙型

在通过螺纹轴线的断面上，螺纹的轮廓形状称为螺纹牙型。它由牙顶、牙底和两牙侧构成，形成一定的牙型角。常见的螺纹牙型有三角形、梯形、锯齿形、矩形等，如图 8-4 和图 8-5 所示。不同的螺纹牙型有不同的用途。

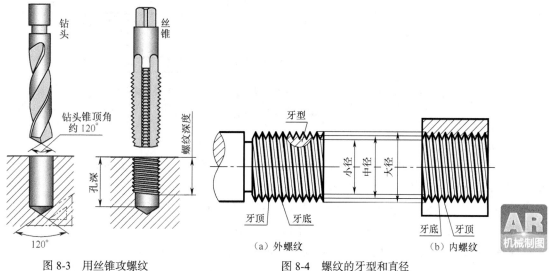

图 8-3　用丝锥攻螺纹　　　　　图 8-4　螺纹的牙型和直径

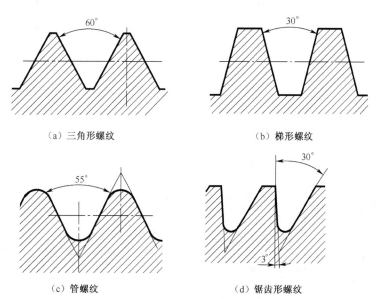

（a）三角形螺纹　　　　　　　　　（b）梯形螺纹

（c）管螺纹　　　　　　　　　　　（d）锯齿形螺纹

图 8-5　螺纹牙型

为防止外螺纹起始端损坏以及便于装配，通常将螺纹起始端加工成一定形式，如图 8-6 所示。加工结束时，刀具要逐渐离开工件，导致螺纹末尾一段的螺纹牙型出现不完整，如图 8-7（a）所示中标有尺寸的一段，称为螺尾。有时为避免产生螺尾，需在该处预制出一个退刀槽，如图 8-7（b）、（c）所示。螺纹的收尾及退刀槽已标准化，可查阅有关手册。

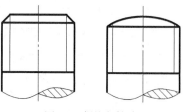

图 8-6　螺纹起始端

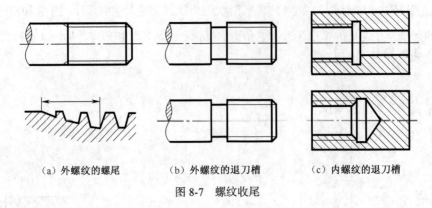

（a）外螺纹的螺尾　　　　　（b）外螺纹的退刀槽　　　　　（c）内螺纹的退刀槽

图 8-7　螺纹收尾

（2）螺纹直径

螺纹的直径有三种，外螺纹的大径、小径和中径分别用符号 $d$、$d_1$ 和 $d_2$ 表示；内螺纹的大径、小径和中径分别用符号 $D$、$D_1$ 和 $D_2$ 表示，如图 8-4 所示。

① 大径：与外螺纹牙顶或内螺纹牙底相切的假想圆柱或圆锥的直径。

② 小径：与外螺纹牙底或内螺纹牙顶相切的假想圆柱或圆锥的直径。

外螺纹的大径与内螺纹的小径又称顶径；外螺纹的小径与内螺纹的大径又称底径。

公称直径是代表螺纹尺寸的直径，一般指螺纹大径的公称尺寸（管螺纹用尺寸代号表示）。

③ 中径：在大径与小径圆柱之间有一假想圆柱，在其母线上牙型的沟槽和凸起宽度相等。此假想圆柱称为中径圆柱，其直径称为中径。

（3）线数 $n$

螺纹有单线和多线之分。沿一条螺旋线所形成的螺纹称为单线螺纹；沿两条或两条以上，且在轴向等距分布的螺旋线所形成的螺纹称为多线螺纹，如图 8-8 所示。

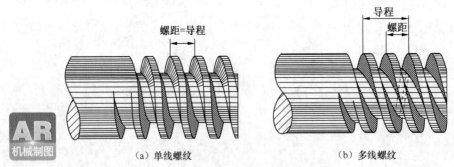

（a）单线螺纹　　　　　　　　　　　　（b）多线螺纹

图 8-8　螺纹的线数、导程与螺距

（4）螺距 $P$ 和导程 $Ph$

螺距是指相邻两牙在中径线上对应两点间的轴向距离；导程是指同一条螺旋线上的相邻两牙在中径线上对应两点间的轴向距离。单线螺纹的导程等于螺距，即 $Ph=P$；多线螺纹的导程等于线数乘以螺距，即 $Ph=nP$，如图 8-8 所示。

（5）旋向

螺纹有左旋和右旋之分，如图 8-9 所示。顺时针旋转时沿轴向旋入的螺纹为右旋螺纹，其可见螺旋线表现为左低右高的特征；逆时针旋转时沿轴向旋入的螺纹为**左旋螺纹**，其可见螺旋线表现为左高右低的特征。工程上常用的是右旋螺纹。

上述螺纹的五个要素决定了螺纹的尺寸和规格。五个要素相同的内、外螺纹才能够相互旋合使用。

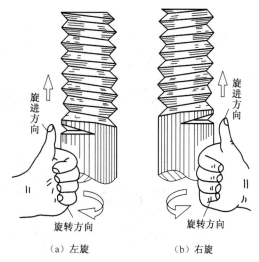

图 8-9　螺纹的旋向

### 3．螺纹的规定画法

螺纹的真实投影比较复杂，为了简化作图，国家标准规定了螺纹的表示法。按此方法作图并加以标注，就能清楚地表示螺纹的类型、规格和尺寸。

（1）外螺纹的画法

① 画外螺纹时，不论其牙型如何，在平行于螺纹轴线的投影面的视图中，螺纹牙顶（大径）及螺纹终止线用粗实线表示；牙底（小径）用细实线表示，在螺杆的倒角或倒圆部分也应画出，如图 8-10（a）所示。画图时小径尺寸通常按大径尺寸的 0.85 倍绘制。

② 在垂直于螺纹轴线的投影面的视图（即投影为圆的视图）中，表示牙底的细实线圆只画约 3/4 圈（空出约 1/4 圈的位置不作规定），此时螺杆的倒角圆省略不画，如图 8-10（a）、（b）所示的左视图。

③ 在剖视图中，终止线只画螺纹牙型高度的一小段，剖面线必须画到表示牙顶投影的粗实线为止，如图 8-10（b）所示。

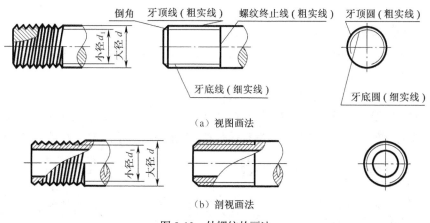

图 8-10　外螺纹的画法

（2）内螺纹的画法

① 内螺纹不论其牙型如何，在剖视图中，螺纹牙顶（小径）及螺纹终止线用粗实线表示，牙底（大径）用细实线表示，剖面线必须画到表示牙顶投影的粗实线为止，如图 8-11（a）、（b）所示。

② 在垂直于螺纹轴线的投影面的视图（即投影为圆的视图）中，表示牙底的细实线圆只画约 3/4 圈，此时螺孔上的倒角圆省略不画，如图 8-11（a）、（b）所示的左视图。

③ 绘制不穿通的螺孔时，一般应将钻孔深度与螺纹部分的深度分别画出，如图 8-11（b）所示。

④ 当螺纹不可见时，所有图线均画成细虚线，如图 8-11（c）所示。

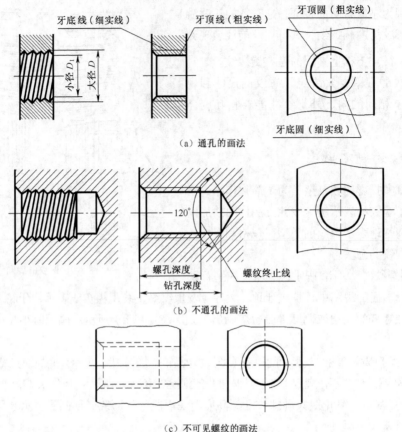

（a）通孔的画法

（b）不通孔的画法

（c）不可见螺纹的画法

图 8-11　内螺纹的画法

（3）内、外螺纹连接的画法

内、外螺纹的连接一般用剖视图表示。它们的旋合部分应按外螺纹的画法绘制，其余部分仍按各自的画法表示。

画图时必须注意，表示外螺纹牙顶投影的粗实线、牙底投影的细实线，必须分别与表示内螺纹牙底投影的细实线、牙顶投影的粗实线对齐。这与倒角大小无关，它表明内、外螺纹具有相同的大径和相同的小径。按规定，当实心螺杆通过轴线剖切时按不剖处理，如图 8-12 所示。

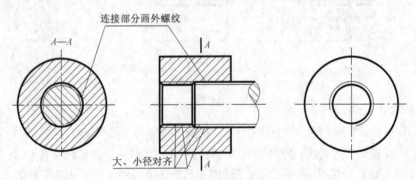

图 8-12　内、外螺纹连接的画法

（4）圆锥螺纹的画法

圆锥外螺纹、内螺纹的画法如图 8-13 所示，在垂直于轴线的投影面的视图中，左视图上按螺纹的大端绘制，右视图上按螺纹的小端绘制。

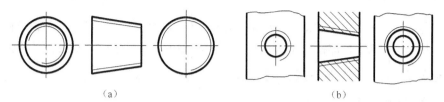

（a）　　　　　　　　　　　（b）

图 8-13　圆锥螺纹的画法

（5）螺纹画法的其他规定

① 螺纹牙型的画法。螺纹的牙型一般不需要在图形中画出，当需要表示非标准螺纹牙型时，可按图 8-14 所示的形式绘制，既可在剖视图中表示几个牙型，也可用局部放大图表示。

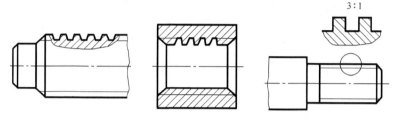

图 8-14　螺纹牙型的画法

② 螺尾的画法。加工部分长度的内、外螺纹，由于刀具临近螺纹加工终止时要退离工件，出现吃刀量渐浅的部分，称为螺尾，如图 8-15 所示。画螺纹一般不表示螺尾，当需要表示时，螺纹尾部的牙底圆投影用与轴线成 30° 角的细实线表示，如图 8-16 所示。

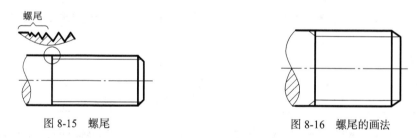

图 8-15　螺尾　　　　　　　　　　图 8-16　螺尾的画法

从图 8-16 可知，螺纹终止线并不画在螺尾末端，而是画在有效螺纹终止处。图样上所标注的螺纹长度，均指不包括螺尾在内的有效螺纹长度。

③ 螺孔相贯线的画法。两螺纹孔或螺纹孔与光孔相交时，只在牙顶投影处画一条相贯线，如图 8-17 所示。

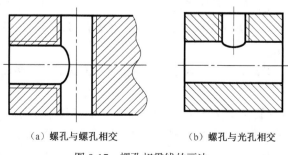

（a）螺孔与螺孔相交　　　　（b）螺孔与光孔相交

图 8-17　螺孔相贯线的画法

螺纹的规定画法

### 4．螺纹的种类和标注

螺纹的种类比较多，为便于设计和制造，国家标准对各种螺纹的牙型、公称直径和螺距作了统一规定。凡是这三项要素都符合标准的螺纹，称为标准螺纹；牙型不符合标准的称为非标准螺纹；牙型符合标准而公称直径或螺距不符合标准的称为特殊螺纹。

常用的标准螺纹按用途可分类如下：

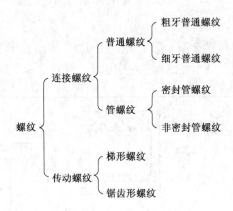

连接螺纹主要用在起连接作用的紧固件上；传动螺纹则主要用于传递动力的机件上。

由于表示各种螺纹的规定画法是相同的，因此国家标准规定标准螺纹应在图样上用规定的标记标注，并标注在螺纹的公称直径尺寸线或其引出线上，以区别不同种类的螺纹。

（1）普通螺纹的标注

普通螺纹的完整标记由螺纹代号、螺纹公差带代号和螺纹旋合长度代号三部分组成。具体标记格式为：

① 螺纹代号。普通螺纹的特征代号用字母"M"表示。粗牙普通螺纹的螺纹代号用"M"和公称直径（大径）表示，不必标注螺距，例如 M16；细牙普通螺纹用"M"和"公称直径×螺距"表示，例如 M16×1.5。

② 螺纹公差带代号。螺纹公差带代号包括中径公差带代号和顶径公差带代号。它由表示其大小的公差等级数字和表示其位置的基本偏差字母（大写字母代表内螺纹，小写字母代表外螺纹）组成，例如 6H、6g。如果中径公差带代号和顶径公差带代号不同，需分别标注出代号，中径公差带代号在前，顶径公差带代号在后，如 M10-5g6g；如果中径公差带代号和顶径公差带代号相同，则只注一个代号，如 M10-6H。

内、外螺纹旋合成螺纹副时，其配合公差带代号用斜线分开，左边表示内螺纹，右边表示外螺纹，如 M10-6H/6g。

③ 旋合长度代号。普通螺纹的旋合长度分为短、中、长三组，其代号分别是 S、N、L。若是中等旋合长度，其旋合代号 N 可省略，特殊需要时，可注明旋合长度的数值。

④ 旋向代号。左旋螺纹以"LH"表示，右旋螺纹不标注旋向（所有螺纹旋向的标记，均与

此相同）。

普通螺纹的标注示例如表 8-1 所示。

表 8-1　　　　　　　　　　　　　　普通螺纹标注示例

| 螺纹类别 | 标注示例 | 说　明 |
|---|---|---|
| 普通螺纹 | M20－6H | 表示公称直径为 20mm 的粗牙普通螺纹（内螺纹），中径和顶径公差带代号均为 6H，中等旋合长度，右旋 |
| | M20×2-5g6g-S-LH | 表示公称直径为 20mm、螺距为 2mm 的细牙普通螺纹（外螺纹），中径公差带代号为 5g，顶径公差带代号为 6g，短旋合长度，左旋 |
| | M20×2-6H/6g | 表示公称直径为 20mm、螺距为 2mm 的两内、外螺纹旋合，内螺纹公差带代号为 6H，外螺纹公差带代号为 6g，右旋 |

（2）管螺纹的标注

常用的管螺纹分为 55° 密封管螺纹和 55° 非密封管螺纹。

55° 密封管螺纹标记格式为：

特征代号 尺寸代号 旋向代号

55° 非密封管螺纹标记格式为：

特征代号 尺寸代号 公差等级代号 — 旋向代号　　　非螺纹密封的外管螺纹适用

特征代号 尺寸代号 旋向代号　　　非螺纹密封的内管螺纹适用

① 55° 密封管螺纹特征代号：$R_p$ 表示圆柱内螺纹，$R_1$ 表示与圆柱内螺纹相配合的圆锥外螺纹，$R_c$ 表示圆锥内螺纹，$R_2$ 表示与圆锥内螺纹相配合的圆锥外螺纹。55° 非密封管螺纹特征代号为 G。

② 两类螺纹中的尺寸代号标注在特征代号之后。尺寸代号并不是螺纹的大径，螺纹的大径可从标准中查得，因此，标注管螺纹的尺寸指引线应自大径圆柱（或圆锥）母线上引出。

③ 公差等级代号只对 55° 非密封的外管螺纹，分为 A、B 两个等级，在尺寸代号后注明。对内螺纹，不标记公差等级代号。例如 G2A、G2B、G2。

④ 螺纹为右旋时，不标注旋向代号；为左旋时应标注 "LH"。例如 G1/2LH、G2B—LH。

⑤ 表示螺纹副时，对 55° 非密封管螺纹，仅需标注外螺纹的标记代号；对 55° 密封管螺纹，其标记需用斜线分开，左边表示内螺纹，右边表示外螺纹，如 $R_p$/ $R_1$2，$R_c$/ $R_2$1/2LH。

管螺纹标注示例如表 8-2 所示。

表 8-2             管螺纹标注示例

| 螺纹类别 | 标 注 示 例 | 说　明 |
|---|---|---|
| 55°密封管螺纹 | Rp1 | 表示尺寸代号为 1 的 55°密封圆柱内螺纹，右旋 |
| | R₁1/2 LH | 表示尺寸代号为 1/2，与圆柱内螺纹相配合的 55°密封圆锥外螺纹，左旋 |
| | Rc1/2 | 表示尺寸代号为 1/2 的 55°密封圆锥内螺纹，右旋 |
| 55°非密封管螺纹 | G1/2B-LH | 表示尺寸代号为 1/2 的 55°非密封 B 级圆柱外螺纹，左旋 |
| | G1/2A-LH | 表示尺寸代号为 1/2，A 级的两 55°非密封圆柱内、外螺纹旋合，左旋 |

（3）梯形螺纹的标注

梯形螺纹的完整标记由螺纹代号、公差带代号及旋合长度代号组成。具体标记格式分为以下两种。

单线梯形螺纹：

　　　　　　　　螺纹代号

| 特征代号 | 公称直径×螺距 | — | 中径公差带代号 | — | 旋合长度代号 | — | 旋向代号 |

多线梯形螺纹：

　　　　　　　螺纹代号

| 特征代号 | 公称直径×导程（螺距代号 P 和数值） | — | 中径公差带代号 | — | 旋合长度代号 | — | 旋向代号 |

① 梯形螺纹的特征代号用字母"Tr"表示；左旋螺纹的旋向代号为"LH"，需标注；右旋不

标注，如 Tr32×6-LH，Tr32×6。

② 梯形螺纹的公差带为中径公差带。

③ 梯形螺纹的旋合长度分为中（N）和长（L）两组，中等旋合长度"N"不标注。

④ 内、外螺纹旋合时组成螺纹副，配合公差带代号用斜线分开，左边表示内螺纹，右边表示外螺纹，如 Tr40×7-7H/7e。

梯形螺纹标注示例如表 8-3 所示。

表 8-3  梯形螺纹和锯齿形螺纹标注示例

| 螺纹类别 | 标注示例 | 说　明 |
|---|---|---|
| 梯形螺纹 | Tr40×7-7H | 表示公称直径为 40mm，螺距为 7mm 的单线梯形内螺纹，中径公差带代号为 7H，中等旋合长度，右旋 |
| 梯形螺纹 | Tr40×14(P7)-8e-L-LH | 表示公称直径为 40mm，导程为 14mm，螺距为 7mm 的双线梯形外螺纹，中径公差带代号为 8e，长旋合长度，左旋 |
| | Tr52×8-7H/7e | 表示公称直径为 52mm、螺距为 8mm 的两单线内、外螺纹旋合，内螺纹公差带代号为 7H，外螺纹公差带代号为 7e，右旋 |
| 锯齿形螺纹 | B40×7-7A | 表示公称直径为 40mm，螺距为 7mm 的单线锯齿形内螺纹，中径公差带代号为 7A，中等旋合长度，右旋 |
| | B40×7-7c | 表示公称直径为 40mm，螺距为 7mm 的单线锯齿形外螺纹，中径公差带代号为 7c，中等旋合长度，右旋 |

（4）锯齿形螺纹的标注

锯齿形螺纹标注的具体格式完全与梯形螺纹相同。特征代号用"B"表示，其余各项的含义与标注方法均同梯形螺纹。

锯齿形螺纹标注示例如表 8-3 所示。

（5）特殊螺纹和非标准螺纹的标注

特殊螺纹标注应在牙型符号前加注"特"字，并标注出大径和螺距，如

综合案例 1——
螺纹的标注

图 8-18 所示。非标准螺纹应标注出螺纹的大径、小径、螺距和牙型的尺寸，如图 8-19 所示。

图 8-18 特殊螺纹的标注

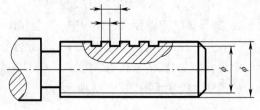

图 8-19 非标准螺纹的标注

## 8.1.2 螺栓及其连接的画法

### 1. 螺栓及其标记

螺栓由头部及杆部两部分组成，头部形状以六角形的应用最广。其标记形式为：

| 名称 | 标准代号 | 特征代号 | 公称直径 | × | 公称长度 |

常用螺纹紧固件的标记示例如表 8-4 所示。

表 8-4　　　　　　　　　　　　常用螺纹紧固件及其标记示例

| 名　称 | 图　例 | 标记示例 |
|---|---|---|
| 六角头螺栓<br>GB/T 5782—2000 | M12　50 | 螺纹规格 $d$ = M12，公称长度 $l$ = 50mm 的六角头螺栓<br>螺栓　GB/T 5782—2000　M12×50 |
| 双头螺柱<br>GB/T 897—1988 | M12　50 | 两端均为粗牙普通螺纹，$d$ = 12mm，$l$ = 50mm 的双头螺柱<br>螺柱　GB/T 897—1988　M12×50 |
| 开槽沉头螺钉<br>GB/T 68—2000 | M10　60 | 螺纹规格 $d$ = M10，公称长度 $l$ = 60mm 的开槽沉头螺钉<br>螺钉　GB/T 68—2000　M10×60 |
| 开槽锥端紧定螺钉<br>GB/T 71—1985 | M12　40 | 螺纹规格 $d$ = M12，公称长度 $l$ = 40mm 的开槽锥端紧定螺钉<br>螺钉　GB/T 71—1985　M12×40 |
| I 型六角螺母<br>GB/T 6170—2000 | M16 | 螺纹规格 $D$ = M16 的 I 型六角螺母<br>螺母　GB/T 6170—2000　M16 |

续表

| 名　　称 | 图　　例 | 标 记 示 例 |
|---|---|---|
| 平垫圈<br>GB/T 97.1—2002 | <br>$\phi17$<br>规格 16mm | 规格 16mm（即与螺纹规格 $d$ = M16 的螺栓配用），性能等级为 140HV 的平垫圈<br>垫圈　GB/T 97.1—2002　16 |
| 弹簧垫圈<br>GB/T 93—1987 | 规格 20mm | 规格为 20mm 的弹簧垫圈<br>垫圈　GB/T 93—1987　20 |

### 2．螺栓连接的画法

螺栓连接适用于两个不太厚的并能钻成通孔的零件连接，如图 8-20 所示。连接前，先在两被连接件上钻出通孔，直径一般取 1.1$d$（$d$ 为螺栓公称直径），然后将螺栓从一端插入孔中，另一端加上垫圈，最后拧紧螺母，即完成了螺栓连接。

> 综合案例2——常用螺纹紧固件的图例和标记

（1）比例画法

根据螺纹公称直径（$d$、$D$），按与其近似的比例关系计算出各部分尺寸后作图。此法作图方便，画连接图时常用。螺栓头部和螺母因 30° 倒角而产生截交线，此截交线为双曲线，作图时常用圆弧近似代替，如图 8-21 所示。

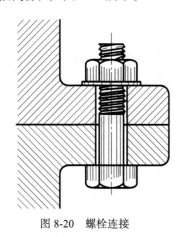

图 8-20　螺栓连接

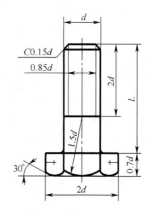

图 8-21　螺栓的比例画法

（2）查表画法

根据螺栓标记，在相应的标准中查得各有关尺寸后作图，如图 8-22 所示。其中，螺栓公称长度按下式计算。

$$l = \delta_1 + \delta_2 + h + m + a$$

式中：$\delta_1$、$\delta_2$——被连接件的厚度；

$h$——垫圈厚度；

$m$——螺母厚度；

$a$——螺栓伸出螺母的长度，$a \approx (0.2 \sim 0.3)d$。

$h$、$m$ 均以 $d$ 为参数按比例或查表画出。根据公式算出的结果，还需从相应的螺栓公称长度系列中选取与它相近的标准值。

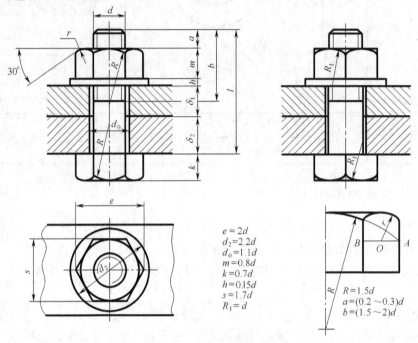

$$e = 2d$$
$$d_2 = 2.2d$$
$$d_0 = 1.1d$$
$$m = 0.8d$$
$$k = 0.7d$$
$$h = 0.15d$$
$$s = 1.7d$$
$$R_1 = d$$

$$R = 1.5d$$
$$a = (0.2 \sim 0.3)d$$
$$b = (1.5 \sim 2)d$$

图 8-22　螺栓连接的画法

绘制螺栓连接图，应注意以下几点。

（1）凡不接触的相邻表面，或两相邻表面公称尺寸不同，不论其间隙大小，都需要画两条轮廓线。两零件接触时，接触面处只画一条轮廓线。

（2）在剖视图中，剖切平面通过螺栓、螺母、垫圈等标准件的轴线时，均按不剖切画出，两相邻零件的剖面线倾斜方向应相反，被连接零件的接触面（投影图上为线）画到螺栓大径处。

（3）螺栓的螺纹终止线必须画到垫圈之下、被连接两零件接触面的上方，以表示拧紧螺母还有足够的螺纹长度。

螺栓连接的
画法

### 8.1.3　螺柱及其连接的画法

#### 1. 螺柱及其标记

双头螺柱的两头制有螺纹，一端旋入被连接件的预制螺孔中，称为旋入端；另一端与螺母旋合，紧固另一个被连接件，称为紧固端。其标记形式：

| 名称 | 标准代号 | 特征代号 | 公称直径×公称长度 |

双头螺柱的标记示例如表 8-4 所示。

## 2. 螺柱连接的画法

双头螺柱连接常用于被连接件之一太厚而不能加工成通孔，或因拆装频繁不宜采用螺钉连接的情况。连接前，先在较厚的零件上加工出螺孔，在另一较薄的零件上加工出通孔（孔径 ≈ 1.1$d$），然后将双头螺柱的一端（旋入端）旋紧在螺孔内，另一端（紧固端）穿过带通孔的被连接件，套上垫圈，旋紧螺母，即完成了螺柱连接，如图 8-23 所示。

螺柱连接的画法同样分比例画法和查表画法两种，比例画法如图 8-24 所示；查表画法根据标记，查得各有关尺寸后作图，如图 8-25 所示。

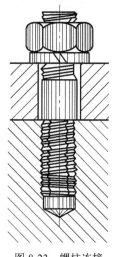

图 8-23　螺柱连接

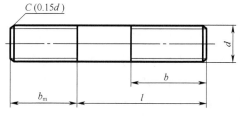

图 8-24　螺柱的比例画法

螺柱公称长度按下列计算。

$$l = \delta_1 + h + m + a$$

式中：$\delta_1$——通孔连接件的厚度；

　　　$h$——垫圈厚度；

　　　$m$——螺母厚度；

　　　$a$——螺柱伸出螺母的长度，$a \approx$（0.2～0.3）$d$。

根据公式算出的结果还需从相应的螺柱标准长度系列中选取与它相近的值。螺柱旋入端长度 $b_m$ 与被连接件的材料性能有关，如表 8-5 所示。一般对于强度较低的材料，其 $b_m$ 值应比强度较高的材料大。

画螺柱连接图时应注意以下几点。

（1）在连接图中，旋入端的螺纹终止线与螺纹孔口端面平齐，表示旋入端全部拧入，足够拧紧。

（2）弹簧垫圈用作防松，外径比普通垫圈小，以保证紧压在螺母底面范围内。开槽的方向应是阻止螺母松动的方向，在图中应画成与水平线成 60° 向左上倾斜的两条线。

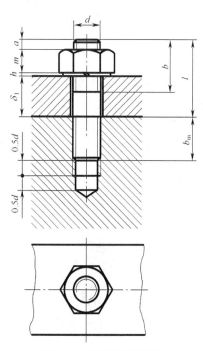

图 8-25　螺柱连接的画法

表 8-5                                     螺柱旋入端长度 $b_m$

| 被连接件的材料 | $b_m$ 值 |
|---|---|
| 钢或青铜 | $d$ |
| 铸铁 | $1.25d$ |
| 强度在铸铁、铝之间的材料 | $1.5d$ |
| 铝合金 | $2d$ |

双头螺柱的
连接画法

### 8.1.4  螺钉及其连接的画法

#### 1.  螺钉及其标记

螺钉按用途可分为连接螺钉和紧定螺钉两类。连接螺钉适用于受力不大而又不需经常拆卸的零件连接中；紧定螺钉用来固定两零件的相对位置。连接螺钉常用的有内六角螺钉、开槽圆头螺钉、开槽沉头螺钉等；紧定螺钉前端的形状有锥端、平端和长圆柱端等。其标记形式：

$$\boxed{名称}\ \boxed{标准代号}\ \boxed{特征代号}\ \boxed{公称直径}\times\boxed{公称长度}$$

螺钉的标记示例如表 8-4 所示。

#### 2.  螺钉连接的画法

螺钉连接中较薄的被连接件加工出通孔（沉孔和通孔的直径分别稍大于螺钉头和螺钉杆的直径），较厚的零件加工出螺纹孔，不用螺母，直接将螺钉穿过通孔拧入螺孔中，如图 8-26 所示。

螺钉连接的画法中拧入螺孔端与螺柱连接的画法相似，穿过通孔端与螺栓连接相似。螺钉头部的比例画法如图 8-27 所示。查表画法根据标记，查得各有关尺寸后作图，如图 8-28 所示。

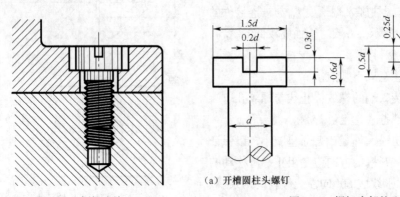

图 8-26  螺钉连接

(a) 开槽圆柱头螺钉      (b) 开槽沉头螺钉

图 8-27  螺钉头部的比例画法

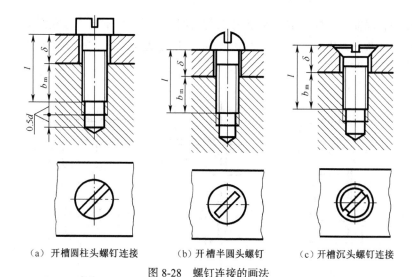

（a）开槽圆柱头螺钉连接　　　（b）开槽半圆头螺钉　　　（c）开槽沉头螺钉连接

图 8-28　螺钉连接的画法

螺钉公称长度 $l = \delta + b_m$，$\delta$ 为通孔连接件的厚度；$b_m$ 为旋入端长度，根据被连接件的材料性能选取，如表 8-5 所示。公式算出的结果还需从相应的标准长度系列中选取与它相近的值。

画螺钉连接图时，应注意以下几点。

（1）螺纹终止线应画在两零件接触面以上，表示螺钉有拧紧余地。

（2）头部槽口在主视图中放正，画在中间位置；俯视图中应画成与水平线倾斜 45°。

紧定螺钉将轴、轮固定在一起。先在轮毂的适当部位加工出螺孔，然后将轮、轴装配在一起，以螺孔导向，在轴上钻出锥坑，最后拧入紧定螺钉，限制其产生轴向移动，如图 8-29 所示。

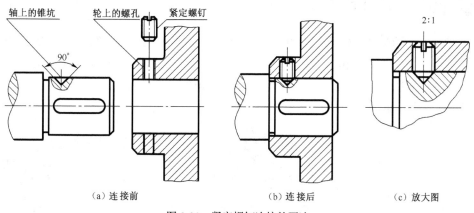

（a）连接前　　　　　　（b）连接后　　　　　　（c）放大图

图 8-29　紧定螺钉连接的画法

螺钉连接的画法

螺纹连接的简化画法

在装配图中，螺栓、螺柱和螺钉连接提倡采用简化画法。螺杆端部倒角及螺母、螺栓六角头部因倒角而产生的截交线省略不画；螺孔中的钻孔深度也省略不画。螺钉俯视图中槽的宽度可用粗实线简化表示，如图8-30所示。

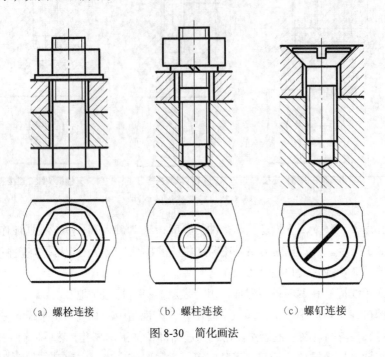

（a）螺栓连接　　　（b）螺柱连接　　　（c）螺钉连接

图8-30　简化画法

# 任务8.2　绘制键及其连接

键是用来连接轴和轴上传动件（如齿轮、带轮等），并通过它来传递转矩的一种标准件。常用的键有普通平键、半圆键和楔键等。图8-31所示为一种键连接的情况，在轴和轮毂上加工出键槽，装配时先将键装入轴的键槽内，然后将轮毂上的键槽对准轴上的键，把齿轮装在轴上。传动时，轴和齿轮便可一起转动。

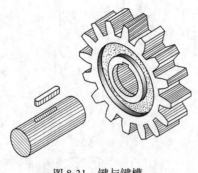

图8-31　键与键槽

键连接简介

## 8.2.1　普通平键连接的画法

普通平键有圆头（A型）、方头（B型）及单圆头（C型）三种，如图8-32所示。普通平键

162

的尺寸可从国家标准中查出。键的高度 $h$ 和宽度 $b$ 是根据被连接轴的直径选出的，而长度 $L$ 则根据传递动力的大小设计计算后，参照标准长度系列确定（键长不超过轮毂宽）。

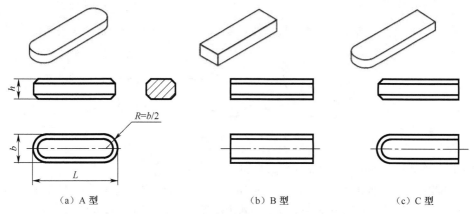

（a）A 型          （b）B 型          （c）C 型

图 8-32  普通平键的三种形式

键的标记由名称、标准代号和规格组成，例如：

键  GB/T 1096—2003  $18 \times 100$，表示 $b = 18$mm、$L = 100$mm 的 A 型普通平键。

A 型普通平键的型号 A 可省略不注，而 B、C 型应写出 B 或 C，如键 B GB/T 1096—2003 $18 \times 100$。

相配合的键槽尺寸可从国家标准中查出，其画法及尺寸标注如图 8-33 所示。

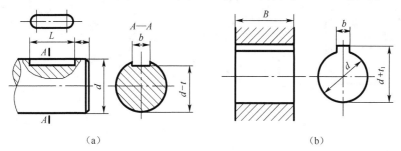

（a）                         （b）

图 8-33  普通平键键槽的画法

为了表示平键的连接关系，一般采用局部剖视图和断面图。当通过轴线做剖切时，被剖切的键按不剖画出，键的倒角或圆角均可省略不画。普通平键的工作面是它的两个侧面，故键和键槽的两侧面应紧密接触。绘图时，应注意两侧面分别画成一条线，而键的顶面与轮毂键槽顶面之间留有间隙，应注意画成两条线，如图 8-34 所示。

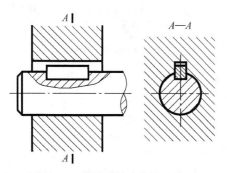

图 8-34  普通平键连接的画法

键及其连接
的画法

## 8.2.2 半圆键连接的画法

与普通平键类似，半圆键的尺寸应根据被连接的轴和轮毂来决定，如图 8-35 所示。

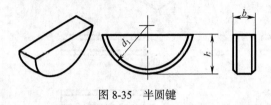

图 8-35 半圆键

键的标记由名称、标准代号和规格组成，例如：

键 GB/T 1099.1—2003 $6 \times 25$，表示 $b=6$mm、$h=10$mm、$d_1=25$mm、$L=24.5$mm 的半圆键。
相配合的键槽尺寸可从国家标准中查出，其画法及尺寸标注如图 8-36 所示。

半圆键的工作面是它的两个侧面，故键和键槽的两侧面应紧密接触。绘图时，应注意两侧面分别画成一条线，而键的顶面与轮毂键槽顶面之间留有间隙，应注意画成两条线。半圆键连接的画法如图 8-37 所示。

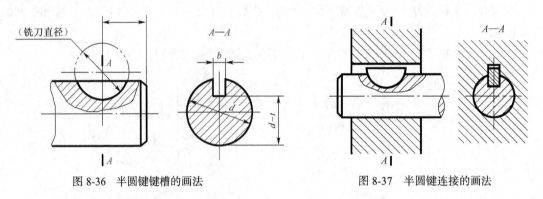

图 8-36 半圆键键槽的画法　　　　图 8-37 半圆键连接的画法

## 8.2.3 钩头楔键连接的画法

楔键有普通楔键和钩头楔键两种。钩头楔键顶面是 1∶100 的斜度，如图 8-38 所示。

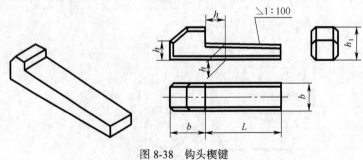

图 8-38 钩头楔键

键的标记由名称、标准代号和规格组成，例如：

键 GB/T 1565—2003 $18 \times 100$，表示 $b=18$mm、$h=11$mm、$L=100$mm 的钩头楔键。

连接时沿轴向把键打入键槽内,直至打紧为止。因此,上、下两底面为工作面,两个侧面为非工作面,连接图中上、下面各画一条线;两侧面应画两条线,如图 8-39 所示。

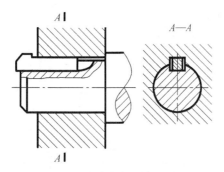

图 8-39 钩头楔键连接的画法

## 任务 8.3 绘制销及其连接

### 8.3.1 常用销的种类及标记

常用的销有圆柱销、圆锥销和开口销,如图 8-40 所示。

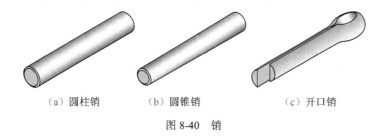

(a) 圆柱销　　　　　(b) 圆锥销　　　　　(c) 开口销

图 8-40 销

圆柱销和圆锥销用做零件之间的连接或定位。圆柱销利用微量过盈固定在销孔中,经过多次装拆后,连接的紧固性及精度降低,故只适用于不常拆卸处;圆锥销有 1:50 的锥度,装拆比圆柱销方便,多次装拆对紧固性及定位精度影响小,应用广泛。

开口销用在带孔螺栓和带槽螺母上,将其插入槽形螺母的槽口和带孔螺栓的孔,并将开口销的尾部叉开,以防止螺母与螺栓脱落。

销是标准件,其规格、尺寸可从标准中查得。表 8-6 所示为三种销的标准号、形式和标记示例。

销连接简介

表 8-6　　　　　　　　　　销及其标记示例

| 名称标准号 | 图 例 | 标 记 示 例 |
|---|---|---|
| 圆柱销<br>GB/T 119.1—2000 | | 公称直径 $d$ =8mm,公差为 m6,公称长度 $l$ = 30mm,材料为钢,不经淬火,不经表面处理的圆柱销<br>　销　GB/T 119.1—2000　8m6×30 |

续表

| 名称标准号 | 图 例 | 标 记 示 例 |
|---|---|---|
| 圆锥销<br>GB/T 117—2000 | 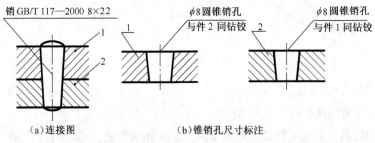 | 公称直径 $d$ =10mm，公称长度 $l$ = 50mm，材料为 35 钢，热处理硬度 28～38HRC，表面氧化处理的 A 型圆锥销<br>销 GB/T 117—2000 10×50 |
| 开口销<br>GB/T 91—2000 | | 公称直径 $d$ =5mm，公称长度 $l$ = 40mm，材料为 Q215 或 Q235，不经表面处理的开口销<br>销 GB/T 91—2000 5×40 |

## 8.3.2 销及其连接的画法

圆柱销或圆锥销的装配要求较高，销孔一般要在被连接件装配后同时加工。这一要求需在相应的零件图上注明。锥销孔的直径指锥销的小端直径，标注时应采用旁注法，如图 8-41 所示。

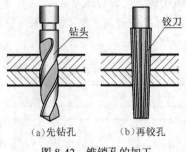

图 8-41 圆锥销孔的尺寸标注

锥销孔加工时，按公称直径先钻孔，再用定值铰刀扩铰成锥孔，如图 8-42 所示。

图 8-42 锥销孔的加工

圆柱销、圆锥销和开口销连接图的画法如图 8-43 所示。

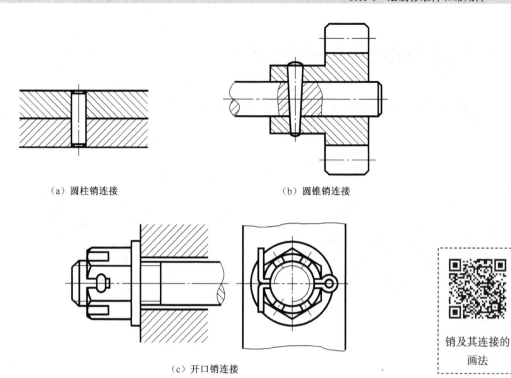

（a）圆柱销连接　　　　　　　　　　　（b）圆锥销连接

（c）开口销连接

图 8-43　销连接的画法

销及其连接的
画法

## 任务 8.4　绘制齿轮及其啮合

齿轮是机器或部件中广泛应用的一种传动零件，用来传递动力、运动，改变转速和旋转方向。常见的传动齿轮的形式有圆柱齿轮、锥齿轮和蜗杆蜗轮三种类型，如图 8-44 所示。

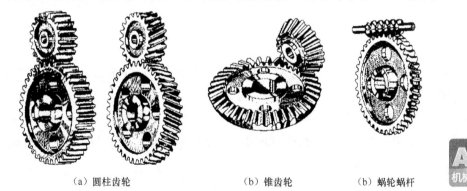

（a）圆柱齿轮　　　　　　　　（b）锥齿轮　　　　　　（b）蜗轮蜗杆

图 8-44　常见的传动齿轮的形式

圆柱齿轮用于两平行轴间的传动；锥齿轮用于两相交轴间的传动；蜗杆蜗轮用于两交叉轴间的传动。

齿轮的轮齿有直齿、斜齿、人字齿等，又有标准齿与非标准齿之分。本任务主要完成具有渐开线齿形的标准齿轮的规定画法。

齿轮传动简介

## 8.4.1　直齿圆柱齿轮及其啮合的画法

### 1. 直齿圆柱齿轮各部分名称及有关参数（见图8-45）

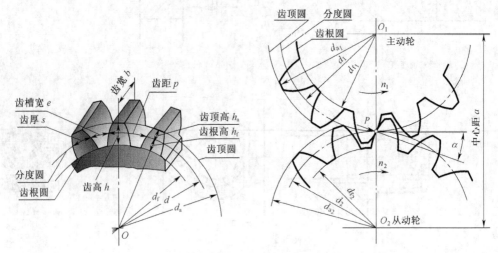

图8-45　直齿圆柱齿轮各部分名称和代号

（1）齿顶圆（直径 $d_a$）

通过圆柱齿轮齿顶的曲面称为齿顶圆柱面。齿顶圆柱面与端平面的交线称为齿顶圆。

（2）齿根圆（直径 $d_f$）

通过圆柱齿轮齿根的曲面称为齿根圆柱面。齿根圆柱面与端平面的交线称为齿根圆。

渐开线直齿圆柱齿轮的构成

（3）分度圆（直径 $d$）

设计、制造齿轮时计算各部分尺寸的基准圆。分度圆位于齿顶圆和齿根圆之间，是一个假想圆。

（4）节圆（直径 $d'$）

两圆柱齿轮啮合时，位于连心线 $O_1O_2$ 上的两齿廓接触点 $P$ 称为节点。分别以 $O_1$、$O_2$ 为圆心，$O_1P$、$O_2P$ 为半径所作的两个相切的圆称为节圆。一对正确安装的标准齿轮，其分度圆与节圆重合，即 $d'=d$。

（5）齿高（$h$）

轮齿在齿顶高与齿根高之间的径向距离称为齿高。齿高 $h$ 分为齿顶高 $h_a$ 和齿根高 $h_f$（$h=h_a+h_f$）。

齿顶高（$h_a$）为分度圆至齿顶圆之间的径向距离。

齿根高（$h_f$）为分度圆至齿根圆之间的径向距离。

（6）齿距（$p$）

分度圆上相邻两齿廓对应两点间的弧长称为齿距。对于标准齿轮，分度圆上齿厚 $s$ 与齿槽宽 $e$ 相等，即 $s=e$，$p=s+e$。

（7）齿数（z）

轮齿的个数，它是齿轮计算的主要参数之一。

（8）模数（m）

分度圆周长为 $\pi d = z\,p$，则 $d = z\,p/\pi$，令 $p/\pi = m$，则 $d = m\,z$。m 即为齿轮的模数。

模数是设计、制造齿轮的重要参数，模数增大，齿距 p 也增大，即齿厚 s 增大，因而齿轮承载能力就相应增大。一对互相啮合的齿轮，其齿距 p 应相等，因此它们的模数也相等。制造齿轮时，齿轮刀具也是根据模数而定的；模数的数值已标准化，如表 8-7 所示。设计者只有选用标准模数数值，才能用系列刀具加工齿轮。

表 8-7　　　　　　　　　　　　　　标准模数系列（GB/T 1357—2008）

| 第一系列 | 1　1.25　1.5　2　2.5　3　4　5　6　8　10　12　16　20　25　32　40　50 |
|---|---|
| 第二系列 | 1.125　1.375　1.75　2.25　2.75　3.5　4.5　5.5　(6.5)　7　9　11　14　18　22　28　36　45 |

注：在选用模数时，应优先采用第一系列，其次是第二系列，括号内的模数尽量不用。

（9）压力角、齿形角（α）

如图 8-45 所示，轮齿在分度圆上啮合点 P 的受力方向（即渐开线齿廓曲线的法线方向）与该点的瞬时速度方向（分度圆的切线方向）所夹的锐角 α 称为压力角。我国规定标准压力角 α = 20°。

加工齿轮用的基本齿条的法向压力角称为齿形角，齿形角也用 α 表示。

两相互啮合的齿轮必须在模数 m 和齿形角 α 都相等时，才能正确啮合。

（10）中心距（a）

两圆柱齿轮轴线之间的距离称为中心距。装配准确的标准齿轮，其中心距为

$$a = \frac{d_1}{2} + \frac{d_2}{2} = \frac{1}{2}m(z_1 + z_2)$$

## 2.　直齿圆柱齿轮各基本尺寸计算

齿轮轮齿各部分的尺寸都是根据模数来确定的，标准直齿圆柱齿轮各基本尺寸计算关系如表 8-8 所示。

表 8-8　　　　　　　　　　　　　　标准直齿圆柱齿轮尺寸的计算公式

| 基本参数：模数 m，齿数 z | | |
|---|---|---|
| 名　　称 | 符　　号 | 计　算　公　式 |
| 齿顶高 | $h_a$ | $h_a = m$ |
| 齿根高 | $h_f$ | $h_f = 1.25m$ |
| 齿高 | $h$ | $h = 2.25m$ |
| 分度圆直径 | $d$ | $d = mz$ |
| 齿顶圆直径 | $d_a$ | $d_a = m(z + 2)$ |
| 齿根圆直径 | $d_f$ | $d_f = m(z - 2.5)$ |
| 齿距 | $p$ | $p = \pi m$ |
| 分度圆齿厚及槽宽 | $s$、$e$ | $s = e = p/2 = \pi m/2$ |
| 中心距 | $a$ | $a = m(z_1 + z_2)/2$ |

### 3．直齿圆柱齿轮的画法

（1）单个齿轮的画法

画单个齿轮时，通常用两个视图表示，如图 8-46 所示。

① 齿顶圆和齿顶线用粗实线绘制。

② 分度圆和分度线用细点画线绘制（分度线应超出轮廓线 2～3mm）。

③ 齿根圆和齿根线用细实线绘制，也可省略不画。在剖视图中，齿根线用粗实线绘制，此时不可省略。

④ 将齿轮的非圆视图画成剖视图时，规定轮齿部分按不剖绘制。

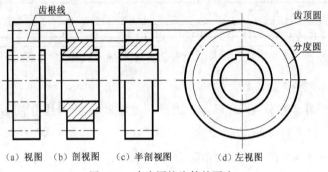

图 8-46　直齿圆柱齿轮的画法

　　齿轮属于轮盘类零件，其表达方法与一般的轮盘类零件相同。通常将轴线水平放置，可选用两个视图（见图 8-46），或一个视图和一个局部视图（见图 8-47），其中非圆视图可作半剖视或全剖视。

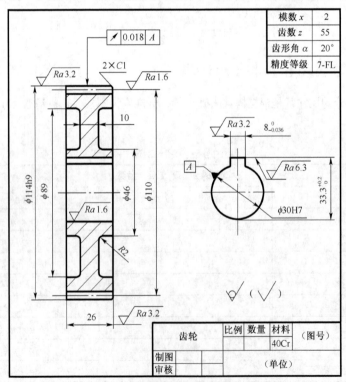

图 8-47　直齿圆柱齿轮零件图

在齿轮零件图中，除具有一般零件图的内容外，齿顶圆直径、分度圆直径必须直接注出，齿根圆直径规定不注（因加工时该尺寸由其他参数控制）；并在图样右上角的参数栏中注写模数、齿数、齿形角等基本参数。

圆柱齿轮的
画法

（2）两齿轮啮合的画法

两齿轮啮合时，除啮合区外，其余部分均按单个齿轮绘制。啮合区按以下规定绘制（见图 8-48）。

① 在反映为圆的视图中，两节圆应相切，齿顶圆均按粗实线绘制，如图 8-48（a）所示的左视图；在啮合区的齿顶圆也可省略不画，如图 8-48（b）所示的左视图。齿根圆全部省略不画。

② 在反映为非圆的视图中，当采用剖视且剖切平面通过两齿轮的轴线时如图 8-48（a）所示的主视图所示，在啮合区将一个齿轮的轮齿用粗实线绘制，另一个齿轮的轮齿被遮住的部分用虚线绘制，虚线也可省略不画。

当采用外形视图表示时，在反映为非圆的视图中，啮合区内的齿顶线不需画出，而节线用粗实线绘制；非啮合区的节线仍用细点画线绘制，齿根线均不画出，如图 8-48（b）所示的主视图。

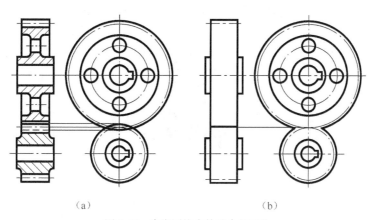

（a）                （b）

图 8-48　直齿圆柱齿轮啮合的画法

如果两轮齿宽不等，啮合区的画法如图 8-49 所示。不论两轮齿宽是否一致，一轮的齿顶线与另一轮的齿根线之间，应留有 $0.25m$ 的间隙。

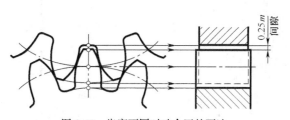

图 8-49　齿宽不同时啮合区的画法

齿轮传动的另一种形式为齿轮齿条传动，用于转动和移动之间的运动转换。其啮合画法如图 8-50 所示。

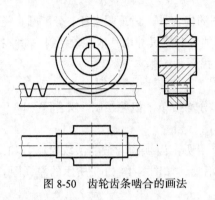

圆柱齿轮啮合
的画法

图 8-50  齿轮齿条啮合的画法

## 8.4.2  直齿锥齿轮及其啮合的画法

### 1. 直齿锥齿轮各部分名称及尺寸计算

锥齿轮用于两相交轴之间的传动，以两轴相交成直角的锥齿轮传动应用最为广泛。其形体结构由前锥、顶锥和背锥等组成。由于锥齿轮的轮齿加工在圆锥面上，所以在齿宽范围内有大、小端之分，齿形和模数沿轴向也随之变化。直齿锥齿轮各部分名称如图 8-51 所示。

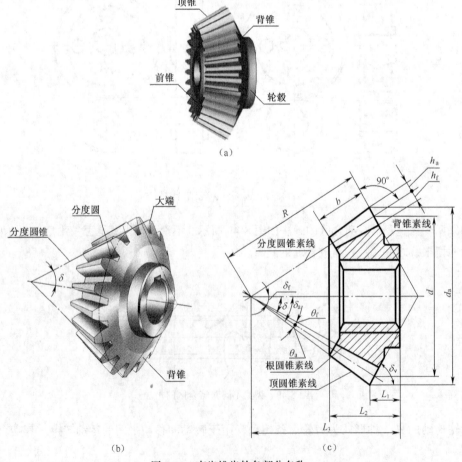

图 8-51  直齿锥齿轮各部分名称

172

为了计算和制造方便，《锥齿轮模数》（GB/T 12368—1990）国家标准规定以大端为准，齿顶高 $h_a$、齿根高 $h_f$、分度圆直径 $d$、齿顶圆直径 $d_a$ 及齿根圆直径 $d_f$（图中未标注）均在大端度量，并取大端模数为标准模数。直齿锥齿轮各部分名称和尺寸关系如表8-9所示。

直齿锥齿轮的
结构

表 8-9　　　　　　　　　　　　标准直齿锥齿轮的尺寸计算公式

基本参数：模数 $m$，齿数 $z$，分度圆锥角 $\delta$

| 名　称 | 符　号 | 计　算　公　式 |
|---|---|---|
| 齿顶高 | $h_a$ | $h_a = m$ |
| 齿根高 | $h_f$ | $h_f = 1.2m$ |
| 齿高 | $h$ | $h = 2.2m$ |
| 分度圆直径 | $d$ | $d = mz$ |
| 齿顶圆直径 | $d_a$ | $d_a = d + 2h_a\cos\delta = m(z + 2\cos\delta)$ |
| 齿根圆直径 | $d_f$ | $d_f = d - 2h_f\cos\delta = m(z - 2.4\cos\delta)$ |
| 锥距 | $R$ | $R = d/2\sin\delta = mz/(2\sin\delta)$ |
| 齿顶角 | $\theta_a$ | $\tan\theta_a = h_a/R = 2\sin\delta/z$ |
| 齿根角 | $\theta_f$ | $\tan\theta_f = h_f/R = 2.4\sin\delta/z$ |
| 分度圆锥角 | $\delta$ | 当 $\delta_1 + \delta_2 = 90°$ 时，$\tan\delta_1 = z_1/z_2$，$\delta_2 = 90° - \delta_1$ |
| 顶锥角 | $\delta_a$ | $\delta_a = \delta + \theta_a$ |
| 根锥角 | $\delta_f$ | $\delta_f = \delta - \theta_f$ |
| 背锥角 | $\delta_v$ | $\delta_v = 90° - \delta$ |
| 齿宽 | $b$ | $b \leqslant R/3$ |
| 齿尖至定位面的距离 | $L_1$ | 按设计要求确定 |
| 前锥端面至定位面的距离 | $L_2$ | $L_2 = b\cos\delta_a/\cos\theta_a + L_1$ |
| 分锥顶点至定位面的距离 | $L_3$ | $L_3 = R\cos\delta_a/\cos\theta_a + L_1$ |

## 2. 直齿锥齿轮的画法

（1）单个齿轮的画法

　　① 主视图的画法基本上与圆柱齿轮相同，多采用剖视，其轮齿按不剖处理，用粗实线画出齿顶线和齿根线，用细点画线画出分度线。

　　② 在左视图中，轮齿部分只需用粗实线画出大端和小端的齿顶圆；用细点画线画出大端的分度圆；齿根圆不画。左视图也可用仅表达键槽轴孔的局部视图取代。

　　单个锥齿轮的画图步骤如图 8-52 所示。

锥齿轮的
画法

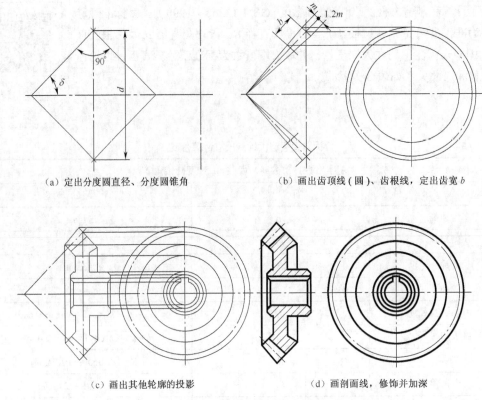

（a）定出分度圆直径、分度圆锥角　　　　　（b）画出齿顶线（圆）、齿根线，定出齿宽 b

（c）画出其他轮廓的投影　　　　　（d）画剖面线，修饰并加深

图 8-52　直齿锥齿轮的画图步骤

（2）两齿轮啮合的画法

一对准确安装的标准直齿圆锥齿轮啮合时，其分度圆锥应相切（分度圆锥与节圆锥重合，分度圆与节圆重合）。啮合区的画法与圆柱齿轮类似，按如下规定绘制。

锥齿轮啮合
的画法

① 在剖视图中，一齿轮的齿顶线用粗实线绘制，另一齿轮的齿顶线用虚线绘制或省略。

② 在外形视图中，一齿轮的节线与另一齿轮的节圆相切。

锥齿轮啮合的画图步骤如图 8-53 所示。

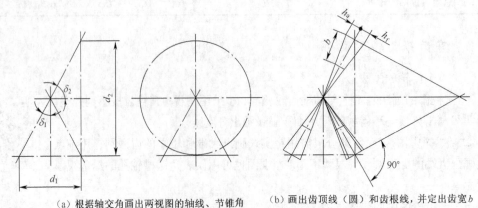

（a）根据轴交角画出两视图的轴线、节锥角　　　　　（b）画出齿顶线（圆）和齿根线，并定出齿宽 b

图 8-53　直齿锥齿轮啮合的画图步骤

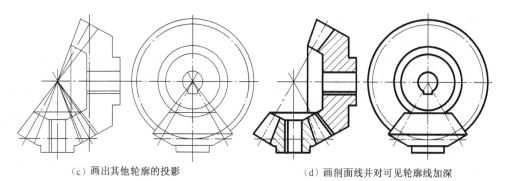

（c）画出其他轮廓的投影　　　　　　　　（d）画剖面线并对可见轮廓线加深

图 8-53　直齿锥齿轮啮合的画图步骤（续）

### 8.4.3　蜗杆蜗轮及其啮合的画法

蜗杆蜗轮用于两交叉轴（交叉角一般为直角）间的传动。通常蜗杆主动，蜗轮从动，用于减速，可获得较大的传动比。

常用的蜗杆为圆柱形阿基米德蜗杆，轴向齿廓是直线，轴向断面呈等腰梯形。蜗杆的齿数称为头数，相当于螺纹的线数，常用单头或双头。

蜗轮相当于斜齿圆柱齿轮，其轮齿分布在圆环面上，以增加蜗杆和蜗轮齿部的接触面积，如图 8-54 所示。

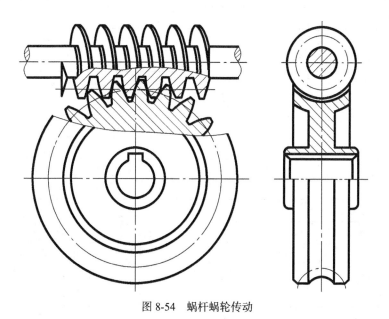

图 8-54　蜗杆蜗轮传动

### 1.　蜗杆蜗轮的主要参数及尺寸计算

（1）齿距（$p$）和模数（$m$）

在包含蜗杆轴线且垂直于蜗轮轴线的中间平面上（见图 8-54），蜗杆的轴向齿距 $p_x$ 与蜗轮的端面齿距 $p_t$ 相等（$p_x=p_t=p$），则蜗杆的轴向模数 $m_x$ 与蜗轮的端面模数 $m_t$ 也相等（$m_x=m_t=m$），规

定为标准模数 $m$。

（2）蜗杆直径系数（$q$）

为了减少切制蜗杆滚刀的规格数量，分度圆直径 $d_1$ 已标准化，并与 $m$ 有一定的搭配，$q=d_1/m$。对于不同的标准模数，规定了相应的 $q$ 值。

（3）导程角（$\gamma$）

将蜗杆分度圆柱面展开，螺旋线展成倾斜直线，如图 8-55 所示，斜线与底线间的夹角 $\gamma$ 称为蜗杆的导程角。当蜗杆直径系数 $q$ 和头数 $z_1$ 选定后，导程角即被确定。可得下式关系：

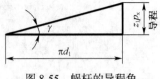

图 8-55　蜗杆的导程角

$$\tan\gamma = z_1 p_x/(\pi d_1) = \pi z_1 m/(\pi m q) = z_1/q$$

一对相互啮合的蜗杆和蜗轮，除了模数和齿形角必须分别相同外，蜗杆导程角与蜗轮螺旋角应大小相等、旋向相同，即 $\gamma = \beta$。

蜗杆和蜗轮各部分尺寸与模数 $m$、蜗杆直径系数 $q$、导程角 $\gamma$ 和齿数 $z_1$、$z_2$ 有关，具体计算公式如表 8-10 所示。

表 8-10　　　　　　　　　　　　标准蜗杆、蜗轮的尺寸计算公式

基本参数：模数 $m_x = m_t = m$、蜗杆头数 $z_1$、蜗轮齿数 $z_2$、导程角 $\gamma$、蜗杆直径系数 $q$

| 名　称 | 代　号 | 计　算　公　式 |
|---|---|---|
| 轴向齿距 | $p_x$ | $p_x = \pi m$ |
| 齿顶高 | $h_a$ | $h_a = m$ |
| 齿根高 | $h_f$ | $h_f = 1.2m$ |
| 齿高 | $h$ | $h = 2.2m$ |
| 蜗杆分度圆直径 | $d_1$ | $d_1 = mq$ |
| 蜗杆齿顶圆直径 | $d_{a_1}$ | $d_{a1} = d_1 + 2h_a = d_1 + 2m = m(q+2)$ |
| 蜗杆齿根圆直径 | $d_{f_1}$ | $d_{f1} = d_1 - 2h_f = d_1 - 2.4m = m(q-2.4)$ |
| 导程角 | $\gamma$ | $\tan\gamma = z_1/q$ |
| 蜗杆导程 | $p_z$ | $p_z = z_1 p_x$ |
| 蜗杆齿宽 | $b_1$ | 当 $z_1 = 1 \sim 2$，$b_1 = (11 + 0.06z_2)m$<br>当 $z_1 = 3 \sim 4$，$b_1 \geq (12.5 + 0.09z_2)m$ |
| 蜗轮分度圆直径 | $d_2$ | $d_2 = mz_2$ |
| 蜗轮喉圆直径 | $d_{a_2}$ | $d_{a_2} = d_2 + 2h_a = m(z_2 + 2)$ |
| 蜗轮顶圆直径 | $d_{e_2}$ | 当 $z_1 = 1$，$d_{e_2} \leq d_{a_2} + 2m$<br>当 $z_1 = 2 \sim 3$，$d_{e_2} \leq d_{a_2} + 1.5m$<br>当 $z_1 = 4$，$d_{e_2} \leq d_{a_2} + m$ |
| 蜗轮齿根圆直径 | $d_{f_2}$ | $d_{f_2} = d_2 - 2h_f = m(z_2 - 2.4)$ |
| 蜗轮齿宽 | $b_2$ | 当 $z_1 \leq 3$，$b_2 \leq 0.75 d_{a_1}$<br>当 $z_1 = 4$，$b_2 \leq 0.67 d_{a_1}$ |
| 齿顶圆弧半径 | $R_{a_2}$ | $R_{a_2} = d_1/2 - h_a = d_1/2 - m$ |
| 齿根圆弧半径 | $R_{f_2}$ | $R_{f_2} = d_1/2 + h_f = d_1/2 + 1.2m$ |
| 中心距 | $a$ | $a = (d_1 + d_2)/2 = m(q + z_2)/2$ |

### 2. 蜗杆蜗轮的画法

（1）蜗杆的画法

蜗杆常用一个视图表示，其齿顶线、齿根线和分度线的画法与圆柱齿轮相同。以细实线表示的齿根线也可省略，齿形可用局部剖视图或局部放大图表示，如图 8-56 所示。

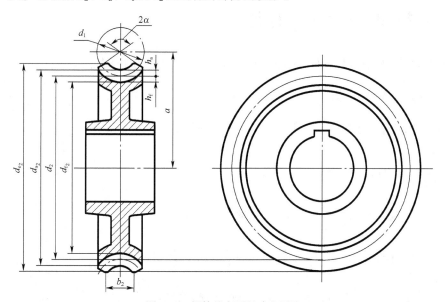

图 8-56    蜗杆的主要尺寸和画法

（2）蜗轮的画法

蜗轮的画法与圆柱齿轮相似，如图 8-57 所示。

① 在投影为非圆的视图中常用全剖视图或半剖视图，并在与其相啮合的蜗杆轴线处画出细点画线圆和对称中心线，以标注有关尺寸和中心距。

② 在投影为圆的视图中，只要画出最大的顶圆及分度圆，喉圆和齿根圆省略不画。投影为圆的视图也可用表达键槽轴孔的局部视图取代。

③ 作图时，应注意先在蜗轮的中心平面上根据中心距 $a$ 定出蜗杆中心（即蜗轮齿顶及齿根圆弧的中心），再根据 $d_2$、$h_a$、$h_f$ 及 $b_2$ 画出轮齿部分的投影。

图 8-57    蜗轮的主要尺寸和画法

（3）蜗杆蜗轮啮合的画法

蜗杆蜗轮啮合可画成外形图和剖视图两种形式。在蜗轮为圆的视图中，蜗杆的节线和蜗轮的节圆相切，如图 8-58 所示。

蜗轮蜗杆啮合
的规定画法

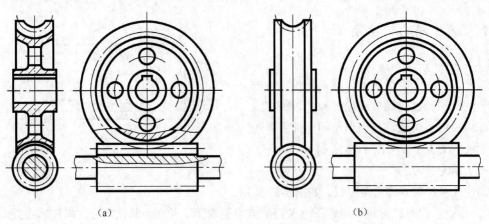

（a）　　　　　　　　　　　　　　　　　　（b）

图 8-58　蜗杆蜗轮啮合的画法

# 任务 8.5　绘制滚动轴承

## 8.5.1　滚动轴承的结构和种类

滚动轴承是用来支撑轴的标准组件。因其结构紧凑、摩擦力小等优点，应用极为广泛。

### 1.　滚动轴承的结构

滚动轴承的结构一般由以下四部分组成，如图 8-59 所示。

（1）外圈

装在机座孔或轴承座孔中，一般固定不动。

（2）内圈

装在轴上，与轴紧密配合在一起，且随轴一起旋转。

（3）滚动体

装在内、外圈之间的滚道中，有滚珠、滚柱、滚锥等几种类型。

（4）保持架

用以均匀分隔滚动体，防止它们相互之间的摩擦和碰撞。

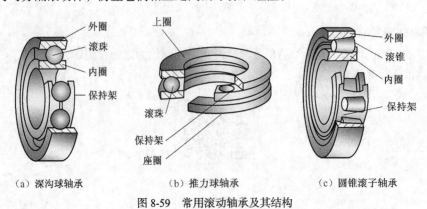

（a）深沟球轴承　　　　　（b）推力球轴承　　　　　（c）圆锥滚子轴承

图 8-59　常用滚动轴承及其结构

### 2. 滚动轴承的种类

滚动轴承按其所能承受的载荷方向不同分为以下几种。

（1）向心轴承

它主要承受径向载荷，如深沟球轴承。

（2）推力轴承

它主要承受轴向载荷，如推力球轴承。

（3）向心推力轴承

它同时承受轴向载荷和径向载荷，如圆锥滚子轴承。

滚动轴承简介

## 8.5.2　滚动轴承代号

滚动轴承代号是用字母加数字来表示滚动轴承的结构、尺寸、公差等级、技术性能等特征的产品符号。它由前置代号、基本代号和后置代号构成，其排列如下：

| 前置代号 | 基本代号 | 后置代号 |

前置代号和后置代号是轴承在结构形状、尺寸、公差、技术要求等有改变时，在其基本代号左右添加的补充代号。前置代号用字母表示，后置代号用字母（或数字）表示。前置代号和后置代号的标注形式以及内容可从有关标准中查找，一般不进行标注。下面着重介绍基本代号。

基本代号表示轴承的基本类型、结构和尺寸，是轴承代号的基础。滚动轴承（除滚针轴承外）的基本代号由轴承类型代号、尺寸系列代号和内径代号构成，其排列如下：

| 类型代号 | 尺寸系列代号 | 内径代号 |

【应用实例 8-1】　滚动轴承代号 N2210、6204 的含义。

N2210：

N——类型代号（圆柱滚子轴承）；

22——尺寸系列代号（宽度系列代号为 2，直径系列代号为 2）；

10——内径代号（$d=10 \times 5 = 50$ mm）。

6204：

6——类型代号（深沟球轴承）；

（0）2——尺寸系列代号（宽度系列代号为 0，直径系列代号为 2）；

04——内径代号（$d=4 \times 5 = 20$ mm）。

### 1. 类型代号

轴承类型代号用阿拉伯数字或大写拉丁字母表示，如表 8-11 所示。

表 8-11　　　　　　　　　　　　滚动轴承类型代号

| 代　号 | 轴　承　类　型 | 代　号 | 轴　承　类　型 |
| --- | --- | --- | --- |
| 0 | 双列角接触球轴承 | 7 | 角接触球轴承 |
| 1 | 调心球轴承 | 8 | 推力圆柱滚子轴承 |

续表

| 代　号 | 轴 承 类 型 | 代　号 | 轴 承 类 型 |
|---|---|---|---|
| 2 | 调心滚子轴承和推力调心滚子轴承 | N | 圆柱滚子轴承<br>双列或多列用字母 NN 表示 |
| 3 | 圆锥滚子轴承 | | |
| 4 | 双列深沟球轴承 | U | 外球面球轴承 |
| 5 | 推力球轴承 | QJ | 四点接触球轴承 |
| 6 | 深沟球轴承 | | |

### 2．尺寸系列代号

尺寸系列代号由轴承的宽（高）度系列代号和直径系列代号组合而成，用数字表示。

尺寸系列代号反映了同类轴承在内圈孔径相同时内圈宽度、外圈宽度、外圈外径的不同及滚动体大小的不同。滚动轴承的外廓尺寸不同，承载能力不同。具体代号可查阅相关标准。

### 3．内径代号

内径代号表示轴承的公称内径，用数字表示，如表 8-12 所示。

表 8-12　　　　　　　　　　滚动轴承内径代号

| 轴承公称内径/ mm | | 内 径 代 号 | 示 　 例 |
|---|---|---|---|
| 0.6～10（非整数） | | 用公称内径毫米数直接表示，在其与尺寸系列代号之间用"/"分开 | 深沟球轴承 618/2.5　$d$ = 2.5mm |
| 1～9（整数） | | 用公称内径毫米数直接表示，对深沟及角接触球轴承 7、8、9 直径系列，内径与尺寸系列代号之间用"/"分开 | 深沟球轴承 625　$d$ = 5mm<br>深沟球轴承 618/5　$d$ = 5mm |
| 10～17 | 10 | 00 | 深沟球轴承 6200　$d$ =10mm |
| | 12 | 01 | 深沟球轴承 6201　$d$ =12mm |
| | 15 | 02 | 深沟球轴承 6202　$d$ =15mm |
| | 17 | 03 | 深沟球轴承 6203　$d$ =17mm |
| 20～480<br>（22、28、32 除外） | | 公称内径除以 5 的商数，商数为个位数，需在商数左边加"0"，如 08 | 调心滚子轴承 23208　$d$ = 40mm |
| 大于和等于 500 以及 22、28、32 | | 用公称内径毫米数直接表示，在其与尺寸系列代号之间用"/"分开 | 调心滚子轴承 230/500　$d$ = 500mm<br>深沟球轴承 62/22　$d$ = 22mm |

## 8.5.3　滚动轴承的画法

滚动轴承是标准组件，可按设计要求选用，不必画出它的零件图。当需要表示滚动轴承时，可采用简化画法（包括通用画法和特征画法）及规定画法。

滚动轴承的三种画法示例如表 8-13 所示。

深沟球轴承
的画法

圆锥滚子轴承
的画法

推力球轴承
的画法

表 8–13　　　　　　　　　　　　常用滚动轴承的画法

| 轴承类型 | 主要尺寸 | 通用画法 | 特征画法 | 规定画法 |
|---|---|---|---|---|
| 深沟球轴承 | D d B | 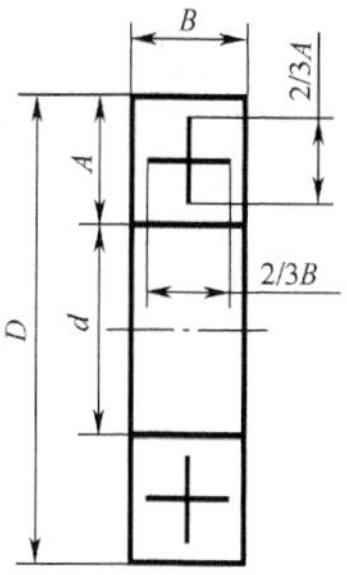 | 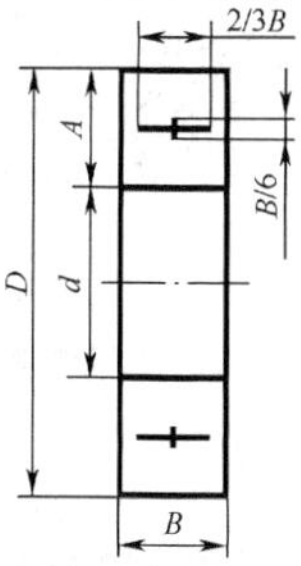 | 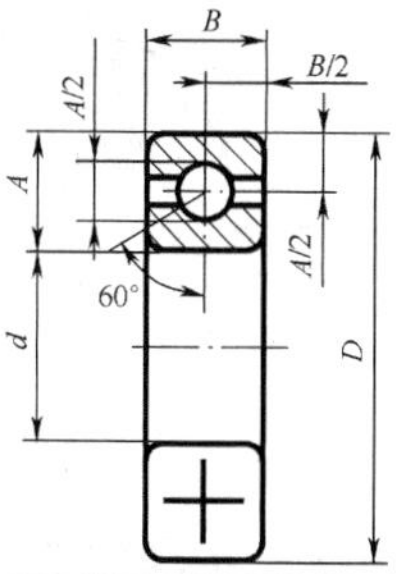 |
| 圆锥滚子轴承 | D d B T C | | 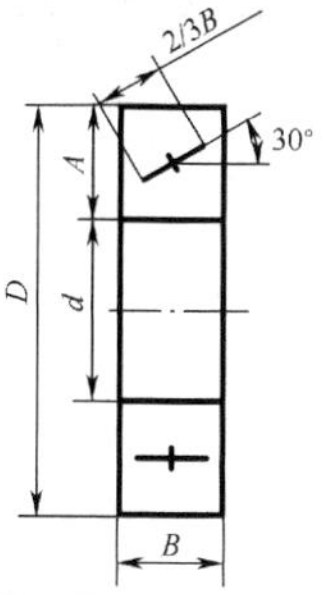 | 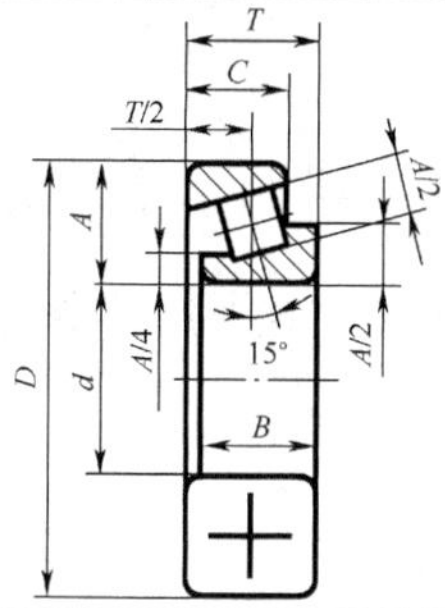 |
| 推力球轴承 | D d T | | 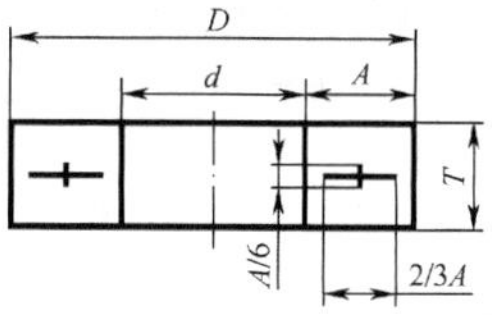 | 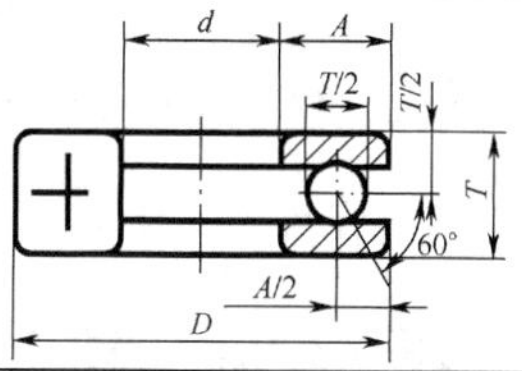 |
| 适用场合 | — | 当不需要确切地表示滚动轴承的外形轮廓、载荷特性和结构特征时采用 | 当需要较形象地表示滚动轴承的结构特征和载荷特性时采用 | 在滚动轴承的产品图样、样本、标准、用户手册和使用说明书中采用 |

## 任务 8.6　绘制弹簧

弹簧简介

弹簧是机械中常用的零件，主要用于减振、夹紧、储存能量和测力等。弹簧的种类很多，常见的有圆柱螺旋弹簧、板弹簧、平面涡卷弹簧和碟形弹簧等，如图 8-60 所示。使用较多的是圆柱螺旋弹簧，它按所受载荷特性不同又可分为压缩弹簧（Y型）、拉伸弹簧（L型）和扭转弹簧（N型）三种。本任务主要完成圆柱螺旋压缩弹簧的绘制。

（a）圆柱螺旋压缩弹簧　　（b）圆柱螺旋拉伸弹簧　　（c）圆柱螺旋扭转弹簧

图 8-60　常见弹簧的种类

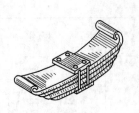
（d）板弹簧

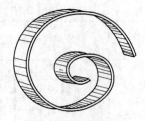
（e）平面涡卷弹簧

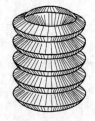
（f）碟形弹簧

图 8-60　常见弹簧的种类（续）

## 8.6.1　圆柱螺旋压缩弹簧各部分的名称和尺寸计算

### 1．材料直径（$d$）

制造弹簧所用的金属丝直径。

### 2．弹簧直径

弹簧外径（$D_2$）：弹簧的最大直径。

弹簧内径（$D_1$）：弹簧的最小直径，$D_1 = D_2 - 2d$。

弹簧中径（$D$）：弹簧的平均直径，$D = (D_2 + D_1)/2 = D_1 + d = D_2 - d$。

### 3．节距（$t$）

相邻两有效圈上对应点间的轴向距离。

### 4．有效圈数（$n$）、支承圈数（$n_2$）、总圈数（$n_1$）

为了使压缩弹簧工作平衡，端面受力均匀，制造时将弹簧两端压紧靠实，并磨出支承平面。这些并紧磨平的圈只起支承作用，称为支承圈。支承圈数 $n_2$ 一般有 1.5、2、2.5 圈，常用 2.5 圈。其余保持相等节距的圈数称为有效圈数。有效圈数和支承圈数的总和称为总圈数，即 $n_1 = n + n_2$。

### 5．自由高度（长度）（$H_0$）

未受载荷作用时的弹簧高度（或长度），$H_0 = nt + (n_2 - 0.5)d$。

### 6．展开长度（$L$）

制造弹簧时所需金属丝的长度。由螺旋线的展开可知，$L \approx n_1 \sqrt{(\pi D)^2 + t^2}$。

### 7．旋向

与螺旋线的旋向意义相同，分为左旋和右旋两种。

弹簧各部分名称代号如图 8-61 所示。

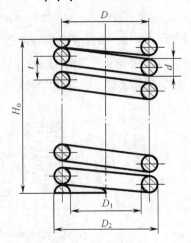
图 8-61　弹簧各部分名称代号

## 8.6.2　圆柱螺旋压缩弹簧的标记

根据《小型圆柱螺旋压缩弹簧尺寸及参数》（GB/T 1973.3—2005）国家标准中的规定，弹簧标记由名称、型式、尺寸、标准编号、材料牌号以及表面处理组成。规定如下：

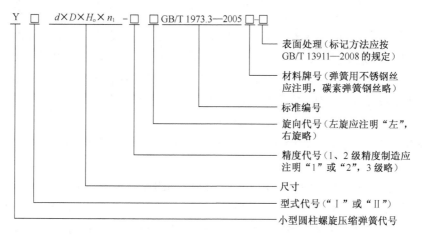

【应用实例 8-2】　圆柱螺旋压缩弹簧标记示例。

YI 型弹簧，材料直径 0.20mm，弹簧中径 2.50mm，自由高度 6mm，总圈数 5.5 圈，左旋，刚度、外径、自由高度精度为 2 级，材料为碳素弹簧钢丝 B 级，表面镀锌处理。

标记：YI　0.20×2.50×6×5.5-2 左 GB/T 1973.3—2005-Ep·Zn

YII 型弹簧，材料直径 0.40mm，弹簧中径 2.50mm，自由高度 5mm，总圈数 5.5 圈，右旋，刚度、外径、自由高度精度为 3 级，材料为弹簧用不锈钢丝 B 组。

标记：YII　0.40×2.50×5×5.5 GB/T 1973.3—2005-S

## 8.6.3　圆柱螺旋压缩弹簧的规定画法及画图步骤（GB/T 4459.4—2003）

### 1. 单个弹簧的规定画法（见图 8-62）

（a）视图　　　　　　　（b）剖视图　　　　　　　（c）示意图

图 8-62　圆柱螺旋压缩弹簧的画法

（1）在平行于螺旋弹簧轴线的投影面的视图中，其各圈的轮廓线应画成直线。可画成视图、剖视图或示意图。

（2）螺旋弹簧均可画成右旋，但对左旋的螺旋弹簧，不论画成左旋或右旋，一律要标注出旋向"左"字。

（3）有效圈数在四圈以上的螺旋弹簧，可在每一端只画1~2圈（支承圈除外），中间各圈可省略不画，只需用通过簧丝断面中心的细点画线连起来，且可适当缩短图形的长度。

（4）螺旋压缩弹簧如要求两端并紧且磨平时，不论支承圈数多少和末端贴紧情况如何，均按支承圈为2.5圈（有效圈是整数）的形式绘制。必要时，也可按支承圈的实际结构绘制。

**【应用实例 8-3】**　已知普通圆柱螺旋压缩弹簧，中径 $D$=38mm，材料直径 $d$=6mm，节距 $t$=11.8mm，有效圈数 $n$=7.5 圈，支承圈数 $n_2$=2.5 圈，右旋，试绘制该弹簧。

**解：** 弹簧外径：$D_2=D+d=38+6=44$（mm）

自由高度：$H_0 = nt +（n_2-0.5）d = 7.5 \times 11.8 +（2.5-0.5）\times 6 = 100.5$（mm）

作图步骤如图 8-63 所示。

步骤1：按自由高度 $H_0$ 和弹簧中径 $D$，作矩形，如图 8-63（a）所示。

步骤2：根据材料直径 $d$，画出支承圈部分的四个圆和两个半圆，如图 8-63（b）所示。

步骤3：根据节距 $t$，作有效圈部分的五个圆，如图 8-63（c）所示。

步骤4：按右旋方向作相应圆的公切线，加深并画出剖面线，如图 8-63（d）所示。

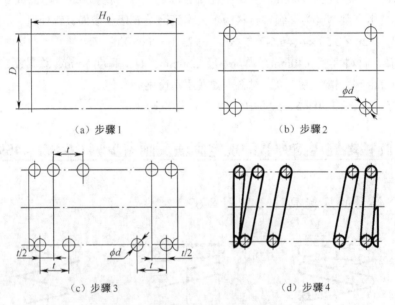

（a）步骤1　　　　　　　　（b）步骤2

（c）步骤3　　　　　　　　（d）步骤4

图 8-63　圆柱螺旋压缩弹簧的作图步骤

## 2. 装配图中弹簧的简化画法

（1）在装配图中，弹簧被看作实心物体，因此，被弹簧挡住的结构一般不画出，可见部分应从弹簧的外轮廓线或从簧丝断面的中心线画起。

（2）当簧丝直径在图形上小于或等于 2mm 并被剖切时，其剖面可以涂黑表示，各圈的轮廓线不画，如图 8-64（b）所示；也可采用示意画法，如图 8-64（c）所示。

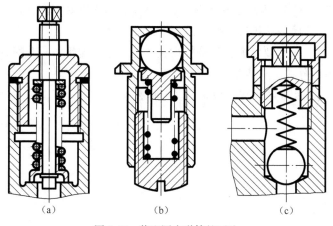

弹簧的画法

（a）　　　　　　　　　（b）　　　　　　　　　（c）

图 8-64　装配图中弹簧的画法

### 3．圆柱螺旋压缩弹簧的图样格式

弹簧的参数应直接标注在图形上，当直接标注有困难时可在"技术要求"中说明。圆柱螺旋压缩弹簧表示受力与变形关系的曲线均画成直线（用粗实线绘制），标注在主视图上方，如图 8-65 所示。

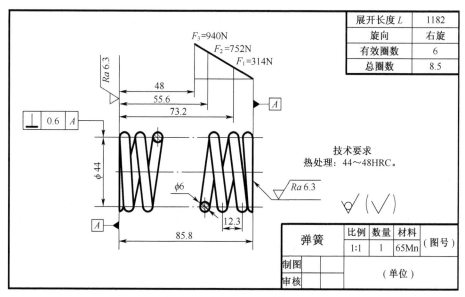

图 8-65　圆柱螺旋压缩弹簧零件图

# 知识梳理与总结

本项目介绍了螺纹紧固件、键、销、齿轮、滚动轴承、弹簧等的基本知识和规定画法。这些是标准零件或组件，学习时要注意其功能、结构、基本参数等及国家标准规定的画法、标注。在理解的基础上要求能画，会标注，会根据要求查阅有关手册进行选用。

1．在零件图中，常遇到标准螺纹、键槽的画法和标注；在装配图中，螺栓连接、双头螺柱

185

连接、螺钉连接是最常见的连接方式，键连接和销连接也是常见的装配结构。因此，要结合零件图和装配图的识读，分析并加深对所采用的连接方式和规定画法的理解。

2. 齿轮是常用的机械零件，重点要掌握直齿圆柱齿轮（包括单个齿轮和一对啮合齿轮）的画法，齿轮的基本参数和轮齿部分的尺寸计算。

3. 掌握滚动轴承的基本代号和规定画法、弹簧的规定画法等。

# 绘制零件图

## 教学导航

| | |
|---|---|
| 教学目标 | 了解零件图的作用和内容；掌握零件视图的表达方法；理解零件图上相关的技术要求；掌握零件的常见结构；掌握零件的测绘方法 |
| 教学重点 | 绘制轴套类零件图；绘制轮盘类零件图；绘制叉架类零件图；绘制箱体类零件图；零件测绘 |
| 教学难点 | 零件视图的表达原则；零件图上的技术要求 |
| 能力目标 | 能合理选择零件的主视图和其他视图；能正确理解零件图上的技术要求；会绘制中等复杂程度的零件图；会对零件进行常规的测绘 |
| 知识目标 | 零件视图的表达原则；零件的表面结构；极限与配合；几何公差；零件的常见结构；读零件图；测绘要求和步骤；零件尺寸的测量 |
| 选用案例 | 搅拌轴、轴承座、传动轴、吊钩、挂轮架、齿轮、车床尾座空心套、端盖、右端盖、脚踏座、固定钳身、减速器箱体 |
| 考核与评价 | 项目成果评价占 50%，学习过程评价占 40%，团队合作评价占 10% |

## 项目导读

　　机械图样是机械产品在设计、制造、检验、安装、调试等过程中使用的，用以反映机械产品的形状、结构、尺寸、技术要求等内容。本项目主要介绍零件图的作用和内容、视图表达方法、尺寸标注以及技术要求等基本知识。

# 任务 9.1 零件图的作用和内容

## 9.1.1 零件图的作用

任何一台机器都是由许多零件按一定的装配关系和要求装配而成的，制造机器必须先制造零件。用于表示零件结构形状、大小及技术要求的图样称为零件图。在生产过程中，零件图是重要的技术文件。

## 9.1.2 零件图的内容

如图 9-1 所示，一张完整的零件图应具备以下基本内容。

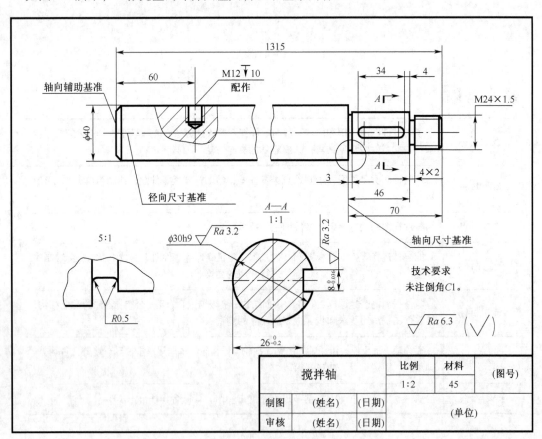

图 9-1 搅拌轴零件图

## 1. 一组图形

根据零件的结构特点，用必要的视图、剖视图、断面图及其他表示方法，正确、完整、清晰地表达出零件的内、外结构形状。

### 2. 完整的尺寸

用正确、完整、清晰、较合理的尺寸表达出零件各部分的形状大小及相对位置。

### 3. 技术要求

用规定的代号、符号和文字标注出零件在制造、检验、装配和使用时应达到的各项技术要求，如表面粗糙度、尺寸公差、几何公差、热处理、其他特殊要求等。

### 4. 标题栏

用标题栏填写该零件的名称、数量、材料、比例、图号以及制图和审核责任的签名等。

零件图的构成
和用途

## 任务 9.2  零件图的视图选择

零件的表达方案应结合零件结构形状、加工方法以及它在机器中所处位置等因素综合考虑，应以最少数量的视图，正确、完整、清晰地表达出零件各部分的结构形状，既便于看图，又简化作图。

### 9.2.1  主视图的选择

主视图是表示零件形状的最重要的视图，其选择得是否合理，不但直接关系到零件结构形状表达得清楚与否，而且关系到其他视图的数量和位置的确定，影响到看图和作图是否方便。选择主视图应遵循如下原则。

### 1. 形状特征原则

形状特征原则是将最能反映零件形状特征的方向作为主视图的投影方向，即主视图要较多地反映零件各部分的形状及它们之间的相对位置，以满足表达零件清晰的要求。

对图 9-2（a）所示的轴承座，分别从 A、B、C 三个方向投射，显然 A 向作为主视图，最能反映轴承座的圆筒、底板及连接结构的形状和相对位置。

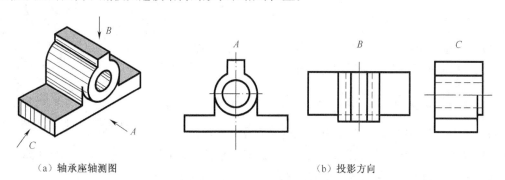

（a）轴承座轴测图　　　　　　　　　　　（b）投影方向

图 9-2　轴承座主视图的投射方向

## 2. 加工位置原则

加工位置是零件在加工时在机床上的装夹位置。主视图应尽量反映零件在机床上加工时所处的位置，这样工人加工该零件时可以直接将图和实物对照，既便于看图和测量尺寸，又可减少差错。

例如，对在车床或磨床上加工的轴、套、轮、盘等零件（见图 9-3），通常要按加工位置（即轴线水平放置）画其主视图，为方便看图，应将这些零件按轴线水平横向放置，如图 9-1 和图 9-3 所示。

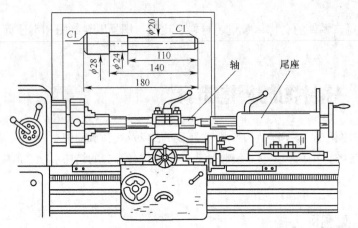

图 9-3　传动轴在车床上的加工位置

## 3. 工作（安装）位置原则

工作（安装）位置是零件安装在机器或部件中的安装位置或工作时的位置。主视图安放方位与零件的安装位置或工作位置相一致，便于把零件图和装配图对照起来看图，也利于想象零件在部件中的位置和作用。

例如，对叉架类、箱体类零件，一般要按安装位置或工作位置安放主视图。如图 9-4 所示，吊钩的主视图应尽可能和其工作时的位置保持一致，对画图和看图都较为方便。

## 4. 自然安放位置原则

当加工位置各不相同、工作位置又不固定时，可按零件自然安放平稳的位置作为其主视图的位置。

## 5. 重要几何要素水平、垂直安放原则

对机器中一些不规则的零件，其加工位置会发生变化，

图 9-4　吊钩的工作位置

或者工作位置也会变化，或者无法自然安放，此时可按其重要的轴线、平面等几何要素水平或垂直安放主视图，如图 9-5 所示的挂轮架主视图。

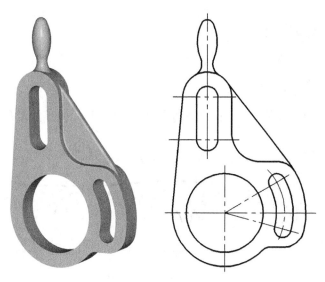

图 9-5  挂轮架主视图的投射方向

确定零件的主视图时，往往不能同时满足上述原则。此时，应首先考虑形状特征原则，其次考虑加工位置原则和工作位置原则。

### 9.2.2  其他视图的选择

一般来说，仅用一个主视图是不能完全反映零件的结构形状的，必须选择包括剖视图、断面图、局部放大图和简化画法等在内的其他视图表达方法。主视图确定后，其他视图的选择原则：在正确、完整、清晰地表达零件结构形状的前提下，所选用的视图数量要尽量少。

其他视图的选择应注意以下几点。

（1）根据零件的复杂程度及内、外结构形状，全面考虑是否还需要其他视图。选择的每个视图所表示的结构形状要有侧重点，既要避免视图过多、表示重复，又要避免把结构形状过于集中在一个视图中，使表达不清晰。

（2）优先考虑采用基本视图，当有内部结构时应尽量在基本视图上作剖视；对尚未表达清楚的局部结构、细小结构和倾斜结构，可采用必要的局部（剖）视图、局部放大图和斜（剖）视图等。有关视图应尽量保持直接投影关系，并配置在相关视图附近。

零件视图的选择原则及案例

（3）按照视图表达零件形状的需要，进一步综合、比较、调整、完善，选出最优的表达方案。

## 任务9.3  零件图上的技术要求

技术要求用来说明零件制造完工时应达到的有关技术质量指标。技术要求主要包括表面粗糙度、极限与配合、几何公差、热处理等。这些技术要求可以用符号在图中标注，也可以用文字在标题栏上方标注。

### 9.3.1 零件的表面结构

#### 1. 零件表面结构的概念

零件的表面结构是指零件表面的微观几何形貌，图 9-6 所示为零件表面结构的几何意义。

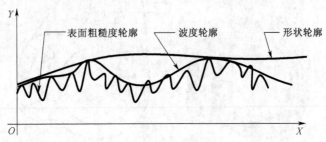

图 9-6 零件的表面结构

在图 9-6 中，波纹最小的是表面粗糙度轮廓——$R$ 轮廓；包络 $R$ 轮廓的峰形成的轮廓是波度轮廓——$W$ 轮廓；通过短波滤波器 $\lambda_s$ 后生成的总轮廓是原始轮廓——$P$ 轮廓。

包络 $W$ 轮廓的峰形成的轮廓即零件的形状轮廓，该轮廓不属于表面结构指标，这里绘出是用于轮廓的比较。

国家标准对这些表面结构都给出了相应的指标评定标准。这些轮廓都能在特定的仪器中观察到，在加工零件时，一般用对照块规来对比，以控制加工精度。

表面结构的三个参数描述意义不同但标注方式相同。其中，表面粗糙度参数使用最为广泛。

#### 2. 表面粗糙度

（1）表面粗糙度的概念

零件在加工过程中，由于刀具运动与摩擦、机床的振动及零件的塑性变形等各种因素的影响，使其表面存在着间距较小的轮廓峰谷。这种表面上具有较小间距的峰谷所形成的微观几何形状特征称为表面粗糙度，如图 9-7 所示。

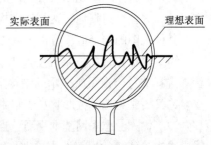

图 9-7 表面粗糙度放大状况

表面粗糙度反映了零件表面的加工质量，直接影响零件的耐磨性、耐蚀性、抗疲劳性以及零件间的配合质量。表面粗糙度值所表示的不平度越大，零件表面性能越差；反之，表面性能越好，但加工成本也必将随之增加。因此，在满足使用要求的前提下，应选用较为经济的表面粗糙度数值。

（2）表面粗糙度的评定参数

评定零件表面质量的表面结构 $R$ 轮廓参数有两种：轮廓的算术平均偏差 $Ra$ 和轮廓最大高度 $Rz$，目前在生产中主要用到的是轮廓的算术平均偏差 $Ra$。

$Ra$ 是指在取样长度 $lr$ 内，被测轮廓偏距（$Y$ 方向上轮廓线上的点与基线之间的距离）的绝对值的算术平均值，如图 9-8 所示。

$$Ra = \frac{|y_1| + |y_2| + |y_3| + \cdots + |y_n|}{n} = \frac{1}{n}\sum_{i=1}^{n}|y_i|$$

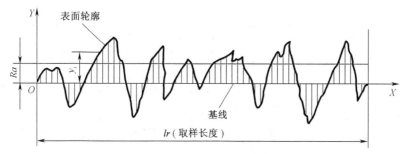

图 9-8  轮廓算术平均偏差 Ra

Ra 用电动轮廓仪测量，运算过程由仪器自动完成。Ra 的数值系列如表 9-1 所示（GB/T 1031
—2009）。

表 9–1                  *Ra* 的数值            单位：μm

| *Ra* | 0.012 | 0.025 | 0.050 | 0.100 | 0.20 | 0.40 | 0.80 |
|------|-------|-------|-------|-------|------|------|------|
|      | 1.60  | 3.2   | 6.3   | 12.5  | 25   | 50   | 100  |

## 3. 表面结构要求的标注符号和代号（GB/T 131—2006）

（1）在技术产品文件中对表面结构的要求可用几种不同的图形符号表示，每种符号都有特定
含义，如表 9-2 所示。

表 9–2                         表面结构符号

| 符 号 | 含 义 |
|-------|-------|
| √ | 基本图形符号，表示表面可用任何方法获得。当不加注粗糙度参数值或有关说明时，仅适用于简化代号标注 |
| √（加短横） | 扩展图形符号，在基本符号上加一短横，表示指定表面是用去除材料的方法获得，如通过机械加工获得的表面 |
| √（加圆圈） | 扩展图形符号，在基本符号上加一个圆圈，表示指定表面是用不去除材料的方法获得，如铸、锻、冲压、热轧、冷轧、粉末冶金等 |
| √ √ √ | 完整图形符号，当要求标注表面结构特征的补充信息时，在上述图形符号的长边上加一横线 |
| √○ √○ √○ | 在上述三种符号上均可加一小圆，表示所有表面具有相同的表面粗糙度要求 |

（2）表面结构符号的画法及补充要求的注写位置如表 9-3 所示。

表 9–3                 表面结构符号的画法及补充要求的注写位置         单位：mm

| 符号画法 | | 轮廓线的线宽 d | 0.35 | 0.5 | 0.7 | 1 | 1.4 | 2 | 2.8 |
|---------|---|-----------------|------|-----|-----|---|-----|---|-----|
|         |   | 数字和字母高度 h | 2.5 | 3.5 | 5 | 7 | 10 | 14 | 20 |
|         |   | 符号线宽 d' 字母线宽 d | 0.25 | 0.35 | 0.5 | 0.7 | 1 | 1.4 | 2 |
|         |   | 高度 H₁ | 3.5 | 5 | 7 | 10 | 14 | 20 | 28 |
|         |   | 高度 H₂ | 7.5 | 10.5 | 15 | 21 | 30 | 42 | 60 |

续表

| 补充要求的注写位置 | 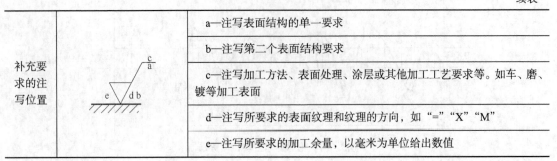 | a—注写表面结构的单一要求 |
| --- | --- | --- |
| | | b—注写第二个表面结构要求 |
| | | c—注写加工方法、表面处理、涂层或其他加工工艺要求等。如车、磨、镀等加工表面 |
| | | d—注写所要求的表面纹理和纹理的方向，如"="、"X"、"M" |
| | | e—注写所要求的加工余量，以毫米为单位给出数值 |

（3）表面结构代号：在表面结构符号上注写所要求的表面特征参数后，即构成表面结构代号。常见的粗糙度参数 $Ra$ 值的标注方法及其含义如表 9-4 所示。

表 9-4　　　　　　　　　　　　　　表面结构代号 $Ra$ 的含义

| 代　　号 | 含　　义 |
| --- | --- |
| $\sqrt{}\ Ra\,6.3$ | 表示任意加工方法，单向上限值，算术平均偏差为 6.3μm |
| $\sqrt{}\ Ra\,6.3$ | 表示去除材料，单向上限值，算术平均偏差为 6.3μm |
| $\sqrt{}\ Ra\,6.3$ | 表示不去除材料，单向上限值，算术平均偏差为 6.3μm |
| $\sqrt{}$ U $Ra$ max 6.3<br>L $Ra$ 1.6 | 表示不去除材料，双向极限值；上限值：算术平均偏差为 6.3μm，下限值：算术平均偏差为 1.6μm |

## 4. 表面结构要求在图样和其他技术产品文件中的注法

表面结构要求多用表面粗糙度参数来表示，本书中所提到的表面结构要求均特指表面粗糙度。

（1）注法总则

表面结构要求对每一表面一般只标注一次，并尽可能注在相应的尺寸及其公差的同一视图上。除非另有说明，所标注的表面结构要求是对完工零件表面的要求。

总的原则是根据国家标准《机械制图　尺寸注法》（GB/T 4458.4—2003）的规定，使表面结构的注写和读取方向与尺寸的注写和读取方向一致，如图 9-9 所示。

（2）标注在轮廓线上或指引线上

表面结构要求可标注在轮廓线上，其符号应从材料外指向并接触表面。必要时，表面结构符号也可用带箭头或黑点的指引线引出标注，如图 9-10 和图 9-11 所示。

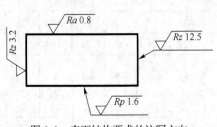

图 9-9　表面结构要求的注写方向

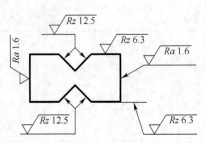

图 9-10　表面结构要求在轮廓线上的标注

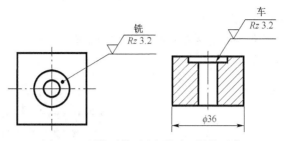

图 9-11　用指引线引出标注表面结构要求

（3）标注在特征尺寸的尺寸线上

在不致引起误解时，表面结构要求可以标注在给定的尺寸线上，如图 9-12 所示。

（4）标注在几何公差的框格上

表面结构要求可标注在几何公差框格的上方，如图 9-13 所示。

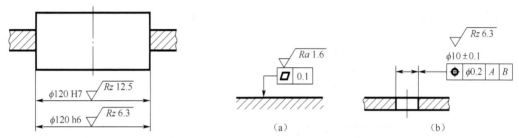

图 9-12　表面结构要求标注在尺寸线上　　　图 9-13　表面结构要求标注在几何公差框格的上方

（5）标注在延长线上

表面结构要求可以直接标注在延长线上，或用带箭头的指引线引出标注，如图 9-10 和图 9-14 所示。

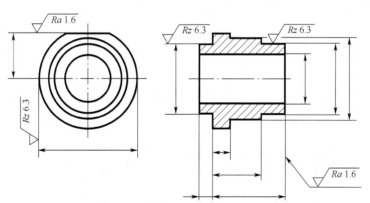

图 9-14　表面结构要求标注在圆柱特征的延长线上

（6）标注在圆柱和棱柱表面上

圆柱和棱柱表面的表面结构要求只标注一次，如图 9-14 所示。如果每个棱柱表面有不同的表面结构要求，则应分别单独标注，如图 9-15 所示。

（7）表面结构要求的简化注法

① 有相同表面结构要求的简化注法。如果在工件的多数（包括全部）表面有相同的表面结构要求，则其表面结构要求可统一标注在图样的标题栏附近。此时（除全部表面有相同要求的情

况外），表面结构要求的符号后面应有：

——在圆括号内给出无任何其他标注的基本符号（见图 9-16）。

——在圆括号内给出不同的表面结构要求（见图 9-17）。

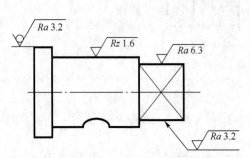
图 9-15　圆柱和棱柱的表面结构要求的注法

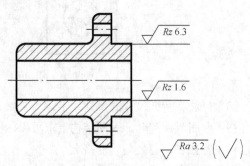
图 9-16　大多数表面有相同表面结构要求的简化注法（一）

不同的表面结构要求应直接标注在图形中，如图 9-16 和图 9-17 所示。

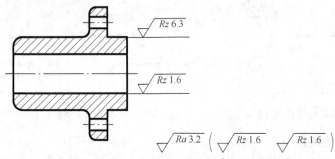
图 9-17　大多数表面有相同表面结构要求的简化注法（二）

② 多个表面有共同要求的注法。当多个表面具有相同的表面结构要求或图纸空间有限时，可以采用简化注法。

可用带字母的完整符号，以等式的形式在图形或标题栏附近对有相同表面结构要求的表面进行简化标注，如图 9-18 所示。

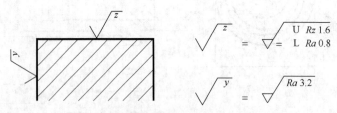
图 9-18　在图纸空间有限时的简化注法

可用表面结构符号，以等式的形式给出对多个表面共同的表面结构要求，如图 9-19 所示。

图 9-19　只用表面结构符号的简化注法

（8）两种或多种工艺获得的同一表面的注法

由几种不同的工艺方法获得的同一表面，当需要明确每种工艺方法的表面结构要求时，可按

图 9-20 所示进行标注。

（9）常见的机械结构表面结构要求的标注示例

常见的机械结构，如圆角、倒角、螺纹、退刀槽的表面结构要求的标注如图 9-21 所示。

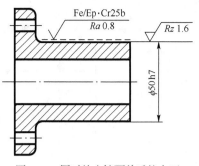

图 9-20　同时给出镀覆前后的表面结构要求的注法

### 5. 表面粗糙度参数值的选用

表面粗糙度参数值的选用既要满足零件表面的功能要求，又要考虑其经济合理性。具体选用时应注意以下几点。

（1）在满足零件功能要求前提下，应尽量选用较大的表面粗糙度参数值，以降低加工成本。

（2）一般来说，零件的工作表面、配合表面、密封表面、运动速度高和单位压力大的摩擦表面、承受交变载荷的表面、尺寸与表面形状精度要求高的表面、耐腐蚀表面及装饰表面等，对表面平整光滑程度要求高，参数值应取小些。

（3）非工作表面、非配合表面、尺寸精度低的表面，参数值应取大些。

（4）同一公差等级，小尺寸比大尺寸、轴比孔的参数值要小。

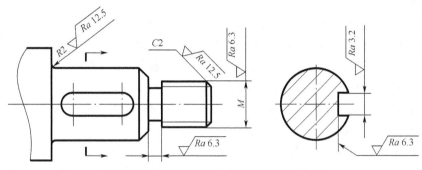

图 9-21　常见机械结构的表面结构要求的标注

## 9.3.2　极限与配合（GB/T 1800.1—2009）

### 1. 互换性

同一批零件，不经挑选或修配，任取一件便可装配到机器上，并能满足机器的性能要求，零件的这种性质称为互换性。它为成批大量生产、缩短生产周期、降低成本、维修机器提供了有利条件。

互换性要求尺寸的一致性，并不是要求零件都准确地制成一个指定的尺寸，而是限定其在一个合理的范围内变动。对于相互配合的零件，既要求在使用和制造上合理、经济，又要求保证相互配合的尺寸之间形成一定的配合关系。前者以公差标准来解决，后者以配合标准来解决。

### 2. 基本术语

下面以图 9-22 所示为例来说明基本术语。

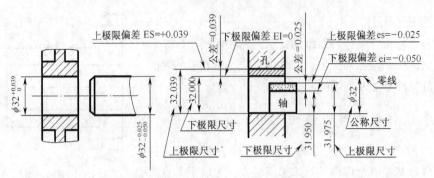

图 9-22　尺寸、公差、偏差的基本概念

（1）公称尺寸

公称尺寸是由图样规范确定的理想形状要素的尺寸，如图 9-22 所示的 $\phi32$。

（2）极限尺寸

极限尺寸是允许尺寸变动的界限值，它分为上极限尺寸和下极限尺寸。图 9-22 所示的孔的上极限尺寸 $D_{max} = \phi32.039$mm，下极限尺寸 $D_{min} = \phi32.000$mm；轴的上极限尺寸 $d_{max} = \phi31.975$mm，下极限尺寸 $d_{min} = \phi31.950$mm。

（3）偏差

偏差是某一尺寸减其公称尺寸所得的代数差，它分为上极限偏差与下极限偏差。

上极限偏差 = 上极限尺寸 – 公称尺寸，孔代号用 ES，轴代号用 es 表示。

下极限偏差 = 下极限尺寸 – 公称尺寸，孔代号用 EI，轴代号用 ei 表示。

如孔：ES = 32.039 – 32 = 0.039（mm）；EI = 32 – 32 = 0

如轴：es = 31.975 – 32 = –0.025（mm）；ei = 31.950 – 32 = –0.050（mm）

（4）尺寸公差（简称公差）

尺寸公差是允许尺寸的变动量。

公差值等于上极限尺寸减下极限尺寸之差，也等于上极限偏差减下极限偏差之差。

例如，孔的公差 = 32.039 – 32 = 0.039 – 0 = 0.039（mm）

例如，轴的公差 = 31.975 – 31.950 = –0.025 – (–0.050) = 0.025（mm）

（5）公差带

公差带是由代表上极限偏差和下极限偏差或上极限尺寸和下极限尺寸的两条直线所限定的一个区域，如图 9-23 所示。公差带图不画出孔、轴具体尺寸，而是用放大的孔、轴公差带来分析。

在公差带图中，表示公称尺寸的一条直线称为零线。

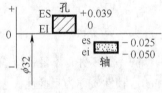

图 9-23　公差带图

## 3. 标准公差与基本偏差

公差带是由标准公差和基本偏差两个要素组成的。标准公差确定公差带的大小，而基本偏差确定公差带的位置，如图 9-24 所示。

（1）标准公差和公差等级

标准公差是指标准中所规定的任一公差。标准公差代号用 "IT" 表示，后面的阿拉伯数字表示公差等级。

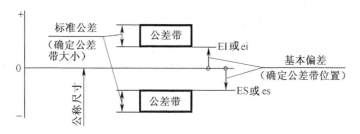

图 9-24  标准公差与基本偏差

标准公差在公称尺寸 500mm 之内共分 20 个等级，依次为 IT01，IT0，IT1，IT2，…，IT18。其中，IT01 精度最高，IT18 精度最低。同一公称尺寸，公差等级越高，标准公差值越小；同一公差等级随着公称尺寸增大，标准公差值也增大，见附录 E。

（2）基本偏差

基本偏差是指标准中规定用以确定公差带相对零线位置的那个极限偏差。它可以是上极限偏差或下极限偏差，一般为靠近零线的那个偏差。

国标规定基本偏差代号，对孔用大写字母 A，…，ZC 表示，对轴用小写字母 a，…，zc 表示，各有 28 个，如图 9-25 所示。

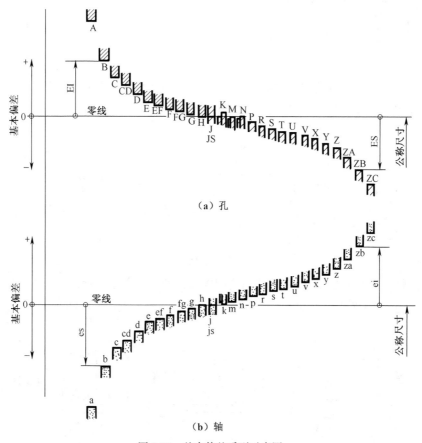

（a）孔

（b）轴

图 9-25  基本偏差系列示意图

（3）孔、轴的公差带代号

孔、轴的公差带代号由基本偏差代号和公差等级组成，并要用同一号字书写。

例如，$\phi$60H8 表示公称尺寸为 $\phi$60mm，基本偏差为 H，标准公差等级为 8 级的孔的公差带。又如，$\phi$60f7 表示公称尺寸为 $\phi$60mm，基本偏差为 f，标准公差等级为 7 级的轴的公差带。

### 4. 配合

（1）配合的种类

公称尺寸相同的并且相互结合的孔和轴公差带之间的关系称为配合。由于孔和轴的实际尺寸不同，它们之间的配合有松有紧。国家标准规定配合分为间隙配合、过盈配合和过渡配合。

① 间隙配合：孔与轴配合时，具有间隙（包括最小间隙等于零）的配合。此时，孔的公差带在轴的公差带之上，如图 9-26 所示。

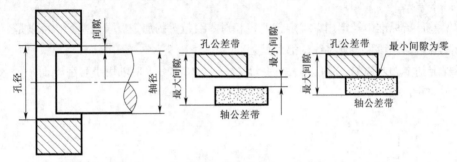

图 9-26　间隙配合

② 过盈配合：孔与轴配合时，具有过盈（包括最小过盈等于零）的配合。此时，孔的公差带在轴的公差带之下，如图 9-27 所示。

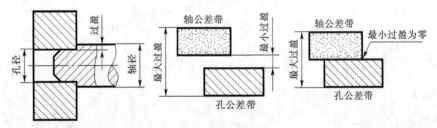

图 9-27　过盈配合

③ 过渡配合：孔与轴配合时，可能具有间隙或过盈的配合。此时，孔的公差带与轴的公差带相互交叠，如图 9-28 所示。

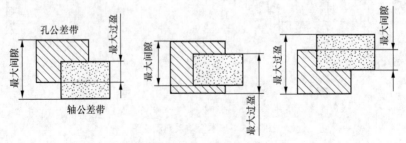

图 9-28　过渡配合

（2）配合制

在制造相互配合的零件时，如果孔和轴的公差带都可以任意变动，则会出现很多种配合情况，不便于零件的设计和制造。为此，国家标准规定了两种配合制度。

① 基孔制配合：基本偏差为一定的孔的公差带，与不同基本偏差的轴的公差带形成各种配合的一种制度，如图 9-29（a）所示。

基孔制配合中的孔称为基准孔，用基本偏差代号"H"表示，下极限偏差为"0"。

② 基轴制配合：基本偏差为一定的轴的公差带，与不同基本偏差的孔的公差带形成各种配合的一种制度，如图 9-29（b）所示。

基轴制配合中的轴称为基准轴，用基本偏差代号"h"表示，上极限偏差为"0"。

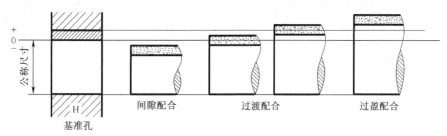

（a）基孔制

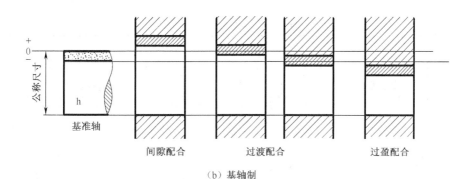

（b）基轴制

图 9-29  配合制示意图

（3）配合的选用

一般情况下，优先采用基孔制配合，因为孔的加工比轴的难度大，同时还可以减少定值刀具、量具的规格数量。

在以下几种情况下采用基轴制配合：根据装配结构要求同一公称尺寸的轴上装配有几个不同配合性质的孔；与标准件的轴配合（如滚动轴承外圈与箱体孔的配合）等。

《产品几何技术规范（GPS）  极限与配合  公差带和配合的选择》（GB/T 1801—2009）国家标准中规定了基孔制和基轴制常用配合和优先配合的种类，如表 9-5 和表 9-6 所示。

### 5. 尺寸公差与配合注法（GB/T 4458.5—2003）

（1）在零件图上的公差注法

线性尺寸的公差应按下列三种形式之一标注。

表 9-5　　　　　　　　　　　　　　　基孔制优先、常用配合

| 基准孔 | 轴 | | | | | | | | | | | | | | | | | | | | |
|---|---|---|---|---|---|---|---|---|---|---|---|---|---|---|---|---|---|---|---|---|---|
| | a | b | c | d | e | f | g | h | js | k | m | n | p | r | s | t | u | v | x | y | z |
| | 间隙配合 | | | | | | | | 过渡配合 | | | | 过盈配合 | | | | | | | | |
| H6 | | | | | | H6/f5 | H6/g5 | H6/h5 | H6/js5 | H6/k5 | H6/m5 | H6/n5 | H6/p5 | H6/r5 | H6/s5 | H6/t5 | | | | | |
| H7 | | | | | | H7/f6 | H7/g6 | H7/h6 | H7/js6 | H7/k6 | H7/m6 | H7/n6 | H7/p6 | H7/r6 | H7/s6 | H7/t6 | H7/u6 | H7/v6 | H7/x6 | H7/y6 | H7/z6 |
| H8 | | | | | H8/e7 | H8/f7 | H8/g7 | H8/h7 | H8/js7 | H8/k7 | H8/m7 | H8/n7 | H8/p7 | H8/r7 | H8/s7 | H8/t7 | H8/u7 | | | | |
| H8 | | | | H8/d8 | H8/e8 | H8/f8 | | H8/h8 | | | | | | | | | | | | | |
| H9 | | | H9/c9 | H9/d9 | H9/e9 | H9/f9 | | H9/h9 | | | | | | | | | | | | | |
| H10 | | | H10/c10 | H10/d10 | | | | H10/h10 | | | | | | | | | | | | | |
| H11 | H11/a11 | H11/b11 | H11/c11 | H11/d11 | | | | H11/h11 | | | | | | | | | | | | | |
| H12 | | H12/b12 | | | | | | H12/h12 | | | | | | | | | | | | | |

注：1. H6/n5、H7/p6 在公称尺寸小于或等于 3mm 和 H8/r7 在小于或等于 100mm 时，为过渡配合。

　　2. 阴影部分的配合为优先配合。

表 9-6　　　　　　　　　　　　　　　基轴制优先、常用配合

| 基准孔 | 轴 | | | | | | | | | | | | | | | | | | | | |
|---|---|---|---|---|---|---|---|---|---|---|---|---|---|---|---|---|---|---|---|---|---|
| | A | B | C | D | E | F | G | H | JS | K | M | N | P | R | S | T | U | V | X | Y | Z |
| | 间隙配合 | | | | | | | | 过渡配合 | | | | 过盈配合 | | | | | | | | |
| h5 | | | | | | F6/h5 | G6/h5 | H6/h5 | JS6/h5 | K6/h5 | M6/h5 | N6/h5 | P6/h5 | R6/h5 | S6/h5 | T6/h5 | | | | | |
| h6 | | | | | | F7/h6 | G7/h6 | H7/h6 | JS7/h6 | K7/h6 | M7/h6 | N7/h6 | P7/h6 | R7/h6 | S7/h6 | T7/h6 | U7/h6 | | | | |
| h7 | | | | | E8/h7 | F8/h7 | | H8/h7 | JS8/h7 | K8/h7 | M8/h7 | N8/h7 | | | | | | | | | |
| h8 | | | | D8/h8 | E8/h8 | F8/h8 | | H8/h8 | | | | | | | | | | | | | |
| h9 | | | | D9/h9 | E9/h9 | F9/h9 | | H9/h9 | | | | | | | | | | | | | |
| h10 | | | | D10/h10 | | | | H10/h10 | | | | | | | | | | | | | |
| h11 | A11/h11 | B11/h11 | C11/h11 | D11/h11 | | | | H11/h11 | | | | | | | | | | | | | |
| h12 | | B12/h12 | | | | | | H12/h12 | | | | | | | | | | | | | |

注：阴影部分的配合为优先配合。

　　① 在孔或轴的公称尺寸后面标注公差带的代号，如图 9-30（a）所示。此法适用于大批量生产的零件图。

　　② 在孔或轴的公称尺寸后面标注上、下极限偏差值，如图 9-30（b）所示。此法适用于单件小批量生产的零件图。

标注上、下极限偏差值时应注意：上、下极限偏差绝对值不同时，偏差的数字的字号应比公称尺寸的数字的字号小一号；上极限偏差注在公称尺寸的右上方，下极限偏差与公称尺寸注在同一底线上；上、下极限偏差的小数点必须对齐，小数点后的位数相同。若某一偏差为零时，用数字"0"标出，并与另一偏差的小数点前的个位数对齐；若上、下极限偏差的绝对值相同时，偏差数字可以只注写一次，并应在偏差数字与公称尺寸之间注出符号"±"，且两者数字高度相同，如图 9-31 所示。

③ 在孔或轴的公称尺寸后面同时标注公差带代号和相应的极限偏差值，此时，后者应加圆括号，如图 9-30（c）所示。

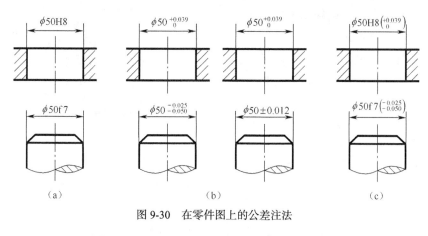

图 9-30　在零件图上的公差注法

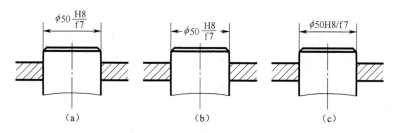

图 9-31　极限偏差值的注法

（2）在装配图上的配合注法

① 在装配图中标注线性尺寸的配合代号时，必须在公称尺寸的右边用分数的形式注出，分子位置注孔的公差带代号，分母位置注轴的公差带代号（见图 9-32（a））。必要时也允许按图 9-32（b）、（c）所示的形式标注。

图 9-32　线性尺寸的配合代号注法

② 在装配图中标注相配零件的极限偏差时，一般按图 9-33（a）所示的形式标注：孔的公称尺寸和极限偏差注写在尺寸线的上方；轴的公称尺寸和极限偏差注写在尺寸线的下方。必要时也允许按图 9-33（b）所示的形式标注。

若需要明确指出装配件的代号时，可按图 9-33（c）所示的形式标注。

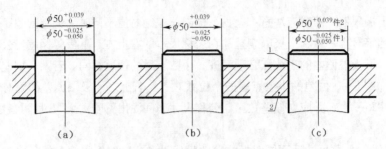

图 9-33　注出相配零件的极限偏差的注法

③ 标注与标准件配合的零件（轴或孔）的配合要求时，可以仅标注该零件的公差带代号，如图 9-34 所示。

④ 当某零件需与外购件（均为非标准件）配合时，应按图 9-32 所示规定的形式标注。

（3）角度公差的标注方法

角度公差的标注方法如图 9-35 所示，其基本规则与线性尺寸公差的标注方法相同。

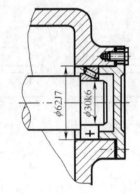

图 9-34　与标准件有配合要求时的注法

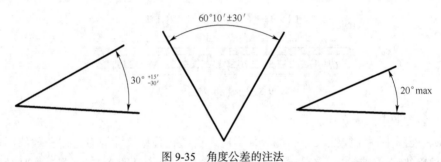

图 9-35　角度公差的注法

（4）尺寸公差的识读与查表

【应用实例 9-1】　查表写出 $\phi 30 \frac{H7}{f6}$ 的轴、孔极限偏差数值。

从该配合代号中可以看出：孔、轴公称尺寸为 $\phi 30$mm，孔为基准孔，公差等级 7 级；相配的轴基本偏差代号为 f，公差等级 6 级，属于基孔制间隙配合。

查 $\phi 30$H7 孔：从附表 F-2 查得上、下极限偏差值为 $^{+21}_{0}$ μm（即 $^{+0.021}_{0}$ mm），所以 $\phi 30$H7 可写成 $\phi 30^{+0.021}_{0}$。

查 $\phi 30$f8 孔：从附表 F-1 查得上、下极限偏差值为 $^{-20}_{-53}$ μm（即 $^{-0.020}_{-0.053}$ mm），所以 $\phi 30$f6 可写成 $\phi 30^{-0.020}_{-0.053}$。

公差与配合
标注及案例

## 9.3.3　几何公差（GB/T 1182—2008）

加工后的零件不仅存在尺寸误差，而且几何形状和相对位置也存在误差。零件的几何形状和相对位置由几何公差来保证。

### 1．几何公差的相关概念

（1）形状误差和形状公差

形状误差指单一实际要素的形状对其理想要素形状的变动量。单一实际要素的形状所允许的变动全量称为形状公差，如图 9-36 所示。

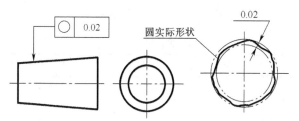

在垂直于轴线的任意正截面上，被测圆必须位于半径差为 0.02mm
的同心圆之间的区域内

（a）

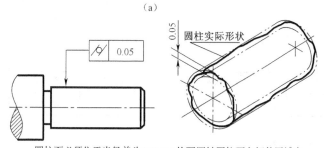

圆柱面必须位于半径差为 0.05mm 的两同轴圆柱面之间的区域内

（b）

图 9-36  形状公差举例

（2）位置误差和位置公差

位置误差指关联实际要素的位置对其理想位置的变动量。理想位置由基准确定。关联实际要素的位置对其基准所允许的变动全量称为位置公差，如图 9-37 所示。

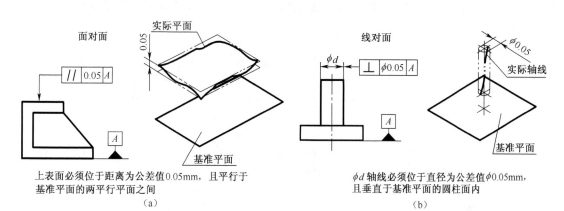

上表面必须位于距离为公差值 0.05mm，且平行于
基准平面的两平行平面之间

（a）

$\phi d$ 轴线必须位于直径为公差值 $\phi 0.05mm$，
且垂直于基准平面的圆柱面内

（b）

图 9-37  位置公差举例

（3）公差带及其形状

公差带是由公差值确定的限制实际要素（形状或位置）变动的区域。

公差带的主要形状：一个圆内的区域；两同心圆之间的区域；两等距线或两平行直线之间的区域；一个圆柱面内的区域如图 9-37（b）所示；两同轴圆柱面之间的区域；两等距面或两平行平面之间的区域，如图9-37（a）所示；一个圆球面内的区域。

## 2. 几何特征符号

国家标准规定了14个几何公差项目，各项目的名称及对应的符号如表9-7所示。

表9-7                                                几何特征符号

| 公差类型 | 几何特征 | 符号 | 有无基准 | 公差类型 | 几何特征 | 符号 | 有无基准 |
|---|---|---|---|---|---|---|---|
| 形状公差 | 直线度 | — | 无 | 位置公差 | 定向 | 平行度 | // | 有 |
| | 平面度 | ▱ | 无 | | | 垂直度 | ⊥ | 有 |
| | 圆度 | ○ | 无 | | | 倾斜度 | ∠ | 有 |
| | 圆柱度 | ⌀ | 无 | | 定位 | 位置度 | ⊕ | 有或无 |
| | | | | | | 同轴（同心）度 | ◎ | 有 |
| | | | | | | 对称度 | ⹀ | 有 |
| | 线轮廓度 | ⌒ | 有或无 | | 跳动 | 圆跳动 | ↗ | 有 |
| | 面轮廓度 | ⌓ | 有或无 | | | 全跳动 | ⩗ | 有 |

## 3. 几何公差的标注

国标规定，在图样中标注的几何公差由几何特征符号、框格、指引线、公差值和其他有关符号组成。

（1）公差框格及内容

公差框格和带箭头指引线用细实线绘制。公差框格可画两格或多格并应水平或垂直放置。框格的高度是图样中尺寸数字高度的两倍，框格的长度根据需要而定。框格中的数字、字母和符号与图样中的数字等高，框格内从左到右（或从上到下）填写的内容为：第1格注写几何特征符号；第2格注写公差值及有关符号；第3格及以后各格，在有位置公差要求时，注写基准字母及有关符号，如图9-38所示。

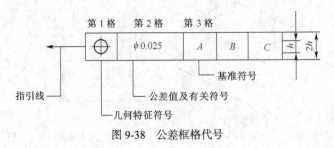

图9-38 公差框格代号

（2）被测要素的注法

用指引线连接被测要素和公差框格，指引线引自框格的任意一侧，终端带一箭头。指引线箭头应指向公差带的宽度方向或直径方向，指引线可以不转折或转折一次（通常为垂直转折）。

指引线按下列方式之一与被测要素相连。

① 当公差涉及轮廓线或轮廓面时，箭头指向该要素的轮廓线或其延长线（应与尺寸线明显错开，如图 9-39（a）、（b）所示；箭头也可指向引出线的水平线，引出线引自被测面，如图 9-39（c）所示。

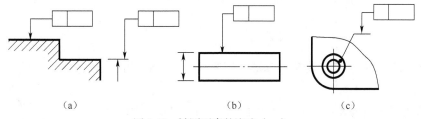

（a）　　　　　　（b）　　　　　　（c）

图 9-39　被测要素的注法（一）

② 当公差涉及要素的中心线、中心面或中心点时，箭头应位于相应尺寸线的延长线上，如图 9-40 所示。

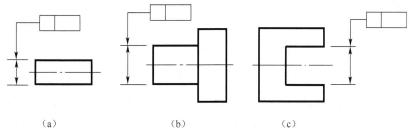

（a）　　　　　　（b）　　　　　　（c）

图 9-40　被测要素的注法（二）

（3）基准的注法

标注位置公差的基准时，要用基准符号。基准符号是基准方格（用细实线绘制）内有大写字母，用细实线与一个涂黑的或空白的三角形相连，如图 9-41 所示。涂黑的和空白的基准三角形含义相同。无论基准三角形在图样上的方向如何，方格内的字母均应水平书写。表示基准的字母还应标注在公差框格内。

图 9-41　基准三角形

① 当基准要素是轮廓线或轮廓面时，基准三角形放置在要素的轮廓线或其延长线上（与尺寸线明显错开），如图 9-42（a）所示；基准三角形也可放置在该轮廓面引出线的水平线上，如图 9-42（b）所示。

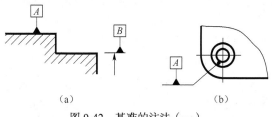

（a）　　　　　　　　　（b）

图 9-42　基准的注法（一）

② 当基准是尺寸要素确定的轴线、中心平面或中心点时，基准三角形应放置在该尺寸线的延长线上，如图 9-43 所示。如果没有足够的位置标注基准要素尺寸的两个尺寸箭头，则其中一个箭头可用基准三角形代替，如图 9-43（b）、（c）所示。

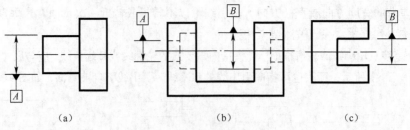

图 9-43　基准的注法（二）

③ 如果只以要素的某一局部作基准，则应用粗点画线示出该部分并加注尺寸，如图 9-44 所示。

④ 以单个要素作基准时，用一个大写字母表示，如图 9-45（a）所示；以两个要素建立公共基准时，用中间加连字符的两个大写字母表示，如图 9-45（b）所示；以两个或三个基准建立基准体系（即采用多基准）时，表示基准的大写字母按基准的优先顺序自左至右填写在各框格内，如图 9-45（c）所示。

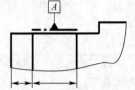

图 9-44　指定基准范围的注法

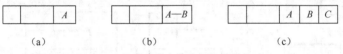

图 9-45　基准要素在公差框格中的注法

⑤ 同一要素有多项几何公差要素时，可将公差框格并列标注，如图 9-46（a）所示；多个要素具有相同的几何公差要求时，可在公差框格指引线上绘制多个箭头，如图 9-46（b）所示。

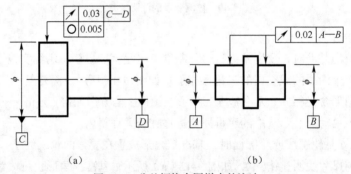

图 9-46　公差框格在图样中的注法

⑥ 如果给出的公差仅适用于要素的某一指定局部，应采用粗点画线示出该局部范围，并加注尺寸，如图 9-47 所示。

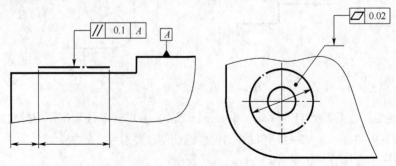

图 9-47　指定公差范围的注法

⑦ 当给定的公差带为圆、圆柱或圆球时，应在公差数值前加注$\phi$或$S\phi$，如图 9-48 所示。

### 4. 几何公差的识读

图 9-48 公差带为圆、圆柱或球的注法

【应用实例 9-2】 识读图 9-49 所示齿轮图样上所注的几何公差并解释框格的含义。

图中所注几何公差框格的含义如下：

| ○ | 0.006 | ：$\phi$88h9 外圆柱面的圆度公差为 0.006mm。

| — | $\phi$0.01 | ：$\phi$24H7 孔的轴线的直线度公差为$\phi$0.01mm。

| ⚡ | 0.08 | B | ：$\phi$88h9 外圆柱面对$\phi$24H7 孔的轴线的全跳动公差为 0.08mm。

| ⊥ | 0.05 | B | ：齿轮轮毂的右端面对$\phi$24H7 孔的轴线垂直度公差为 0.05mm。

| // | 0.08 | A | ：齿轮轮毂的右端面对左端面平行度公差为 0.08mm。

| = | 0.02 | B | ：槽宽为 8P9 的对称面对$\phi$24H7 孔的轴线的对称度公差为 0.02mm。

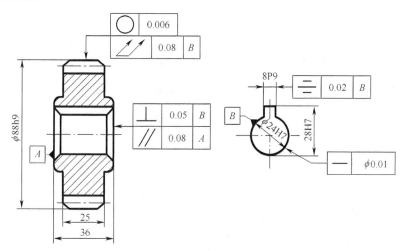

图 9-49 齿轮的几何公差识读

## 任务 9.4 绘制轴套类零件图

### 9.4.1 轴套类零件的常见结构

#### 1. 倒角和倒圆

为了便于孔、轴的装配和去除零件加工后形成的毛刺、锐边，常在轴或孔的端部等处加工出倒角。常见倒角多为 45°，也可制成 30° 或 60°，如图 9-50 所示。图中"C"表示 45°，"2"表示轴向距离。当倒角尺寸很小或无一定尺寸要求时，图样上可不画出，只在技术要求中注明"锐边倒钝"即可。

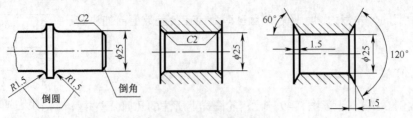

图 9-50　倒角和倒圆

为了避免因应力集中而产生裂纹，在轴肩根部常加工出倒圆，如图 9-50 所示。

### 2. 退刀槽和砂轮越程槽

零件在切削加工时为了进、退刀方便或使被加工表面达到完全加工，常在轴肩和孔的台阶部位预先加工出退刀槽或砂轮越程槽。其形式和尺寸可根据轴、孔直径的大小，从相应标准中查得。其尺寸标注方法可按"槽宽×槽深"或"槽宽×直径"的形式集中标注，如图 9-51 所示。

当槽的结构比较复杂时，可画出局部放大图并标注尺寸。

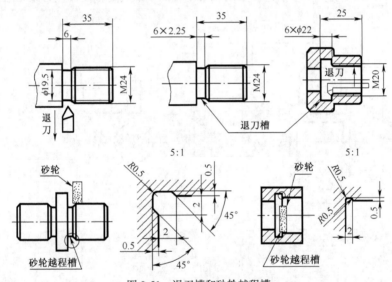

图 9-51　退刀槽和砂轮越程槽

### 3. 中心孔

加工较长的轴类零件时，为了便于定位和装夹，常在轴的一端或两端加工出中心孔，常见的有 A 型、B 型和 C 型三种，如图 9-52 所示。标准中心孔在零件图中可不画出，只需用规定符号标注其代号以表达设计要求。

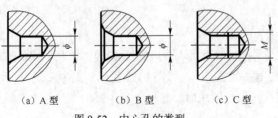

（a）A 型　　　（b）B 型　　　（c）C 型

图 9-52　中心孔的类型

机械加工工艺结构的表达及案例

## 9.4.2 轴套类零件的视图表达

### 1. 结构特征

轴套类零件包括各种用途的轴和套。轴主要用来支撑传动零件（如带轮、齿轮等）和传递动力。套一般是装在轴上或机体孔中，用于定位、支撑、导向或保护传动零件。

轴套类零件结构形状通常比较简单，通常由若干个同轴回转体（如圆柱、圆锥）组合而成，径向尺寸小，轴向尺寸大。轴有直轴和曲轴、光轴和阶梯轴、实心轴和空心轴之分。阶梯轴上直径不等所形成的台阶称为轴肩，可供安装在轴上的零件做轴向定位用。

轴类零件上常有倒角、倒圆、退刀槽、砂轮越程槽、挡圈槽、键槽、花键、螺纹、销孔、中心孔等结构。套类零件大多数壁厚小于内孔直径，常有油槽、油孔、倒角、螺纹孔和销孔等结构。

### 2. 视图表达方案（见图 9-1）

（1）主视图

轴套类零件主要是在车床或磨床上进行加工，一般按加工位置将轴线水平安放来画主视图，这样也符合"形状特征原则"。通常将轴的大头朝左，小头朝右；轴上键槽、孔可朝前或朝上，表示其形状和位置。

形状简单且较长的轴可采用折断画法；实心轴上个别部位的内部结构形状可用局部剖视表达；空心套可用剖视图（全剖、半剖或局部剖）表达。轴端中心孔不做剖视，用规定符号标注。

（2）其他视图

由于轴套类零件的主要结构是同轴回转体，在主视图上注出相应的直径符号"$\phi$"，即可清楚地表达形体特征，一般不必再选择其他基本视图（结构复杂的轴除外）。

基本视图尚未表达完整清楚的局部结构形状，如孔、键槽等可用局部视图、局部剖视图或断面图表达；退刀槽、砂轮越程槽、圆角等细小结构可用局部放大图表达。

## 9.4.3 轴套类零件的尺寸标注与技术要求

### 1. 零件图的尺寸标注

（1）尺寸标注要求

零件图中的尺寸是零件图的主要内容之一，是零件加工制造的主要依据。在前面的项目中已详细介绍了尺寸必须满足正确、完整和清晰的要求。在零件图中标注尺寸还要满足较为合理的要求。

合理是指所标注的尺寸既要符合零件的设计要求，又要便于加工、测量、检验等制造工艺要求。为了合理地标注尺寸，必须对零件进行结构分析、形体分析和工艺分析，以此确定尺寸基准，然后选择合理的标注形式，结合零件的具体情况标注尺寸。

（2）尺寸基准

零件的尺寸基准是指零件装配到机器上或在加工、装夹、测量和检验时，用于确定其位置的一些点、线、面。

① 尺寸基准的分类。根据基准的作用不同，一般将基准分为设计基准和工艺基准。

根据机器的结构和设计要求，用以确定零件在机器中的位置及其几何关系的基准称为设计基准。

常见的设计基准包括零件上主要回转结构的轴线、对称面、重要支承面、装配面、结合面以及主要加工面等，如图 9-53 所示的轴线（径向尺寸的基准）和 $\phi40$ 圆柱的左端面（轴向尺寸的基准）。

根据零件加工、测量、检验等要求而确定的基准称为工艺基准。如图 9-53 所示，从轴的右端面标注出轴向尺寸 50、164、186、12（加工各轴段长度尺寸和键槽位置的测量基准）。

每个零件都有长、宽和高 3 个方向的尺寸，每个方向上至少应当选择一个尺寸基准。对于轴套类零件和轮盘类零件，实际设计时常采用轴向基准和径向基准。但有时考虑加工和测量方便，常增加一些辅助基准。一般把确定重要尺寸的基准称为主要基准，把附加的基准称为辅助基准。在选择辅助基准时，要注意主要基准和辅助基准之间、两辅助基准之间，都需要直接标注尺寸把它们联系起来，如图 9-54 所示。

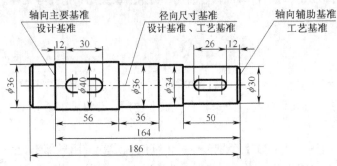

图 9-53 轴的尺寸基准

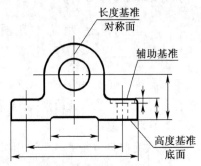

图 9-54 主要基准与辅助基准的关系

② 尺寸基准的选择。从设计基准出发标注尺寸，能反映设计要求，保证零件在机器中的工作性能；从工艺基准出发标注尺寸，能把尺寸标注与零件加工制造联系起来，保证工艺要求。标注尺寸时，应尽可能使设计基准与工艺基准统一起来。当两者不能统一时，要以设计基准标注尺寸，在满足设计要求的前提下，力求满足工艺要求。

（3）合理标注尺寸应注意的问题

① 标注尺寸时应考虑设计要求。

a. 零件的重要尺寸应直接标注出。重要尺寸是指零件上与机器的使用性能和装配质量有关的尺寸。这类尺寸一般有较高的加工要求，直接标注出来，便于在加工时得到保证。如图 9-55 所示，尺寸"a"是影响中间滑轮与支架装配的尺寸，是重要尺寸，应当直接标注，以保证加工时容易达到尺寸要求，不受累积误差的影响。

尺寸基准的选择及案例

图 9-55 重要尺寸的确定与标注

（a）滑轮与支架装配图　　　（b）不合理　　　（c）合理

设计中的重要尺寸一般是指直接影响机器传动准确性的尺寸，如齿轮的中心距；直接影响机器性能的尺寸，如车床的中心高等；两零件的配合尺寸，如轴、孔的直径尺寸和导轨的宽度尺寸等；安装位置尺寸，如图 9-54 所示轴承座底板上的中心距等。

b. 采用综合式的尺寸标注形式。零件图上的尺寸标注有以下 3 种形式。

零件同一方向的一组尺寸，从同一基准出发标注，称为坐标式。如图 9-56（a）所示，轴的轴向尺寸 A、B、C 都是以轴的左端面为基准标注的。

零件同一方向的一组尺寸依次首尾相接，后一尺寸以它邻接的前一尺寸的终点为起点（基准），注写成链状，称为链状式。如图 9-56（b）所示，轴的轴向尺寸 A、D、E 即为链状式标注。

零件同一方向的一组尺寸，既有链状式又有坐标式，称为综合式。如图 9-56（c）所示，这种尺寸标注形式最能适应零件设计与工艺要求，机械图样一般都采用综合式尺寸标注。

（a）坐标式　　　　　　　（b）链状式　　　　　　　（c）综合式

图 9-56　尺寸标注的形式

c. 避免标注成封闭的尺寸链。一组尺寸首尾相连，形成一个封闭的环形，称为封闭尺寸链，如图 9-57（a）所示。尺寸标注成封闭链式，要同时保证各尺寸的精度是办不到的。因此，应在封闭尺寸链中选择一个不重要的尺寸空出不标注（称为开口环），如图 9-57（b）所示。

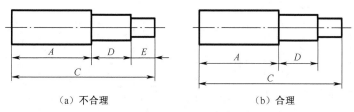

（a）不合理　　　　　　　　　（b）合理

图 9-57　避免标注成封闭的尺寸链

② 标注尺寸时应考虑工艺要求。

a. 按加工顺序标注尺寸。按加工顺序标注尺寸符合加工过程，便于工人看图样加工及测量零件。例如，图 9-58 所示的轴套类零件的一般尺寸或零件阶梯孔等都按加工顺序标注尺寸。

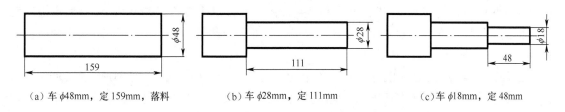

（a）车 φ48mm，定 159mm，落料　　　（b）车 φ28mm，定 111mm　　　（c）车 φ18mm，定 48mm

图 9-58　轴的加工顺序和尺寸标注

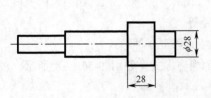

（d）掉头，车 $\phi$28mm，留 28mm

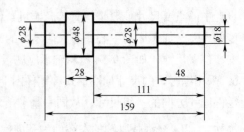

（e）按加工顺序标注尺寸

图 9-58　轴的加工顺序和尺寸标注（续）

　　b. 按加工方法的要求标注尺寸。图 9-59（a）所示的下轴衬是与上轴衬合起来加工的。因此，半圆图形应注直径 $\phi$ 而不是标注半径。同理，图 9-59（b）中也应标注直径 $\phi$。

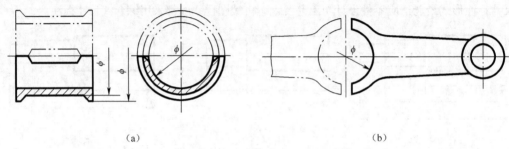

（a）　　　　　　　　　　　　　　　　　　　（b）

图 9-59　按加工方法的要求标注尺寸

　　c. 按不同工种的尺寸分开标注。图 9-60 所示轴的键槽是在铣床上加工的，阶梯轴的外圆柱面是在车床上加工的。因此，键槽尺寸集中标注在视图上方，而外圆柱面的尺寸集中标注在视图的下方，这样配置尺寸，清晰易找，加工时看图方便。

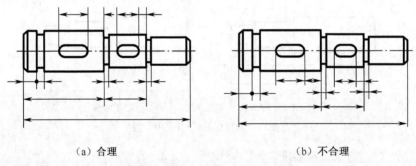

（a）合理　　　　　　　　　　　　　　　　（b）不合理

图 9-60　按加工工序不同标注尺寸

　　d. 考虑测量方便。在没有结构上或其他重要的要求时，标注尺寸应尽量考虑测量方便。如图 9-61（b）所示，由设计基准注出中心至某面的尺寸，不便测量，实际加工时是测量槽底面或平面到圆柱面的距离。在剖视图中还应将零件外部和内部结构尺寸分别标注在视图两侧，如图 9-61（c）所示。

　　e. 加工面与不加工面只能有一个尺寸相联系。零件上同一加工面与其他不加工面之间一般只能有一个联系尺寸，以免在切削加工面时其他尺寸同时改变，无法达到所标注的尺寸要求，如图 9-62 所示。

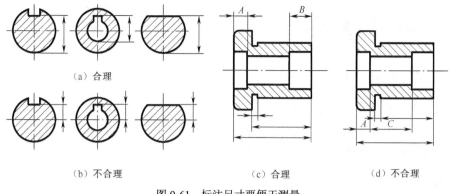

（a）合理　　　　　　（b）不合理　　　　　　（c）合理　　　　　　（d）不合理

图 9-61　标注尺寸要便于测量

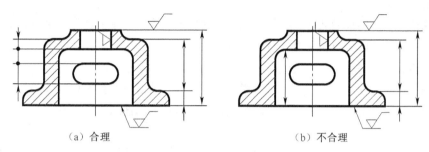

（a）合理　　　　　　　　　　　　　（b）不合理

图 9-62　不加工面与加工面的尺寸标注

（4）轴套类零件的尺寸标注

轴套类零件要求标注出各轴段直径的径向尺寸和各轴段长度的轴向尺寸。一般径向尺寸以轴线为主要基准，轴向尺寸以重要轴肩端面为主要基准。例如，图 9-1 所示的 $\phi$40mm 轴肩的右端面是轴向尺寸的主要基准，为了加工测量方便，$\phi$40mm 轴的左端面为轴向尺寸的辅助基准。标注轴向尺寸时，应按加工顺序标注，并注意按不同工种分开标注。

## 2. 轴套类零件的技术要求

① 表面粗糙度。回转配合面表面粗糙度一般要求较高，为 $Ra$1.6μm、$Ra$0.8μm 等；装配接触面的表面粗糙度常为 $Ra$3.2μm；键槽的两侧面的表面粗糙度一般为 $Ra$3.2μm，底面的表面粗糙度为 $Ra$6.3μm；螺纹结构的表面粗糙度一般为 $Ra$6.3μm；其余表面无其他特殊要求时可在标题栏附近标注统一的表面粗糙度为 $Ra$12.5μm 或 $Ra$6.3μm。

② 尺寸公差。零件的尺寸公差依据装配图的配合要求标注。当零件之间具有相对转动或移动时，必须选择间隙配合；当零件之间无键、销等紧固件，只依靠结合面之间的过盈来实现传动时，必须选择过盈配合；当零件之间不要求有相对运动，同轴度要求较高，且不是依靠该配合传递动力时，通常选择过渡配合。

精密仪器中轴和轴承的配合、精密高速机械的轴颈和机床主轴与高精度滚动轴承的配合选用 IT5 级；机床和减速器中齿轮和轴，带轮、凸轮和轴，与滚动轴承相配合的轴及座孔，通常轴颈选用 IT6 级，与之相配的孔选用 IT7 级。

③ 几何公差。轴套类零件上常见的几何公差项目有圆度、圆柱度、直线度、同轴度、径向圆跳动、端面圆跳动、对称度等。

### 9.4.4 读轴套类零件图

#### 1. 读零件图的目的

（1）了解零件的名称、用途、材料等。

（2）了解组成零件各部分结构的形状、特点、功用以及它们之间的相对位置。

（3）了解零件的尺寸大小、制造方法和所提出的技术要求。

#### 2. 读零件图的方法和步骤

（1）看标题栏

看标题栏，了解零件的名称、材料、比例、数量等，从而大体了解零件的功用。对于不熟悉的比较复杂的零件，则需要参考有关技术资料。

（2）分析表达方案

看视图，首先应找到主视图，根据投影关系识别出其他视图的名称和投射方向，局部视图或斜视图的投射部位，剖视图或断面图的剖切位置，从而弄清各视图的表达目的。

（3）分析视图

看视图时，先看主要部分，后看次要部分；先看整体，后看细节；先看外形，后看内部；先看容易看懂的部分，后看难懂的部分。应用形体分析法和线面分析法来想象各部分的形状，最后综合想象零件整体结构形状。

（4）分析尺寸

① 根据零件的结构特点、设计和制造工艺要求，找出 3 个方向的尺寸基准，了解基准类别，明确尺寸种类和标注形式。

② 分析影响性能的尺寸标注是否合理，标准结构要素的尺寸标注是否符合要求，其余尺寸是否满足工艺要求。

③ 校核尺寸标注是否齐全等。

（5）分析技术要求

分析零件的表面粗糙度、尺寸公差、几何公差等，以便了解加工表面的精度要求。分析零件的热处理、检验等其他技术要求，以便确定合理的加工工艺方法。

#### 3. 读轴套类零件图实例（见图9-63）

（1）看标题栏

从标题栏可知，该零件名是车床尾座空心套，属于轴套类零件，用 45 钢制成，在装配体中只有 1 件该零件，绘图比例 1∶2。该零件是车床尾座中的重要零件，用于安装顶尖、钻头等工具。

（2）分析表达方案

表达该零件采用了主视图、左视图两个基本视图。主视图选择零件轴线水平安放，采用全剖视。采用两个移出断面表达其断面形状，一个斜视图表达其刻度。

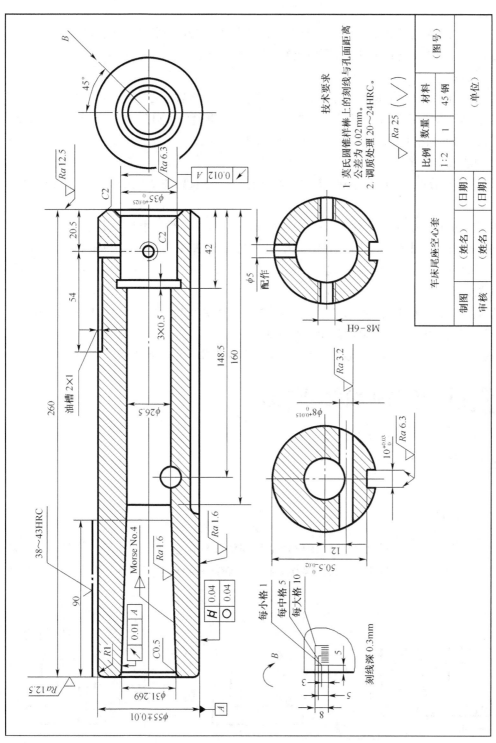

图 9-63　车床尾座空心套零件图

（3）分析视图

从主视图可知该零件的主体是圆筒形，外径ϕ55mm，长260mm，左端孔为莫氏圆锥孔，其余为阶梯孔。

结合断面图想象键槽、横向小圆孔ϕ8mm、螺纹孔 M8 等的形状及其与主体结构之间的位置关系。B 向斜视图表明空心套左端外圆面上的刻度线。

（4）分析尺寸

轴套类零件有径向和轴向两个方向的尺寸基准。空心套的轴线是径向尺寸基准。从尺寸标注可知，空心套的右端面是轴向主要尺寸基准，也是加工、测量各小圆孔、槽等的定位、测量基准。M8 螺纹孔的轴线、空心套左端面是轴向的辅助基准。

（5）分析技术要求

轴套类零件有配合或几何公差要求的轴段或端面，其表面粗糙度、尺寸公差、几何公差都要求较高。

表面粗糙度要求为 Ra1.6μm 的空心套外径及圆锥孔必须经过磨削才能获得。表面粗糙度要求为 Ra6.3μm 的表面必须用精车。表面粗糙度要求为 Ra12.5μm、Ra25μm 的表面只需用车削即可。

空心套ϕ55mm 的外圆柱面有圆度及圆柱度的形状公差要求。右端圆孔ϕ35mm 和左端圆锥孔的内表面对ϕ55mm 的轴线有圆跳动的位置公差要求。

为提高空心套的整体强度和韧性，采用调质处理，硬度为 20～24HRC。为提高圆锥孔的耐磨性，对其进行局部表面淬火，硬度为 38～43HRC。

通过读图，对该零件的结构形状、大小及加工精度要求有了全面的了解。

## 任务 9.5　绘制轮盘类零件图

### 9.5.1　轮盘类零件的常见结构

#### 1．铸造圆角

为了便于铸件造型，防止砂型在转角处落砂和浇注铁水时将砂型冲坏，同时也为了避免铸件冷却收缩时产生裂纹和缩孔等铸造缺陷，将铸件表面转角处做成圆角，如图 9-64 和图 9-65 所示。

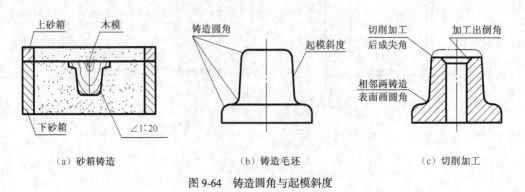

（a）砂箱铸造　　　　　（b）铸造毛坯　　　　　（c）切削加工

图 9-64　铸造圆角与起模斜度

铸造圆角在零件图中应该画出，其半径一般取 *R*3～*R*5 mm，或取壁厚的 0.2～0.4 倍。通常标注在技术要求中，如"未注铸造圆角为 *R*3～*R*5"。铸件经机械加工的表面，圆角被切去，转角处应画成倒角或尖角，如图 9-64（c）所示。

（a）裂纹　　　（b）缩孔　　　（c）正确

图 9-65　铸造圆角

## 2. 铸件壁厚

为避免铸件因壁厚不均匀致使金属冷却速度不同而产生裂纹或缩孔，设计时应使铸件壁厚均匀或逐渐变化，避免突然改变壁厚和局部肥大现象，如图 9-66 所示。

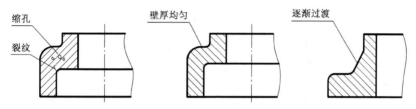

图 9-66　铸件壁厚应均匀或逐渐变化

## 3. 起模斜度

造型时，为了便于将木模从砂型中取出，在铸件的内外壁上沿起模方向常设计出一定的斜度，称为起模斜度（或叫拨模斜度），如图 9-64 所示。起模斜度的大小通常为 1∶100～1∶20，用角度表示时，手工造型木模为 1°～3°。

起模斜度在图样中可以不画出，但应在技术要求中加以注明。

## 4. 过渡线

在机件的表面相交处，常常用铸造圆角或锻造圆角进行过渡，而使物体表面的交线变得不明显，这条交线称为过渡线。为了看图时能区分不同表面，需用细实线画出过渡线，但过渡线两端不与轮廓线的圆角相交，应留有间隙。画常见几种形式的过渡线时应注意以下问题。

① 两回转面相交时，过渡线不应与圆角轮廓线接触，如图 9-67（a）所示。

② 两回转面的轮廓相切时，过渡线在切点附近应断开，如图 9-67（b）所示。

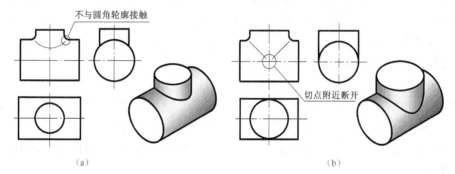

（a）　　　　　　　　　　　　　　（b）

图 9-67　两曲面相贯的过渡线画法

③ 平面与平面、平面与曲面相交时，过渡线应在转角处断开，并加画小圆弧，其弯曲方向

与铸造圆角的弯曲方向一致，如图 9-68 所示。

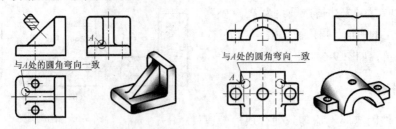

图 9-68　平面与平面、平面与曲面相交的过渡线画法

④ 肋板与圆柱面相交，且有圆角过渡时，过渡线的形状取决于肋板的断面形状和相交或相切关系，如图 9-69 所示。

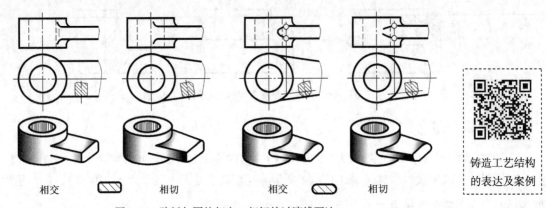

　　相交　　　　　　相切　　　　　　相交　　　　　　相切

铸造工艺结构
的表达及案例

图 9-69　肋板与圆柱相交、相切的过渡线画法

## 9.5.2　轮盘类零件的视图表达

### 1. 结构特征

轮盘类零件包括各种用途的轮和盘盖零件，其毛坯多为铸件或锻件。轮一般用键、销与轴连接，用以传递扭矩。盘盖可起支撑、定位和密封等作用。

轮类零件常见有齿轮、带轮、手轮、蜗轮、飞轮等，盘盖类零件有圆、方各种形状的法兰盘、端盖等。轮盘类零件主体部分多为回转体，一般径向尺寸大于轴向尺寸。其上常有均布的孔、肋、槽和耳板、齿等结构。

### 2. 视图表达方案（见图 9-70）

（1）主视图

轮盘类零件的主要回转面和端面都在车床上加工，故按加工位置将其轴线水平安放画主视图。对有些不以车削加工为主的盘盖类零件，可按工作位置安放主视图。

通常选非圆投影的视图作为主视图。主视图通常侧重反映内部结构和相对位置，故多用各种剖视。

（2）其他视图

轮盘类零件一般采用主、左（或右）两个基本视图表示。当基本视图图形对称时，可只画一半或略大于一半；有时也可用局部视图表达。左（或右）视图表示零件上均布的孔、槽、肋、轮辐等结构。

基本视图未能表达的其他结构形状，可用断面图、局部视图、局部放大图等表示。

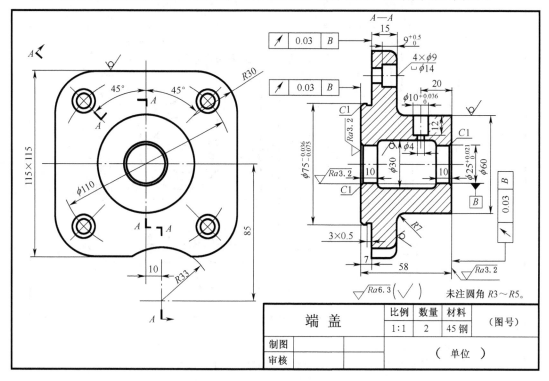

图 9-70  端盖零件图

### 9.5.3  轮盘类零件的尺寸标注与技术要求

1. 轮盘类零件的尺寸标注

轮盘类零件的径向尺寸主要基准为轴线或主要对称面，轴向尺寸主要基准为较高精度的加工面或定位面。具体标注尺寸时，可用形体分析法标注出其定形尺寸和定位尺寸。

如图 9-70 所示的端盖，其整体回转轴线为径向尺寸的主要基准，最左端面为轴向尺寸的主要基准。各圆柱体（孔）的直径尺寸及长度尺寸尽可能配置在主视图上，而均布孔的定位尺寸则宜标注在另一视图上。

2. 轮盘类零件的技术要求

有配合要求的表面、轴向定位的端面，其表面粗糙度和尺寸精度要求较高，端面与轴线之间常有垂直度或端面圆跳动的要求；外圆柱和内孔的轴线间也常有同轴度要求；此外，均布的孔、槽有时会有位置度的要求。

### 9.5.4  读轮盘类零件图

读图 9-71 所示的右端盖零件图。

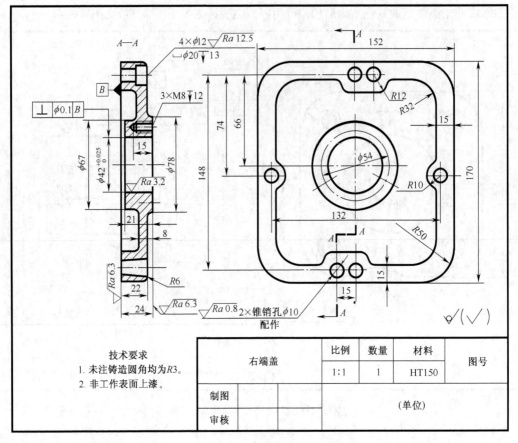

图 9-71　右端盖零件图

（1）看标题栏

从标题栏可知，该零件名是右端盖，属于轮盘类零件，用 HT150 灰铸铁制成，在装配体中只有 1 件该零件，绘图比例 1∶1。

（2）分析表达方案

表达该零件采用了主视图、左视图两个基本视图。主视图选择零件轴线水平安放，符合车或镗孔的加工位置。主视图采用阶梯剖，表达内形。左视图表达零件左端外形及各孔的分布位置。

（3）分析视图

从主、左视图可知该零件的主体是扁平的方盘形，宽 152mm，高 170mm，厚 24mm。

左端面有 4 个圆柱形沉孔、2 个销孔，右端面有 3 个螺纹孔。综合想象右端盖的结构如图 9-72 所示。

（4）分析尺寸

左端面是长度方向的主要基准，右端面为长度方向的辅助基准。宽度方向尺寸 152mm 确定的前后对称面为宽度方向的主要基准，圆孔 $\phi54$mm 的轴线是高度方向的主要基准。

（5）分析技术要求

表面质量要求最高的是 $\phi42$mm 孔的圆柱面，表面粗糙度要求为 Ra3.2μm。未注的表面保留毛

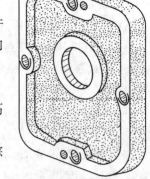

图 9-72　右端盖

222

坏面。$\phi 42$mm 孔采用基孔制。

$\phi 42$mm 孔的轴线对左端面 B 有垂直度的位置公差要求。

为防止锈蚀，非工作表面要求上漆。

## 任务 9.6　绘制叉架类零件图

### 9.6.1　叉架类零件的视图表达

#### 1. 结构特征

叉架类零件包括各种用途的叉杆和支架零件。叉杆零件多为运动件，通常起传动、连接、调节或制动等作用。支架零件通常起支撑、连接等作用。叉架类零件的毛坯多为铸件或锻件。

叉架类零件多数形状不规则，外形比较复杂。这类零件常有弯曲或倾斜结构，其上常有肋板、轴孔、耳板、底板等结构，局部结构常有油槽、油孔、螺孔、沉孔等。

#### 2. 视图表达方案（见图 9-73）

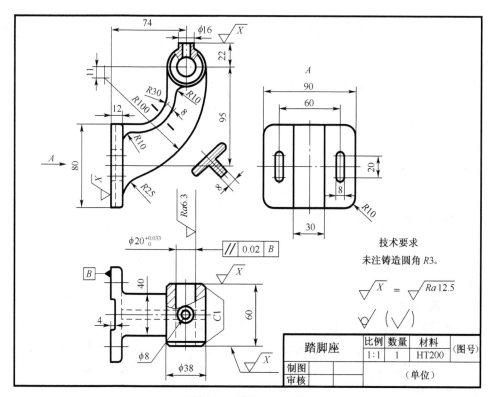

图 9-73　踏脚座零件图

（1）主视图

叉架类零件加工工序较多，较难区分主次工序，所以一般是在符合主视投射方向的特征性原则的前提下，按工作（安装）位置放置主视图。当工作位置是倾斜的或不固定时，可将其正放画主视图。

主视图多采用剖视图（形状不规则时用局部剖视）表达主体外形和局部内形。肋板剖切时采用规定画法。

（2）其他视图

叉架类零件通常需要两个或两个以上的基本视图，并多采用局部剖视兼顾内、外形的表达。其上的倾斜结构多采用斜视图、向视图、局部视图、旋转视图、斜剖视图、断面图等表达。

## 9.6.2　叉架类零件的尺寸标注与技术要求

### 1．叉架类零件的尺寸标注

叉架类零件常以主要孔的轴线、中心线、对称平面、较大加工面和结合面为长、宽和高 3 个方向尺寸的主要基准，按形体分析法标注其定形、定位尺寸。

如图 9-73 所示的踏脚座，其左端面 B 是长度方向尺寸的主要基准，其前后对称平面是宽度方向尺寸的主要基准，高度尺寸 80mm 确定的对称平面是高度方向尺寸的主要基准，圆柱 $\phi$38mm 的轴线是高度方向尺寸的辅助基准。

### 2．叉架类零件的技术要求

叉架类零件精度要求较高的是工作部位，即支承部分的支承孔，这种结构往往有较高的尺寸精度和表面粗糙度要求。其余表面如安装孔、轴座、圆孔、加工面、结合面也要求较高。根据零件的使用要求，常有圆度、平行度、垂直度等形状公差和位置公差要求。

综合案例 1——
支座零件的表达

## 9.6.3　读叉架类零件图

读图 9-73 所示的踏脚座零件图。

（1）看标题栏

从标题栏可知，该零件名是踏脚座，属于叉架类零件，用 HT200 灰铸铁制成，在装配体中只有 1 件该零件，绘图比例 1：1。

（2）分析表达方案

表达该零件采用了主视图、俯视图两个基本视图。主视图按工作位置原则和形状特征原则确定。主视图采用局部剖视，表达内孔 $\phi$8mm。俯视图也采用局部剖视，表达内孔 $\phi$20mm。采用 A 向局部视图表达矩形板的形状及安装孔的位置。移出断面图表达连接板的截面形状。

（3）分析视图

从主、俯视图可知该零件的基本组成部分包括矩形板、筒形圆柱（带凸台）及相互垂直的两块连接板。

矩形板带宽 30mm 的凹槽和前后对称的长安装孔。

（4）分析尺寸

基准的选择在尺寸标注部分已做了分析。

（5）分析技术要求

表面质量要求最高的是 $\phi$20mm 孔的圆柱面，表面粗糙度要求为 $Ra$6.3μm。未注的表面保留毛坯面。$\phi$20mm 孔采用基孔制。

$\phi$20mm 孔的轴线对左端面 $B$ 有平行度的位置公差要求。

铸件的圆角为 $R$3。

## 任务 9.7  绘制箱体类零件图

### 9.7.1  箱体类零件的常见结构

#### 1. 凸台和凹坑

为了保证零件表面在装配时接触良好和减少机械加工的面积，常在零件表面设计出凸台或凹坑，并尽量使多个凸台在同一水平面上，以便加工，如图 9-74 所示。

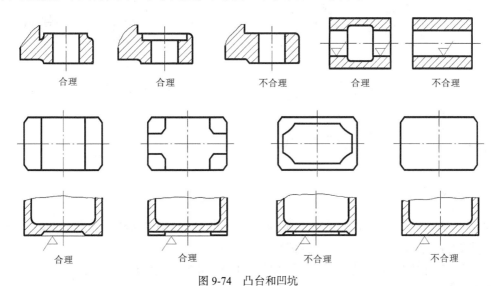

图 9-74  凸台和凹坑

#### 2. 钻孔结构

零件上有各种不同用途和不同形式的孔，常用钻头加工而成。图 9-75 所示为用钻头加工的不通孔和阶梯孔的情况。其中，图 9-75（a）所示为钻不通孔，其底部的圆锥孔应画成顶角 120° 的圆锥角；图 9-75（b）所示为钻阶梯孔，此时交接处画成 120° 的圆台。标注钻孔深度时，不应包括锥坑部分。

钻孔时，钻头的轴线应垂直于孔的端面，以避免钻头因单边受力产生偏斜或折断。如果孔的端面为斜面或曲面时，可设置与孔的轴线垂直的凸台或凹坑，如图 9-76 所示。同时，还要保证钻孔的方便与可能，如图 9-77 所示。

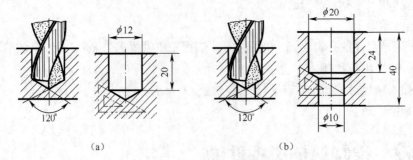

（a）　　　　　　　　　　　　（b）

图 9-75　钻孔结构

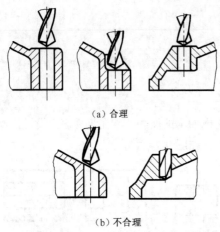

（a）合理

（b）不合理

图 9-76　钻头要尽量垂直于被钻孔的端面

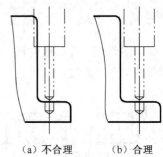

（a）不合理　　　（b）合理

图 9-77　保证钻孔的方便与可能

## 9.7.2　箱体类零件的视图表达

### 1．结构特征

箱体类有阀体、泵体、减速器箱体和机座等。该类零件一般是机器的主体，起承托、容纳、定位、密封和保护等作用。其毛坯多为铸件。

箱体类零件的结构形状复杂，尤其是内腔。此类零件常有支承孔、凸台、注油孔、放油孔、安装板、肋板、螺孔、销孔等结构。

### 2．视图表达方案（见图 9-78）

（1）主视图

由于箱体类零件加工工序较多，加工位置多变，较难区分主次工序，所以主视图的选择一般以工作位置及最能反映零件形状特征的方向作为主视图的投射方向。

主视图常采用各种剖视图表达内部结构。

（2）其他视图

箱体类零件内部结构形状都很复杂，常需 3 个或 3 个以上的基本视图，并根据结构特点在基本视图上取剖视。

基本视图尚未表达清楚的局部结构可用局部视图、断面图等表达。

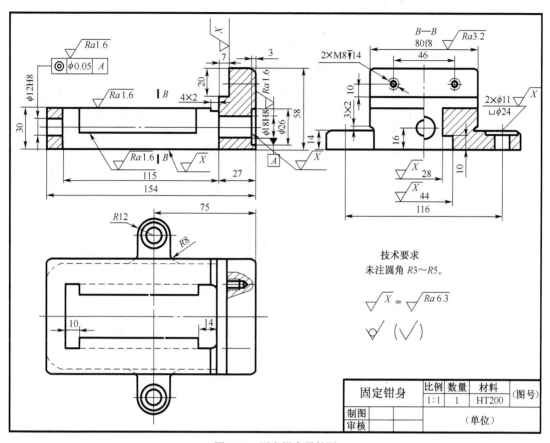

图 9-78　固定钳身零件图

### 9.7.3　箱体类零件的尺寸标注与技术要求

#### 1. 零件上圆角过渡处的尺寸标注

圆角过渡处的有关尺寸，应用细实线延长相交后引出标注，如图 9-79 所示。

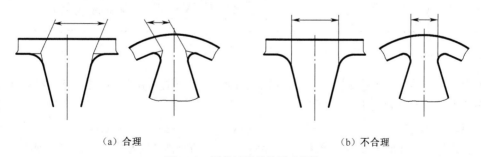

（a）合理　　　　　（b）不合理

图 9-79　圆角过渡处的尺寸标注

227

### 2. 零件上常见孔的尺寸注法

零件上常见孔的尺寸标注方法如表 9-8 所示。

表 9-8　　　　　　　　　　　常见孔的尺寸注法

| 孔的类型 | | 标注方法 | | 说　　明 |
|---|---|---|---|---|
| | | 普通注法 | 旁注法 | |
| 螺孔 | 通孔 | 3×M6-7H EQS | 3×M6-7H EQS 或 3×M6-7H EQS | 各类孔均可采用旁注法进行简化标注。用旁注法标注时，应注意指引线应从装配时的装入端引出。<br><br>3 × M6 表示螺纹大径为 6mm，螺纹中径、顶径公差带为 7H，均匀分布 3 个螺孔。<br><br>螺孔深度可以与螺孔直径连注，也可以分开标注。<br><br>需要标注出钻孔深度时，应明确标注出孔深尺寸 |
| | 不通孔 | 3×M6-7H EQS 10 | 3×M6-7H▼10 EQS 或 3×M6-7H▼10 EQS | |
| | | 3×M6-7H EQS 10 12 | 3×M6-7H▼10 孔▼12EQS 或 3×M6-7H▼10 孔▼12EQS | |
| 光孔 | 一般孔 | 4×φ5 10 | 4×φ5▼10 或 4×φ5▼10 | 4 × φ5 表示直径为 5mm 均匀分布的 4 个光孔，孔深可与孔径连注，也可以分开标注 |
| | 精加工孔 | 4×φ5$^{+0.012}_{0}$ 12 10 | 4×φ5$^{+0.012}_{0}$▼10 孔▼12 或 4×φ5$^{+0.012}_{0}$▼10 孔▼12 | 光孔深为 12mm，钻孔后需精加工至 φ5$^{+0.012}_{0}$ mm、深 10mm |
| 沉孔 | 柱形沉孔 | φ10 3.5 4×φ6 | 4×φ6 ⊔φ10▼3.5 或 4×φ6 ⊔φ10▼3.5 | 柱形沉孔的小直径 φ6mm、大直径 φ10mm、深度为 3.5mm，均需标注 |
| | 锪平孔 | φ16⊔ 4×φ7 | 4×φ7 ⊔φ16 或 4×φ7 ⊔φ16 | 锪平面 φ16mm 的深度不需标注，一般锪平到不出现毛面为止 |
| | 锥形沉孔 | 90° φ13 6×φ7 | 6×φ7 ∨φ13×90° 或 6×φ7 ∨φ13×90° | 6 × φ7mm 表示直径为 7mm 均匀分布的 6 个孔、沉孔的直径为 φ13mm，锥角为 90° |

### 3. 箱体类零件的尺寸标注

因为箱体类零件的形状比较复杂，尺寸也比较多。下面以图 9-78 所示的固定钳身零件图为例，说明箱体类零件的尺寸标注。

① 箱体类零件的尺寸基准：在长、宽方向选择零件在装配体中的定位面、线，以及主要的对称面、线等重要几何要素为尺寸基准。在高度方向选择零件的安装支撑面、定位轴线等为尺寸基准。

固定钳身右端面是长度方向尺寸的主要基准；钳身前后对称平面是宽度方向尺寸的主要基准；钳身底面是高度方向尺寸的主要基准。

② 直接标注出箱体类结构的重要尺寸：箱体中的重要尺寸指的是直接影响机器的工作性能和质量好坏的那些尺寸，如中心距、配合尺寸和与安装有关的尺寸。图 9-78 所示的孔径 $\phi$12mm、孔径 $\phi$18mm、中心距 116mm 等就是这类尺寸。

③ 标注定形、定位尺寸：箱体类零件主要是铸件。因此，所注的尺寸必须满足木模制造的要求且便于制作。在标注尺寸时应采用形体分析法，逐个标注出各形体的定形、定位尺寸。

④ 检查调整，补遗删多，完成尺寸标注。

### 4. 箱体类零件的技术要求

箱体类零件中轴承孔、结合面、销孔等表面粗糙度要求较高，其余加工面要求较低；轴承孔的中心距、孔径以及一些有配合要求的表面、定位端面应有尺寸精度的要求；大的结合面常有平面度要求，同一轴的轴孔间常有同轴度要求，不同轴的轴孔间或轴孔和底面间常有平行度要求。

## 9.7.4　读箱体类零件图

读图 9-80 所示的蜗杆蜗轮减速器箱体零件图。

（1）看标题栏

从标题栏可知，该零件名是蜗杆蜗轮减速器箱体，属于箱体类零件，用 HT150 灰铸铁制成，在装配体中只有 1 件该零件，绘图比例 1∶1。箱体的作用是安装一对啮合的蜗杆蜗轮，运动由蜗杆传入，经啮合后传给蜗轮，得到较大的降速后，再由输出轴输出。

（2）分析表达方案

① 该箱体零件图采用了 4 个基本视图和 2 个局部视图。

② 根据该箱体视图的配置关系可知，A—A 全剖视图为主视图，表达了箱体沿水平轴线（蜗杆轴线）剖切后的内部结构，在俯视图上可找到剖切平面 A—A 的剖切位置。B—B 全剖视图为左视图，表达了箱体沿铅垂轴线（蜗轮轴线）剖切后的内部结构，在主视图上可找到剖切平面 B—B 的剖切位置。俯视图为表达外形的视图。上述 3 个视图按基本视图投影关系配置。C—C 剖视图在主视图上可找到剖切平面 C—C 的剖切位置，它用来表达底板和肋板的结构形状。

D 向、E 向局部视图表达箱体两侧凸缘、凸台的形状。

（3）分析视图

把图 9-80 所示箱体零件图的左视图 B—B 剖视图分解为 4 个主要部分，按投影关系找出其他视图上各个部分的相应投影，如图 9-81 所示，可以看出以下 4 个组成部分。

① 是箱体上部的长方腔体，用来容纳啮合的蜗杆蜗轮。

② 是铅垂方向带阶梯孔的空心圆柱，是箱体的蜗轮轴的轴孔。

③ 是长方形底板，为安装箱体之用。

④ 为 T 形肋板，用来加强上述 3 部分的相互连接。

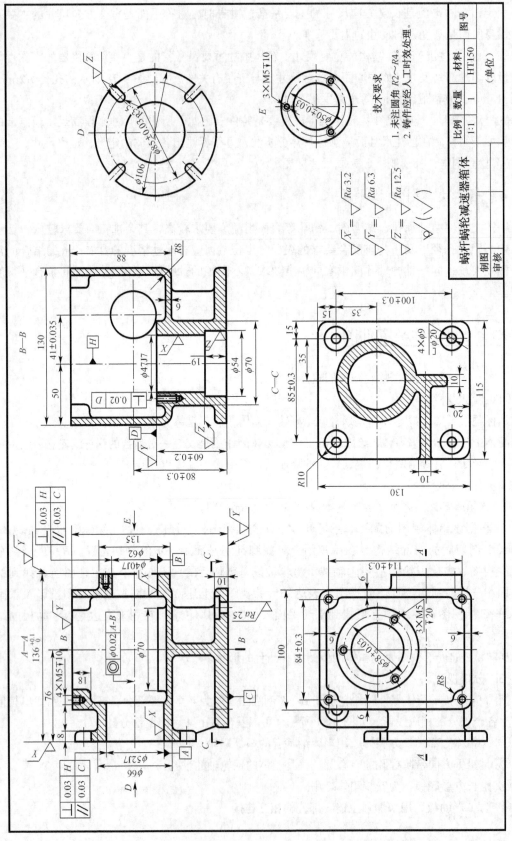

图 9-80 蜗杆蜗轮减速器箱体零件图

技术要求
1. 未注圆角 R2～R4。
2. 铸件应经人工时效处理。

蜗杆蜗轮减速器箱体

材料 HT150
数量 1
（单位）

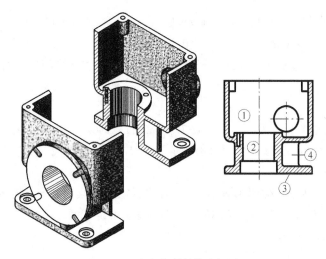

图 9-81　蜗杆蜗轮箱体左视图

　　箱体两侧凸缘、凸台的形状反映在 *D*、*E* 局部视图上，联系主视图，可看清箱体的蜗杆轴孔。各部分还有螺孔、通孔等结构，保证箱体与其他零件的连接。

　　最后，按各个部分的相对位置可知，该箱体的结构比较复杂，基础形体由底板、箱壳、T 形肋板、互相垂直的蜗杆轴孔（水平）和蜗轮轴孔（垂直）组成，蜗轮轴孔在底板和箱壳之间，其轴线与蜗杆轴孔的轴线垂直交错，T 形肋板将底板、箱壳和蜗轮轴孔连接成一个整体，如图 9-82 和图 9-83 所示。

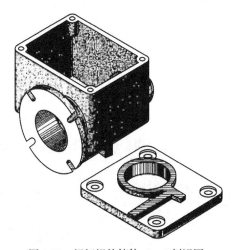

图 9-82　蜗杆蜗轮箱体 *C—C* 剖视图

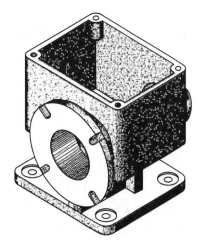

图 9-83　蜗杆蜗轮箱体

　　（4）分析尺寸

　　① 箱体蜗杆轴的水平轴线和底面是高度方向的尺寸基准，其中底面是主要基准；过箱体蜗轮轴铅垂轴线的长方形腔体的对称平面、凸缘和凸台端面是长度方向的尺寸基准，其中过铅垂轴线的长方形腔体的对称平面是主要基准；宽度方向的主要基准是蜗轮轴的铅垂轴线。

　　② 图 9-80 所示箱体轴承孔直径及有关轴向尺寸［如尺寸 $\phi$47J7 和尺寸（60±0.2）mm 等，轴承孔中心距（41±0.035）mm］和轴线与安装面的距离即中心高［如尺寸（80±0.3）mm］均

属箱体的主要尺寸。

③ 箱体的各部分尺寸，尽可能配置在反映该部分形状特征的视图上。例如，同一轴线上的一系列直径尺寸（尺寸$\phi66$mm、$\phi52$J7、$\phi40$J7、$\phi62$mm）配置在主视图上。箱壁厚度 6mm 注在俯视图上，肋板厚度 10mm 注在 C—C 剖视图上等。尺寸这样配置，有助于分析箱体的结构形状。

（5）分析技术要求

有公差要求的配合尺寸有轴承孔直径$\phi47$J7、$\phi52$J7、$\phi40$J7，轴向尺寸（$60 \pm 0.2$）mm、（$80 \pm 0.3$）mm 等。有几何置公差要求的尺寸有轴承孔$\phi52$J7、$\phi40$J7 轴线与基准平面 H、C 的垂直度、平行度公差（均为 0.03mm）等。

轴承孔内表面加工后光滑程度要求较高，表面粗糙度 $Ra$ 取 3.2 μm；孔的端面的表面粗糙度可略大，表面粗糙度 $Ra$ 取 6.3μm。箱体的大多数表面为非加工面。

箱体需经人工时效处理。

# 任务 9.8　零件测绘

依据实际零件，通过分析选定表达方案，画出它的图形，测量并标注尺寸，制定必要的技术要求，从而完成零件图绘制的过程，称为零件测绘。零件测绘一般先画零件草图（徒手图），再根据整理后的零件草图画零件工作图（零件图）。

零件测绘对学习先进技术、交流革新成果、改造和维修现有设备、仿造机器及配件等都有重要作用。因此，零件测绘是工程技术人员必备的基本技能之一。

## 9.8.1　零件的测绘要求和步骤

零件测绘的要求如下。

（1）零件草图是绘制零件图的重要依据，有时也可根据它直接制造零件。因此，零件草图必须具备零件图的全部内容。

（2）零件草图是不使用绘图工具，只凭目测零件形状、大小，用铅笔徒手画出图形，然后集中测量标注尺寸和技术要求。切不可边画边测边注。

（3）画出的零件草图应做到"图形正确、比例匀称、表达清楚；尺寸齐全清晰；线型分明、字体工整；技术要求合理"。

下面分析零件测绘的步骤。

1. 了解分析零件

了解零件的名称、类型、材料以及在机器中的位置、作用及与相邻的零件配合、连接关系，然后分析零件的结构形状、加工方法、技术要求和热处理等。

图 9-84 所示为阀盖零件的轴测剖视图。该零件的材料为 ZG25，是球阀上的一个重要零件，起密封作用，属于轮盘类零件。

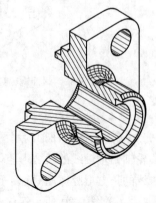

图 9-84　阀盖轴测剖视图

## 2．确定零件表达方案

（1）选择主视图

阀盖的主视图，考虑形状特征，按工作位置安放，取轴线水平，这样可使主视图清楚地反映各部分的相对位置。主视图画成全剖视图，表达内形。

（2）选择其他视图

选择左视图表达主体部分的矩形凸缘、圆筒、四个圆孔的位置关系。

## 3．绘制零件草图

草图不应是"潦草的图"，应认真对待，仔细画好。画零件草图的步骤如下。

（1）根据零件的总体尺寸和比例，确定图幅；画图框和标题栏；画各视图的作图基准线，如图 9-85（a）所示。布置图形时应注意留出标注尺寸、技术要求的位置。

（2）目测比例，徒手画出零件的内、外结构形状。对零件上的缺陷，如破旧、磨损、铸件砂眼、气孔等不应画出，如图 9-85（b）所示。

（3）仔细检查全图；按规定加深线型；画剖面线；确定尺寸基准，依次画出全部尺寸界线、尺寸线和箭头，如图 9-85（c）所示。

（4）测量尺寸，查有关标准校对标准结构要素尺寸，填写尺寸数值，填写必要的技术要求、标题栏，完成全图，如图 9-85（d）所示。

零件测绘对象是一般零件。标准件不必画它的零件草图和零件图，只需测量主要尺寸，查有关标准定出规定标记，并注明材料、数量。

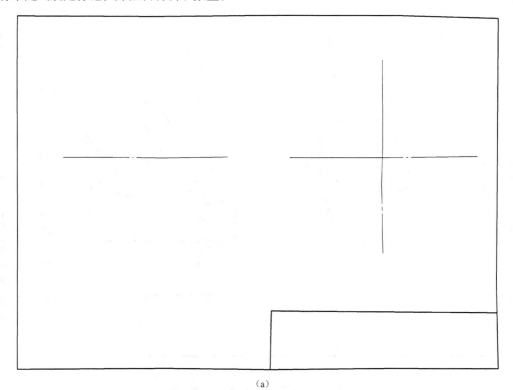

（a）

图 9-85　阀盖零件草图的绘制步骤

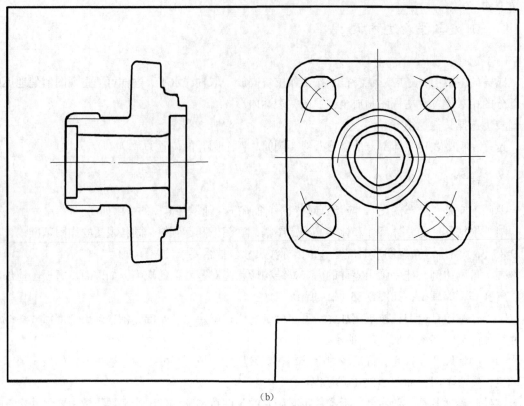

（b）

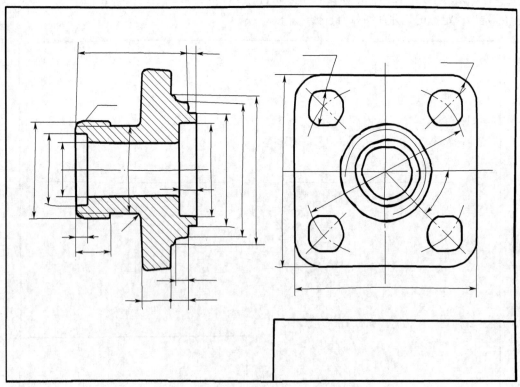

（c）

图 9-85　阀盖零件草图的绘制步骤（续）

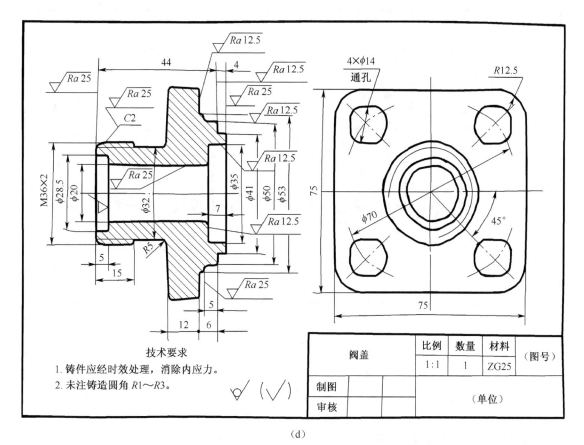

技术要求

1. 铸件应经时效处理，消除内应力。
2. 未注铸造圆角 R1～R3。

| 阀盖 | 比例 | 数量 | 材料 | （图号） |
|---|---|---|---|---|
| | 1:1 | 1 | ZG25 | |
| 制图 | | | | （单位） |
| 审核 | | | | |

(d)

图 9-85　阀盖零件草图的绘制步骤（续）

## 4. 根据零件草图绘制零件图

零件草图完成后，应经校核、整理，再依此绘制零件图。

（1）校核、整理零件草图

因为画零件草图受工作地点、时间、条件等限制，有些问题不一定考虑得很周全，所以要对所画草图进行校核。校核内容包括以下方面。

① 表达方案是否正确、完整、清晰、简练。

② 尺寸标注是否合理、正确、完整、清晰。

③ 技术要求的确定是否既满足零件的性能和使用要求，又比较经济合理。

校核后进行必要的修改、补充，就可根据草图绘制零件图。

（2）绘制零件图

绘制零件图的步骤如下。

① 选比例、定图幅，画图框线和标题栏，布局各视图的基准线。

② 画底稿完成全部图形。

③ 擦去多余线，检查描深，画剖面线、尺寸界线、尺寸线和箭头。

④ 注写尺寸数值、技术要求，填写标题栏。

⑤ 检查完成全图，如图 9-86 所示。

综合案例 2——
绘制零件草图

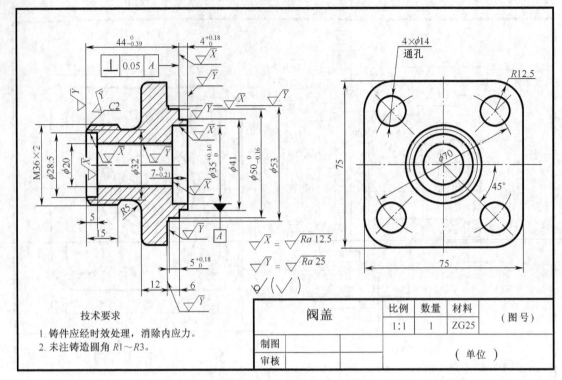

图 9-86 阀盖零件图

## 9.8.2 零件尺寸的测量

测量零件尺寸是测绘工作的重要内容。零件的全部尺寸测量，应在画完草图后集中进行，不但可以提高工作效率，还可以避免错误和遗漏。

### 1. 常用测量工具

（1）测量非加工尺寸、无公差标注要求的尺寸，常用直尺、卡钳等。

（2）测量精度要求高的尺寸，常用千分尺、游标卡尺等。

### 2. 常用测量工具的使用方法

（1）钢直尺的使用方法

钢直尺可以用来测量工件的线性尺寸，测量方法如图 9-87 所示。

（2）游标卡尺的使用方法

游标卡尺既可用来测量工件的外形长度及内孔、槽的深度，还可以测量工件的内、外直径，测量方法如图 9-88 所示。

（3）卡钳的使用方法

卡钳分为内卡钳、外卡钳和内外卡钳，卡钳一般是和钢直尺、游标卡尺配合使用，可测量工件的长度、壁厚、中心距、内腔尺寸等。使用卡钳测量工件时，经常在卡钳上划线作为测量位置的标记，测量方法如图 9-89 所示。

（a）钢直尺

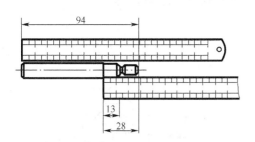

（b）测量长度尺寸

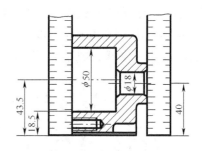

（c）测量中心高尺寸

图 9-87  钢直尺的使用方法

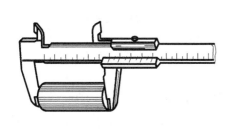

（a）测量长度尺寸

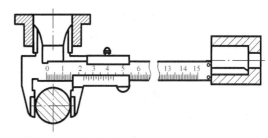

（b）测量内、外直径和深度尺寸

图 9-88  游标卡尺的使用方法

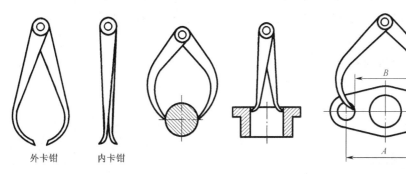

外卡钳     内卡钳

（a）卡钳　　　　　（b）测量外、内直径尺寸　　　　　（c）测量中心距

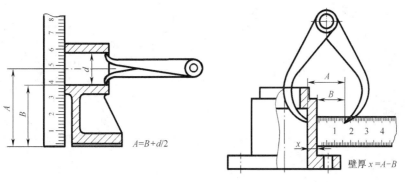

（d）测量中心高尺寸　　　　　　　（e）测量壁厚尺寸

图 9-89  卡钳的使用方法

（4）圆角规、螺纹规的使用方法

圆角规可用于测量圆角。每套圆角规有两组片：一组用于测量外圆角；另一组用于测量内圆角，每片都刻有圆角半径的数值。测量时，只要从中找到与被测部位完全吻合的一片，读出该片上的 $R$ 数值即为所测圆角半径，如图 9-90（a）所示。

螺纹规用于测量螺纹的螺距，测量方法如图 9-90（b）所示。

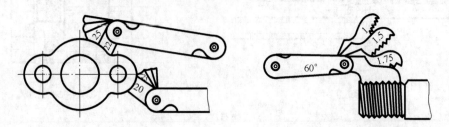

（a）用圆角规测量圆角的半径尺寸　　　　　　（b）用螺纹规测量螺纹的螺距

图 9-90　圆角规、螺纹规的使用方法

（5）测量曲线或曲面

① 拓印法。对于平面与曲面相交的曲线轮廓，可用纸拓印其轮廓，得到真实的曲线形状后用铅笔加深，然后判定该曲线的圆弧连接情况，定出切点，找到各段圆弧中心（中垂线法：任取相邻两弦，分别作其垂直平分线，得交点，即为一圆弧的中心），测其半径，如图 9-91（a）所示。

② 铅丝法。对于回转体零件的母线曲率半径的测量，可用铅丝贴合其曲面弯成母线实形，描绘在纸上，判定该曲线的圆弧连接情况，定出切点，再用中垂线法求出各段圆弧的中心测其半径，如图 9-91（b）所示。

③ 坐标法。一般的曲线和曲面都可用直尺和三角板配合定出面上各点的坐标，在纸上画出曲线，求出曲率半径，如图 9-91（c）所示。

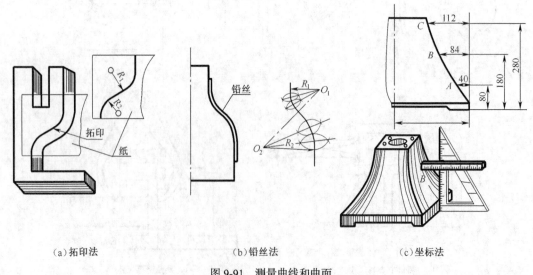

（a）拓印法　　　　　　　（b）铅丝法　　　　　　　（c）坐标法

图 9-91　测量曲线和曲面

### 3. 测量尺寸时的注意事项

（1）要正确使用测量工具和选择测量基准，以减少测量误差；不要用较精密的量具测量粗糙表面，以免磨损，影响量具的精度。

（2）对于零件上不太重要的尺寸（不加工面尺寸、加工面的一般尺寸），可将所测的尺寸数值圆整到整数。对于重要尺寸（如中心距、中心高、齿轮轮齿尺寸等）应精确测量，并进行必要的计算、核对，不能随意调整。

（3）相配合的孔、轴的公称尺寸应一致。零件上的配合尺寸，测后应圆整到公称尺寸（标准直径或标准长度），然后依据使用要求，正确定出配合基准制、配合类别和公差等级，再从极限偏差表中查出偏差值。

（4）对于零件上的标准结构要素，如螺纹、键槽、退刀槽、螺栓孔、锥度、中心孔等，测得尺寸后，应查表取标准值。

（5）测量零件上磨损部位的尺寸时，应考虑磨损值，参照相关零件或有关资料，进行分析确定。

## 9.8.3  常见零件结构的测绘

### 1. 螺纹的测绘

测绘螺纹时，可按以下步骤操作。

（1）确定螺纹的线数和旋向

查看螺纹的端部可知其线数，将螺纹轴线垂直放置可看出其旋向（左低右高为右旋螺纹，反之为左旋螺纹）。

（2）确定牙型，测量螺距

根据螺纹的用途可大致知道螺纹的牙型，并用拓印法测量螺距，即将螺纹放在纸上压出痕迹，量出 $n$ 条痕迹的长度 $L$，则螺距按 $P=L/n$ 计算，如图 9-92 所示。若用螺纹规，则可直接确定牙型及螺距。

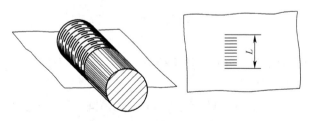

图 9-92  拓印法测量螺纹的螺距

（3）测量螺纹的大径

外螺纹的大径可用游标卡尺直接测出；内螺纹可先测出小径，再据此由螺纹标准中查出大径；也可测量出与之配合的外螺纹大径，从而推算出内螺纹的大径。

（4）查标准，确定标记

根据牙型、螺距和大径，查阅相关标准，确定螺纹的标记（见附录 A）。

### 2. 直齿圆柱齿轮的测绘

根据齿轮实物，通过测量、计算确定其主要参数和各部分的尺寸，然后绘制齿轮零件图的过程，称为齿轮测绘。直齿圆柱齿轮测绘的一般步骤如下。

（1）确定齿数 $z$

无须测量，可直接数出齿轮的齿数 $z$。

（2）测量齿顶圆直径 $d_a'$

若齿数为偶数，可用游标卡尺直接测出，如图 9-93（a）、（b）所示。若齿数为奇数，应通过测出轴孔直径 $D$ 和孔壁至齿顶的径向距离 $H$，如图 9-93（c）所示，然后按下式计算出 $d_a'$：

$$d_a'=2H+D$$

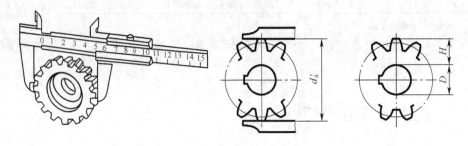

（a）用游标卡尺测量齿顶圆直径　　　（b）齿数为偶数时　　　（c）齿数为奇数时

图 9-93　齿顶圆的测量

（3）确定模数 $m$

可按齿顶圆公式导出，由于 $d_a=m(z+2)$，所以 $m=d_a/(z+2)$；模数计算出来后，还必须与标准模数表核对，取相近的标准模数 $m$。

（4）计算轮齿的各部分尺寸

根据标准模数和齿数，可计算出轮齿各部分的尺寸。

（5）校对中心距 $a$

计算所得的尺寸要与实测的中心距核对，必须符合下式：

$$a=(d_1+d_2)/2=m(z_1+z_2)/2$$

（6）其他尺寸的测量

齿轮的其他尺寸可按实物用前述的方法进行测量。

（7）绘制直齿圆柱齿轮零件图

在齿轮零件图中，除具有一般零件图的内容外，齿顶圆直径、分度圆直径必须直接标注出，齿根圆直径规定不注，并在图样右上角画出参数栏，标注模数、齿数、齿形角、精度等级等基本参数。

零件的测绘

# 知识梳理与总结

1. 本项目的前三个任务解决的是绘制零件图的通识能力，包括零件图的作用和内容、视图选择、技术要求。选择零件主视图时可依据 5 个原则合理确定。零件图上的技术要求主要包括表面结构、极限与配合、几何公差等，相关标注一定要遵照国家标准。

2. 本项目的重点是解决 4 类典型零件图的绘制，各任务围绕零件的常见结构、视图表达、尺寸标注与技术要求、识读图形等来展开训练。在学习过程中，应注意归纳不同类型的零件及其在视图选择和尺寸标注上的特点。在选择视图和标注尺寸时，还应针对零件的具体结构特点进行具体分析，不要盲目照搬教材。

3. 零件测绘是整个项目的综合任务，可结合实训来进行强化训练。

4. 绘制零件图时容易出错的是局部剖视图的画法；剖视图、断面图的标注；螺纹的画法和代号的标注；视图投影不正确；漏画或多画线，交线画错等。尺寸标注时容易出错的是漏注尺寸（特别是漏注定位尺寸）；标准结构的尺寸与标准不符；尺寸标注方法不符合国家标准的规定。以上这些问题在绘制零件图时，都应特别注意并认真检查改正。

## 教学导航

| 教学目标 | 了解装配图的作用和内容；掌握装配图的画法；掌握装配图的尺寸标注；了解装配体上常见工艺结构的表达方法；能够识读装配图及拆画零件图 |
| --- | --- |
| 教学重点 | 装配图的画法、尺寸标注、技术要求、零部件序号和明细栏；识读装配图和拆画零件图的方法 |
| 教学难点 | 装配图的画法、尺寸标注；装配的工艺结构；识读装配图和拆画零件图 |
| 能力目标 | 具有表达装配体的能力；培养由装配图拆画零件图的能力 |
| 知识目标 | 装配图的规定画法和特殊画法；装配图的尺寸标注、技术要求、零部件序号、明细栏；装配的工艺结构；部件测绘；由装配图拆画零件图 |
| 选用案例 | 滑动轴承、车床尾座、三星齿轮传动机构、转子泵、传动器、齿轮油泵、钻夹具 |
| 考核与评价 | 项目成果评价占 50%，学习过程评价占 40%，团队合作评价占 10% |

## 项目导读

　　装配图是表达机器或部件的图样。表达一台完整机器的装配图，称为总装配图（总图）；表示机器中某个部件或组件的装配图，称为部件装配图或组件装配图。

　　本项目通过多个案例重点讲解了装配图的画法、尺寸标注、技术要求、零部件序号、明细栏、识读装配图和拆画零件图的方法及步骤等知识，通过学习要达到能够正确地识读装配图和根据装配图正确地拆画出零件图的目的。

# 任务 10.1　装配图的作用和内容

## 10.1.1　装配图的作用

装配图是表达机器或部件的工作原理、结构性能和零件之间的装配关系的图样。在设计新产品或改进原有产品时，一般都要画出装配图，然后根据它所提供的总体结构和尺寸，绘制零件图。在生产过程中，先根据零件图加工出零件，然后再根据装配图将零件装配成部件或机器。可见，装配图既是进行零件设计、制订装配工艺规程的依据，也是进行装配、调试、检验及维修的必备资料，是反映设计意图和指导产品生产的重要技术文件。

## 10.1.2　装配图的内容

图 10-1 所示为滑动轴承的分解轴测图，它是由 8 种零件组成的用于支撑轴的部件。图 10-2 所示为该部件的装配图，从图 10-2 所示可以看出装配图包括以下内容。

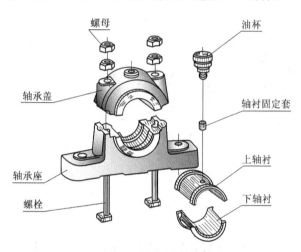

图 10-1　滑动轴承分解轴测图

### 1.　一组图形

用一组图形（包括各种表达方法）正确、完整、清晰和简便地表达出机器或部件的工作原理、各零件间的相对位置及装配关系、零件的连接和传动情况以及零件的主要结构形状。

### 2.　必要的尺寸

装配图中应标注出反映机器或部件性能、规格、外形、装配、检验、安装时所必需的一些尺寸。

### 3.　技术要求

装配图中用文字或符号准确、简明地说明机器或部件的性能、装配、检验、调试、使用、维修等方面所需达到的要求。

### 4. 标题栏、序号和明细栏

用标题栏注明机器或部件的名称、比例、图号及设计、制图、审核者的姓名等。在装配图上，应对每种不同的零件或组件进行编号；并编制明细栏，依次填写零件的序号、代号、名称、数量、材料、备注等内容。

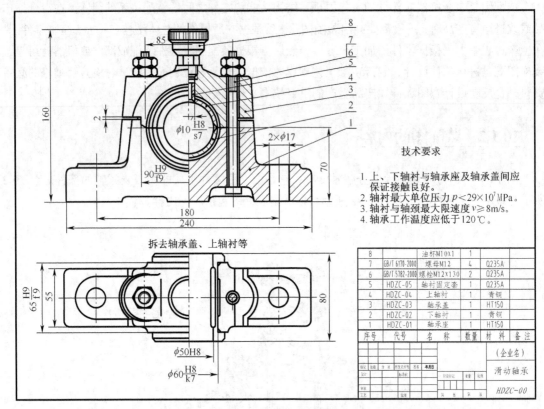

**技术要求**

1. 上、下轴衬与轴承座及轴承盖间应保证接触良好。
2. 轴衬最大单位压力 $p < 29 \times 10^7$ MPa。
3. 轴衬与轴颈最大限速度 $v \geqslant 8$m/s。
4. 轴承工作温度应低于 120℃。

| 8 | | 油杯M10×1 | 1 | | |
|---|---|---|---|---|---|
| 7 | GB/T 6170-2000 | 螺母M12 | 4 | Q235A | |
| 6 | GB/T 5782-2000 | 螺栓M12×130 | 2 | Q235A | |
| 5 | HDZC-05 | 轴衬固定套 | 1 | Q235A | |
| 4 | HDZC-04 | 上轴衬 | 1 | 青铜 | |
| 3 | HDZC-03 | 轴承盖 | 1 | HT150 | |
| 2 | HDZC-02 | 下轴衬 | 1 | 青铜 | |
| 1 | HDZC-01 | 轴承座 | 1 | HT150 | |
| 序号 | 代号 | 名　称 | 数量 | 材料 | 备注 |

图 10-2　滑动轴承装配图

## 任务 10.2　装配图的规定画法和特殊画法

装配图的表示法与零件图的表示法基本相同，前面学过的各种表示法，如视图、剖视图、断面图等，在装配图的表达中也同样适用。但机器或部件是由若干个零件组装而成的，装配图的重点在于反映机器或部件的工作原理、零件间的装配连接关系和零件的主要结构形状，所以装配图还有一些特殊的规定。

### 10.2.1　规定画法

#### 1. 接触面（或配合面）和非接触面的画法

① 两相邻零件的接触面或公称尺寸相同的配合面，只画一条线。间隙配合即使间隙较大也

只画一条线。例如，图 10-2 所示注有 90H9/f9、65H9/f9、$\phi$10H8/s7、$\phi$60H8/k7 的配合面及螺母 7 与轴承盖 3 的接触面等，都只画一条线。

② 两相邻零件的非接触或非配合面，即使间隙很小也必须画两条线。例如，图 10-2 所示螺栓 6 与轴承盖 3 和轴承座 1 的孔的非配合面，轴承座 1 与轴承盖 3 的非接触面等，都必须画两条线，表示各自的轮廓。

## 2. 剖面线的画法

① 在剖视图或断面图中，两相邻金属零件的剖面线的倾斜方向应相反，或者方向一致而间隔不同，若三个以上零件相邻时，采用同一倾斜方向剖面线的两零件应采用不同的剖面线间隔，如图 10-2 和图 10-3 所示。

② 在同一张装配图的各个视图中，同一零件的剖面线方向与间隔必须一致，如图 10-9 所示。

③ 剖面区域厚度小于 2mm 的图形可以以涂黑来代替剖面线符号，如图 10-4 所示的垫片 3。如果是玻璃或其他材料不宜涂黑时，可不画剖面线符号。

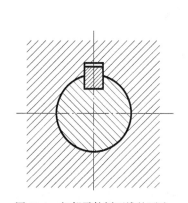

图 10-3 相邻零件剖面线的画法

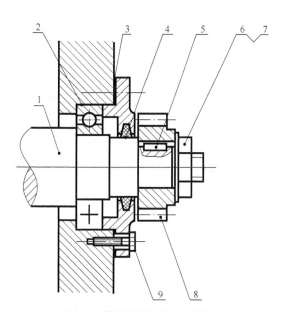

图 10-4 装配图画法的基本规定

## 3. 标准件和实心件的画法

① 对于一些实心杆件（如轴、连杆、拉杆、手柄等）和一些标准件（如螺母、螺栓、键、销等），若按纵向剖切，且剖切平面通过其对称平面或轴线时，这些零件均按不剖绘制，如图 10-4 所示的轴 1、平键 5、螺母 6、垫圈 7、螺钉 9 等。如果需要特别表明这些零件上的局部结构，如凹槽、键槽、销孔等，可用局部剖视表示，如图 10-4 所示的轴 1。

② 若横向剖切标准件和实心件，则照常画出剖面线，如图 10-2 所示俯视图中螺栓 6 的横断面画剖面线。

装配图的规定画法

### 10.2.2　特殊画法

#### 1．拆卸画法

在装配图中，当某个或几个零件遮住了需要表达的其他结构或装配关系，而该结构在其他视图中已表示清楚时，可假想将其拆去，只画出所要表达部分的视图，此时应在视图的上方加注"拆去××等"，这种画法称为拆卸画法。如图 10-2 所示俯视图中拆去轴承盖、上轴衬等。

#### 2．假想画法

① 运动零（部）件极限位置的画法。在装配图中，当需要表达运动零（部）件的运动范围或极限位置时，可将运动件画在一个极限位置（或中间位置）上，另一个极限位置（或两极限位置）用双点画线画出。如图 10-5 所示，用双点画线表示车床尾座上手柄的另一个极限位置；如图 10-6 所示，用双点画线表示运动部件的左、右两极限位置。

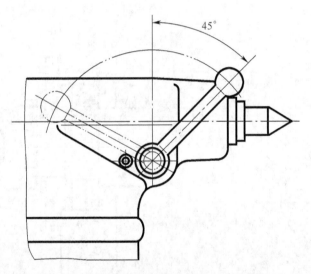

图 10-5　运动零件极限位置的画法（车床尾座）

② 相邻零（部）件的画法。在装配图中，当需要表示与本部件有装配关系或安装关系但又不属于本部件的相邻其他零（部）件时，可用双点画线画出该相邻零（部）件的部分外形轮廓，如图 10-6 所示的主轴箱。

#### 3．夸大画法

在装配图中，对于薄片零件、细丝弹簧或较小的斜度和锥度、微小的间隙等，当无法按实际尺寸画出，或者虽能如实画出，但不明显时，可将其夸大画出，即允许将该部分不按原绘图比例而适当加大，以使图形清晰，但实际尺寸大小应在该零件的零件图上标注。图 10-4 所示的垫片 3 就是运用了夸大的画法。

#### 4. 展开画法

为了表达某些重叠的装配关系，以多级传动变速箱为例，为了表示齿轮传动顺序和各轴的装配关系，可假想将空间轴系按其传动顺序沿它们的轴线剖开，然后依次将其展开在一个平面上，画出剖视图，并在剖视图上方标注"×—×展开"，这种画法称为展开画法。图 10-6 所示左视图就采用了展开画法。

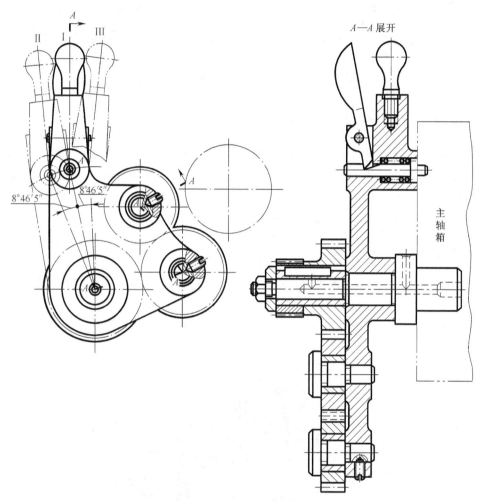

图 10-6　展开画法（三星齿轮传动机构）

#### 5. 沿零件结合面剖切画法

在装配图中，为表达某些内部结构，可假想沿某些零件的结合面剖切，即将剖切平面与观察者之间的零件拆掉后再进行投影，称为沿结合面剖切画法。此时在零件结合面上不画剖面线，但被切部分（如螺栓、螺钉等）必须画出剖面线。

图 10-2 所示的俯视图就是沿轴承座和轴承盖的结合面剖切后画出的半剖视图。图 10-7 所示的右视图（A—A 剖视图）是沿泵体和泵盖的结合面（中间的垫片）处剖切后画出的。

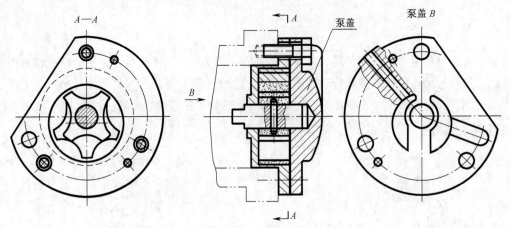

图 10-7　单独画出某个零件的视图（转子泵）

### 6. 单独表达某零件的某视图的画法

在装配图中，当某个零件的形状未表达清楚而影响对部件的工作情况、装配关系等问题的理解时，可以将该零件的某个方向投影表达出来，单独画出视图，但必须在所画视图上方标注该零件的视图名称，在相应视图的附近用箭头指明投射方向，并注上同样的字母。如图 10-7 所示，按 $B$ 投射方向，单独画出了其中零件泵盖的视图 "$B$"，并做了相应的标注 "泵盖 $B$"。

### 7. 简化画法

① 在装配图中，零件的某些工艺结构，如倒角、圆角、退刀槽等允许不画；螺栓头部和螺母也允许按简化画法画出，如图 10-8 所示。

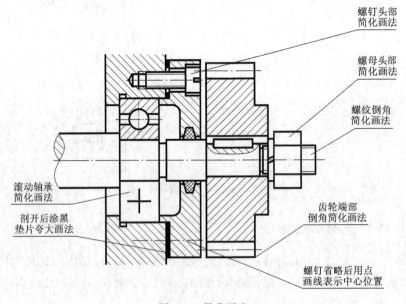

图 10-8　简化画法

② 在装配图中，滚动轴承允许采用国家标准规定的特征画法或规定画法，但在同一图样中，一般只允许采用同一种画法，如图 10-8 所示的滚动轴承的画法。

③ 对于装配图中的若干相同的零件组（如螺纹紧固件组等），允许仅详细地画出一处，其余只以点画线表示其中心位置，如图 10-8 所示的螺钉的画法。

装配图的简化
画法（上）

装配图的简化
画法（下）

## 任务 10.3　装配图的尺寸标注和技术要求

### 10.3.1　装配图的尺寸标注

装配图和零件图的用途不一样，所以对尺寸标注的要求也不一样。零件图是为了制造、加工零件用的，在视图上需要标注出全部的尺寸。装配图是为了设计和装配机器或部件用的，或者在设计时拆画零件图用的，所以在装配图中不需标注出每个零件的全部尺寸，只需标注出一些必要的尺寸。这些尺寸按其作用不同，可分为以下几类。

#### 1. 性能尺寸（规格尺寸）

表示机器或部件的工作性能、规格大小的尺寸称为性能尺寸。这类尺寸在设计时就已确定了，是了解机器性能、工作原理、装配关系等的重要参数。例如，图 10-9 所示的 100mm 和 $\phi$96mm 都是性能尺寸。

#### 2. 装配尺寸

表示机器或部件上相关联零件间装配关系的尺寸称为装配尺寸。它包括配合尺寸和重要的相对位置尺寸。

① 配合尺寸是重要的装配关系尺寸，它表示两零件间的配合性质，一般在尺寸数字后面都注明配合代号。配合尺寸是装配和拆画零件图时确定零件尺寸偏差的依据。例如，图 10-9 所示的 $\phi$20H7/h6、$\phi$62K7/f7、$\phi$25k6 和 $\phi$62K7 都是配合尺寸。

② 相对位置尺寸是设计或装配机器时需要保证的零件间重要的相对位置尺寸，也是装配、调整和校图时所需的尺寸。例如，图 10-2 所示的中心高 70mm 和两螺栓中心距 85mm 都是相对位置尺寸。

#### 3. 安装尺寸

安装尺寸表示将部件安装在机器上，或机器安装在地基上所需的尺寸。例如，图 10-2 所示的安装孔的直径 2×$\phi$17mm 及中心距 180mm，图 10-9 所示的安装孔的直径 4×$\phi$9mm 及中心距 128mm 和 80mm 都是安装尺寸。

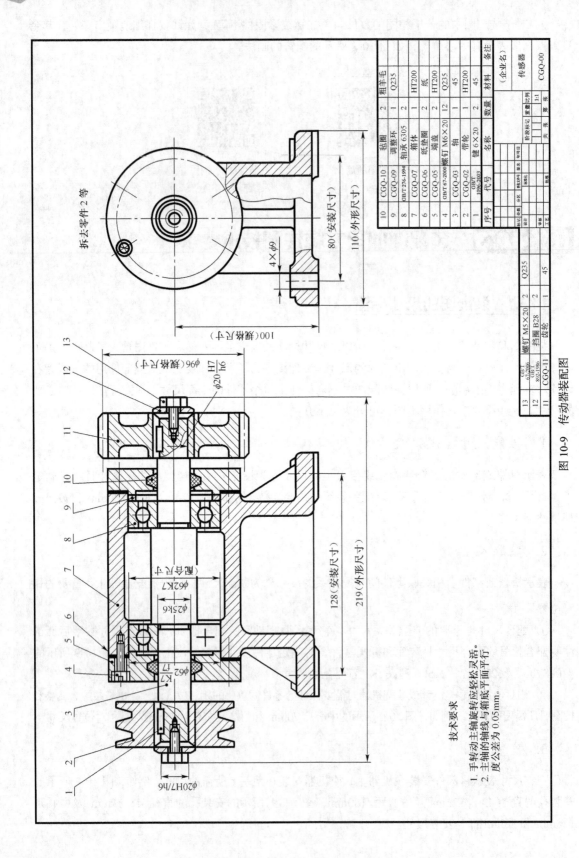

图 10-9　传动器装配图

技术要求

1. 手转动主轴旋转应轻松灵活。
2. 主轴的轴线与箱底平面平行度公差为 0.05mm。

| 13 | | | GB/T 67-2006 | | | 螺钉 M5×20 | 2 | Q235 | |
| 12 | | | GB/T 892-1986 | | | 挡圈 B28 | 1 | | |
| 11 | | | CGQ-11 | | | 齿轮 | 2 | 45 | |

| 10 | | | CGQ-10 | | | 毡圈 | 2 | 粗羊毛 | |
| 9 | | | CGQ-09 | | | 调整环 | 1 | Q235 | |
| 8 | | | GB/T 276-1994 | | | 轴承 6305 | 2 | | |
| 7 | | | CGQ-07 | | | 箱体 | 1 | HT200 | |
| 6 | | | CGQ-06 | | | 纸垫圈 | 2 | 纸 | |
| 5 | | | CGQ-05 | | | 端盖 | 2 | HT200 | |
| 4 | | | GB/T 67-2000 | | | 螺钉 M6×20 | 12 | Q235 | |
| 3 | | | CGQ-03 | | | 轴 | 1 | 45 | |
| 2 | | | CGQ-02 | | | 带轮 | 1 | HT200 | |
| 1 | | | GB/T 1096-2003 | | | 键 6×20 | 2 | 45 | |
| 序号 | | | 代号 | | | 名称 | 数量 | 材料 | 备注 |
| | | | | | | (企业名) | | | |
| | | | | | | | 传感器 | | |
| | | | | | | 阶段标记 | 重量 | 比例 | |
| | | | | | | | | 1:1 | CGQ-00 |
| 设计 | | | | | | 共 张 | 第 张 | | |

250

### 4. 外形尺寸

外形尺寸表示机器或部件的外形轮廓尺寸，即总长、总宽和总高。此类尺寸标明了机器和部件所占的空间大小，可作为机器或部件在包装、运输、安装及厂房设计时的依据。例如，图 10-2 所示的 240mm、80mm 和 160mm 及图 10-9 所示的 219mm 和 110mm 都是外形尺寸。

### 5. 其他重要尺寸

其他重要尺寸是在部件设计时，经过计算或根据某种需要而确定的，但又不包括在上述几类尺寸之中的重要尺寸。例如，图 10-2 所示的轴承宽度 80mm 及轴承座宽度 55mm 都是其他重要尺寸。

装配图的尺寸
标注

上述 5 类尺寸，并非在每张装配图上都需标注，有时同一个尺寸，可能有几种含义，因此在装配图上到底应标注哪些尺寸，需根据具体装配体分析而定。在标注尺寸时，必须明确每个尺寸的作用，对装配图没有意义的结构尺寸不需要标注。

## 10.3.2　装配图的技术要求

用文字或符号在装配图中说明对机器或部件的性能、装配、检验、使用等方面的要求和条件，这些统称为装配图中的技术要求，如图 10-2 和图 10-9 所示。

由于不同装配体的性能、要求各不相同，因此其技术要求也不同。拟定装配体技术要求时，一般应从以下几方面考虑。

### 1. 性能要求

性能要求指机器或部件的规格、参数、性能指标等。

### 2. 装配要求

在装配过程中需注意的事项及装配体所必须达到的要求，如精度、装配间隙、润滑、密封等。

### 3. 检验要求

检验要求指对装配体基本性能的检验、试验、验收方法的说明等。

### 4. 使用要求

使用要求是对装配体的操作、维护、保养、使用时的注意事项等。

### 5. 其他方面的要求

对一些高精度或特种机器设备，还要求对它们的运输、储存、防腐、温度等加以说明。

上述几点，并不要求每张装配图上都标注齐全，可参阅同类产品的图样，根据具体情况确定。技术要求中的文字标注应准确、简练，一般写在明细栏上方或图样下方的空白处，也可以另编技术文件附于图样资料中。

## 任务 10.4　装配图中的零、部件序号和明细栏

在生产中为便于图样管理、生产准备、机器装配和看懂装配图，对装配图中所有零、部件都必须编号，并填写明细栏，图中零、部件的序号应与明细栏中的序号一致。

### 10.4.1　零、部件序号

#### 1．一般规定

① 装配图中每种零、部件都需标注一个序号。同一张装配图中相同的零、部件只标注一个序号，且一般只标注一次。

② 装配图中零、部件的序号应与明细栏中的序号一致。

③ 同一张装配图中标注序号的形式应一致。

#### 2．序号的编排方法

（1）序号的标注形式

① 在指引线的水平线（细实线）上或圆圈（细实线）内标注序号时，序号的字高比该装配图中所注的尺寸数字高度大一号，如图 10-10（a）所示。

② 在指引线的水平线上或圆圈内标注序号时，序号的字高比该装配图中所注的尺寸数字高度大两号，如图 10-10（b）所示。

③ 在指引线附近标注序号时，序号的字高比该装配图中所注尺寸数字高度大两号，如图 10-10（c）所示。

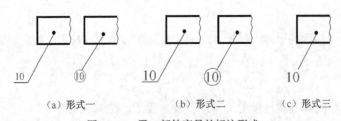

（a）形式一　　　　　（b）形式二　　　　　（c）形式三

图 10-10　零、部件序号的标注形式

（2）序号的指引线

① 指引线应自所指零、部件投影的可见轮廓内引出，并在末端画一圆点，如图 10-10 所示。若所指零、部件的投影内不便画圆点（零件太薄或涂黑的断面区域）时，可在指引线的末端画出箭头，并指向该部分的轮廓，如图 10-11 所示。

② 指引线应尽可能排布均匀，且不宜过长，不能相交。当通过有剖面线的区域时，指引线不应与剖面线平行，如图 10-2 和图 10-9 所示。

③ 必要时指引线可画成折线，但只可折一次，如图 10-12 所示。

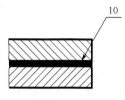

图 10-11　用箭头代替圆点

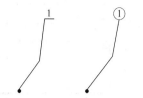

图 10-12　指引线可折弯一次

④ 一组紧固件以及装配关系清楚的零件组，可采用公共指引线，如图 10-13 所示。标准化的部件（如油杯、滚动轴承、电动机等），在装配图上只标注一个序号，用一条指引线，如图 10-9 所示的序号 8。

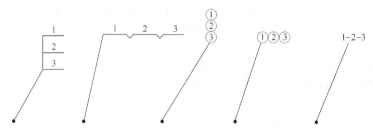

图 10-13　公共指引线的画法

（3）序号的排列形式

序号按顺时针或逆时针方向在整个一组图形外围顺次整齐排列，不得跳号。在整个一组图形外围无法连续排列时，可只在某个图形周围的水平或竖直方向顺次整齐排列，不得跳号，如图 10-2 和图 10-9 所示。

### 3. 序号的画法

为使序号排列整齐美观，标注序号时应先按一定位置画好水平线或圆圈；再在零、部件投影轮廓内找到适当位置，一一对应地画出指引线和圆点。

## 10.4.2　明细栏

明细栏是机器、部件中全部零件的目录。明细栏一般编注在标题栏的上方，当位置不够时，可移至标题栏左边继续编写。明细栏的下边线与标题栏的上边线或图框的下边线重合，长度相同。

明细栏的格式如图 10-14 所示。

明细栏在填写时，必须与图中所注的序号一致，应注意以下几点。

① 明细栏序号应自下而上填写，以便发现有漏编零件时，可以继续向上填补。明细栏最上面边框线规定为细实线。

② 明细栏中"名称"一栏除填写零、部件名称外，对于标准件还要填写其规格，如"螺栓 $M12 \times 1.5$"；有些零件还要填写一些特殊项目，如齿轮应填写"$m=$""$z=$"。

③ "代号"栏中填写图样中相应组成部分的图样代号或标准编号。

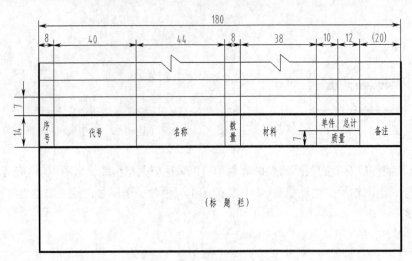

图 10-14　明细栏的格式

# 任务 10.5　装配的工艺结构

在设计和绘制装配图时，应考虑装配结构的合理性，以保证机器或部件的使用及零件的加工、装拆方便。下面给出几种常见的装配工艺结构。

## 10.5.1　接触面或配合面的结构

### 1．接触面的数量

两个零件在同一方向上（横向、竖向或径向）只能有一对接触面，这样既能保证接触良好，又可降低加工要求，如图 10-15 所示。

### 2．轴颈和孔的配合

同一轴颈和孔配合时，只应在一处形成配合关系，如图 10-16 所示。

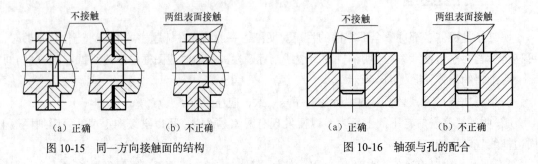

|  |  |  |  |
| --- | --- | --- | --- |
| （a）正确 | （b）不正确 | （a）正确 | （b）不正确 |
| 图 10-15　同一方向接触面的结构 |  | 图 10-16　轴颈与孔的配合 |  |

### 3．转折处的结构

轴颈和孔配合时，应在孔的接触端面制做倒角或在轴肩根部切槽，以保证零件间接触良好，如图 10-17 所示。

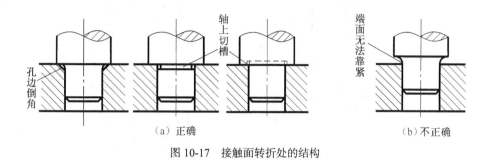

图 10-17　接触面转折处的结构

### 4. 螺纹连接的合理结构

为了保证螺纹连接时被连接件与螺纹紧固件间接触良好，被连接件上应做成凸台或沉孔、锪平结构，如图 10-18 所示。

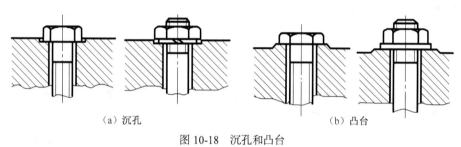

（a）沉孔　　　　　　　　　　　　　（b）凸台

图 10-18　沉孔和凸台

## 10.5.2　密封结构

机器或部件能否正常运转，在很大程度上取决于密封或防漏结构的可靠性。密封装置是为了防止机器中油的外溢或阀门、管路中气体、液体的泄漏，通常采用的密封装置如图 10-19 所示。

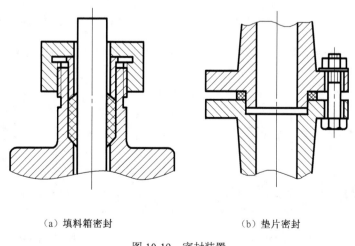

（a）填料箱密封　　　　　　　　（b）垫片密封

图 10-19　密封装置

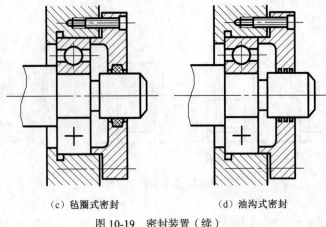

(c) 毡圈式密封                    (d) 油沟式密封

图 10-19　密封装置（续）

　　在油泵、阀门等部件中常采用填料箱密封装置。图 10-19（a）所示为常见的一种用填料箱密封的装置；图 10-19（b）所示为管道中的管子接口处用垫片密封的密封装置；图 10-19（c）、（d）所示为滚动轴承常用的密封装置。

### 10.5.3　安装与拆卸结构

　　（1）滚动轴承若以轴肩或孔肩定位，则轴肩或孔肩的高度应小于轴承内圈或外圈的厚度，以便于轴承的拆卸，如图 10-20 所示。

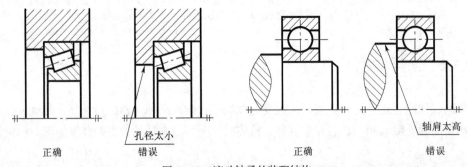

正确　　　　　孔径太小　　　　　　正确　　　　　轴肩太高
　　　　　　　　错误　　　　　　　　　　　　　　　　错误

图 10-20　滚动轴承的装配结构

　　（2）用螺纹紧固件连接时，要考虑到安装和拆卸紧固件是否方便，应留足操作空间，如图 10-21 所示。

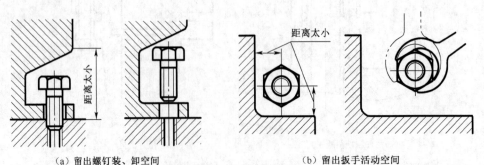

（a）留出螺钉装、卸空间　　　　　　（b）留出扳手活动空间

图 10-21　装配操作空间

装配工艺结构
的画法

# 任务 10.6　部件测绘和装配图的绘制

对已有的部件（或机器）进行测量，并画出其装配图和零件图的过程称为部件（或机器）测绘。在实际生产中，无论是仿制某种先进设备，还是对旧设备进行革新改造或修配，测绘工作总是必不可少的。

下面以齿轮油泵（见图 10-22）为例来说明部件测绘的方法和步骤。

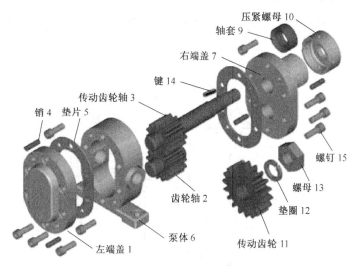

图 10-22　齿轮油泵轴测图

## 10.6.1　分析和拆卸部件

### 1．分析部件

在测绘开始前，首先要对部件的结构进行分析，参阅有关技术资料，了解部件的用途、工作原理、结构特点及各零件间的装配关系。

齿轮油泵的装配关系如图 10-22 所示，它主要的装配干线有一条，即主动齿轮和轴。装在该轴上的齿轮与另一个齿轮构成齿轮副啮合，轴的伸出端有一个密封装置。另一个装配关系是泵盖与泵体的连接关系。二者用 6 个螺钉连接，为防止油的泄漏，泵盖与泵体间有密封垫片。

### 2．拆卸部件

拆卸部件时应注意以下问题。

（1）拆卸前应先测量一些必要的尺寸数据，如某些零件间的相对位置尺寸、运动极限位置尺寸等，以作为测绘中校核图样的参考。

（2）要制定拆卸顺序，划分部件的各组成部分，合理地选用工具和正确的拆卸方法，按一定顺序拆卸，严防乱敲打。

（3）对精度较高的配合部位或过盈配合，应尽量少拆或不拆，以免降低精度或损坏零件。

（4）拆下的零件要分类、分组，对所有零件进行编号登记，零件逐一贴上标签，有秩序地放置，防止碰伤、变形、生锈或丢失。

（5）拆卸时，要认真研究每个零件的作用、结构特点及零件间的装配关系，正确判别配合性质和加工要求。

### 10.6.2　画装配示意图

装配示意图是拆卸过程中所画的记录图样，是重新装配部件和画装配图的参考依据。

装配示意图一般以简单的线条画出零件的大致轮廓，用国家标准规定的简图符号，以示意的方法表示每个零件的位置、装配关系和部件的工作情况。图 10-23 所示为齿轮油泵装配示意图。

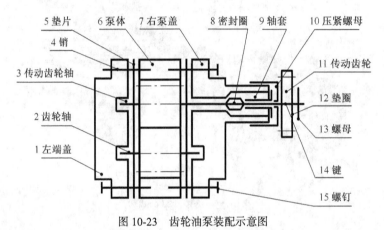

图 10-23　齿轮油泵装配示意图

### 10.6.3　测绘零件画零件草图

零件草图是画装配图和零件图的依据。零件草图的画法及有关要求，已在本书 9.8 节中介绍。部件测绘中画零件草图还应注意以下问题。

（1）部件中所有的非标准件均要画零件草图。例如，齿轮油泵共有 15 种零件，除 5 种标准件只需确定标记（列出明细表）外，其余零件都必须画出零件草图。

（2）画成套零件草图，可先从主要的或大的零件着手，按装配关系依次画出各零件草图，以便随时校核和协调零件的相关尺寸。对齿轮油泵，可先画左泵盖、泵体、右泵盖、齿轮轴、传动齿轮轴、轴套、传动齿轮，再画其他零件。

（3）两零件的配合尺寸或结合面的尺寸量出后，要及时填写在各自的零件草图中，以免发生矛盾。例如，两齿轮轴与左、右泵盖间的配合尺寸，应及时对应填入各自的零件草图中。

## 10.6.4　画装配图

根据装配示意图、零件草图和标准件明细表，即可绘出装配图。绘制装配图前，要将绘制好的装配示意图和零件草图等资料进行分析、整理，对所要绘制部件的工作原理、结构特点及各零件间的装配关系做更进一步的了解，拟定表达方案和绘图步骤，最后完成装配图的绘制。

### 1.　拟定表达方案

（1）选择主视图

以最能反映装配体的结构特征、工作原理、传动路线、主要装配关系的方向，作为画主视图的投射方向，并以装配体的工作位置作为画主视图的位置。主视图一般采用剖视，以表示部件主要装配干线各零件的装配关系。

齿轮油泵的主视图采用沿主要装配干线的全剖视的表达方法，从而将齿轮油泵中主要零件的相互位置及装配关系等表达出来。为了表达齿轮间的啮合关系，又采用了两个局部剖视。

（2）选择其他视图

其他视图的选择以进一步准确、完整、简便地表达各零件间的结构形状及装配关系为原则，因此多采用局部剖、拆去某些零件后的视图、断面图等表达方法。

齿轮油泵在主视图采用全剖视的基础上，由于油泵结构对称，左视图采用沿结合面剖切的半剖视图，这样既清楚地表达了油泵的工作原理，同时也清楚地表明了连接泵盖和泵体的螺钉的分布情况及泵盖和泵体的内、外结构。另外，为表达吸油口的形状，左视图还采用了局部剖视。完整的表达方案如图 10-24 所示。

综合案例 1——装配图的常用表达方法

### 2.　装配图画图步骤

根据拟定的表达方案，即可按以下步骤绘制装配图。

（1）选比例、定图幅、布图。按照部件的复杂程度和表达方案，选取装配图的绘图比例和图纸幅面。布图时，要注意留出标注尺寸、编序号、明细栏和标题栏以及写技术要求的位置。以上工作准备好后，即可画图框、标题栏、明细栏，画各视图的主要基准线。

（2）围绕装配干线，由内向外（也可由外向内），逐个画出相关零件的轮廓。每一步所涉及的零件应几个视图联系起来画，以对准投影关系保证作图的准确性和提高作图速度。

（3）检查、加深、画剖面线。

（4）标注尺寸、配合代号。

（5）编写序号、明细栏和技术要求。

图 10-24 所示为最后完成的装配图。

机械制图（AR版）（附微课视频）

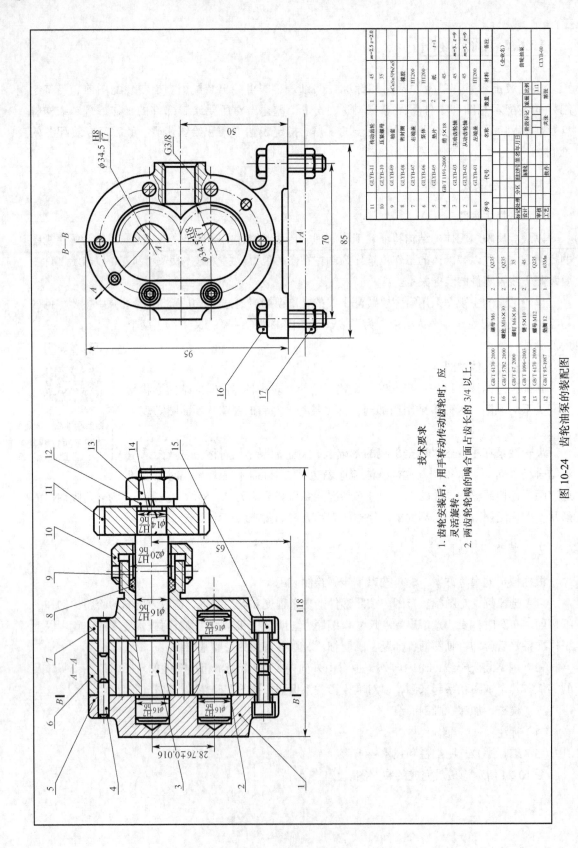

图 10-24　齿轮油泵的装配图

260

### 10.6.5 画零件图

根据装配图和零件草图，整理绘制出一套零件图。画零件图时，其视图选择不强求与零件草图或在装配图上的该零件表达完全一致，可进一步改进表达方案。经画装配图后发现零件草图的问题，应在零件图中加以改正。注意配合尺寸或零件相关尺寸应协调一致。零件的技术要求可参阅有关资料及同类或相近产品图样，结合生产条件及生产经验制定。

对规范的结构（如倒角、退刀槽、键槽、砂轮越程槽、凸台、沉孔等），还需要查阅手册。标准件是外购件，不需要画图。其他零件都需要画出零件工作图。图 10-25 所示为左泵盖的零件图。

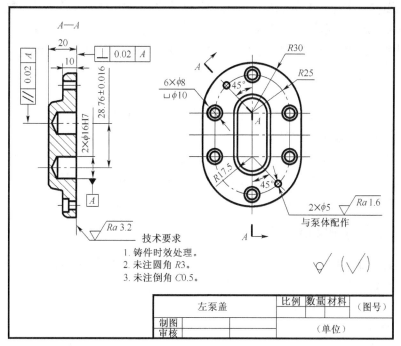

图 10-25　左泵盖零件图

## 任务 10.7　读装配图及由装配图拆画零件图

在生产工作中，经常要读装配图。例如，在机器装配时，要依据装配图来安装机器上的零件和部件；在设计过程中要根据装配图来设计零件；在技术交流时，要参阅装配图来了解机器的构造及工作原理等。识读装配图是工程技术人员必须具备的能力。

### 10.7.1　读装配图的要求

（1）了解机器或部件的用途、性能、作用和工作原理。
（2）了解各零件间的装配关系、拆装顺序以及零件的主要结构形状和作用。
（3）了解其他组成部分，了解主要尺寸、技术要求和操作方法等。

### 10.7.2　读图的方法和步骤

下面以图 10-24 所示的齿轮油泵为例，说明识读装配图的基本步骤和方法。

#### 1．概括了解

读装配图时，技术人员首先要看标题栏、明细栏及产品说明书，再联系生产实践知识，了解机器或部件的名称、性能、功用、代号等内容。从明细栏了解组成该装配体的零件名称、数量、材料以及标准件的规格，并在视图中找出它们所表示的相应零件及所在的位置。通过对视图的浏览，了解装配图的表达情况及装配体的复杂程度。从绘图比例和外形尺寸了解装配体的大小。

如图 10-24 所示，标题栏中该部件的名称是齿轮油泵，它是机器供油系统的一个部件。此油泵由 17 种零件组成，其中标准件 7 种，非标准件 10 种，其外形总尺寸为 118mm×85mm×95mm。

#### 2．分析视图

根据装配图中的视图，了解图中采用的表达方法、投影关系和剖切位置，了解每个视图的表达重点，为下阶段进一步读图做准备。

图 10-24 所示的装配图采用了两个基本视图。主视图是用旋转剖得到的全剖视图，它表达了油泵的主要装配关系。左视图是沿左端盖 1 与泵体 6 的结合面剖开，采用半剖视图，同时表达了油泵的外部形状和齿轮的啮合情况。

#### 3．分析工作原理和装配关系

在概括了解的基础上，应对照各视图进一步研究机器或部件的工作原理、装配关系，这是看懂装配图的一个重要环节。一般情况下可以在图样上直接分析，产品复杂时则需要参考产品说明书。看图时应先从反映工作原理的视图入手，分析机器或部件中零件的运动情况，从而了解工作原理。在弄清工作原理后，从反映装配关系的视图入手，分析零件间的装配关系及相互配合要求。

对于图 10-24 所示的齿轮油泵，从主视图可以看出，主运动从传动齿轮 11 输入，再通过键 14 传递给主动齿轮轴 3，从而带动从动齿轮轴 2 产生旋转运动。

图 10-26 所示为齿轮油泵的工作原理，一对相互啮合的齿轮装在泵体内，当电动机驱动主动齿轮旋转时，两齿轮转动方向如图所示。这时吸油腔的轮齿逐渐分离，由齿间所形成的密封容积逐渐增大，出现了部分真空，油箱中的油在大气压力作用下，进入吸油腔。随着齿轮旋转，压油腔的轮齿逐渐啮合，密封容积逐渐减小，油液被挤出输送到压力管路中。

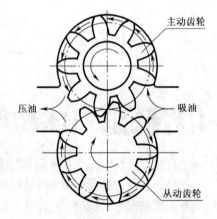

图 10-26　外啮合齿轮泵的工作原理

齿轮泵有两条装配线：一条是主动齿轮轴装配线：主动齿轮轴 3 装在泵体 6 和左端盖 1、右端盖 7 的轴孔内，在主动齿轮轴右端的伸出端装有密封圈 8、轴套 9、压紧螺母 10、传动齿轮 11、键 14、弹簧垫圈 12 和螺母 13；另一条是从动齿轮轴装配线：从动齿轮轴 2 装在泵体 6 和左端盖

1、右端盖 7 的轴孔内，与主动齿轮相啮合。

### 4. 分析零件

前面的分析是综合性的，为了深入了解部件，还应进一步分析零件的主要结构形状和用途。分析时，应遵循先看简单件、后看复杂件的原则，即先将标准件、常用件及一看即明的简单零件从图中"剥离"出去，然后集中精力分析剩下的为数不多的复杂零件。

分析零件时应注意以下问题。

（1）根据零件序号，对照明细栏直接找到各零件。

（2）根据投影关系，在相关视图中读出零件。

（3）根据各零件剖面线的方向和间隔，分清零件轮廓范围。国标规定：同一零件的剖面线在各个视图上的方向和间隔应一致。

（4）根据常见结构的规定画法识别各零件。例如，实心件在装配图中规定沿轴线剖开，不画剖面线，据此能快速地将实心轴、手柄、螺纹连接件、键、销等区分开来。

（5）利用一般零件有对称性的特点和相互连接零件的接触面大致相同的特点，分析零件的结构特征。

齿轮油泵的主要零件是左泵盖、泵体、右泵盖、主动齿轮轴、从动齿轮轴、传动齿轮，把每个零件分离出来，将主、左视图对照着看，来确定该零件的结构形状。

### 5. 分析尺寸

如图 10-24 所示，传动齿轮 11 和主动齿轮轴 3 相配合处采用 $\phi14H7/h6$ 的基孔制间隙配合。轴套 9 的外圆柱面与泵体 6 的轴孔相配合处采用 $\phi20H7/h6$ 的间隙配合。主动齿轮轴 3 与两泵盖相配合处采用 $\phi16H7/h6$ 的间隙配合。从动齿轮轴 2 与两泵盖相配合处采用 $\phi16H7/h6$ 的间隙配合。两齿轮轴与泵体 6 相配合处采用 $\phi34.5H8/f7$ 的间隙配合。

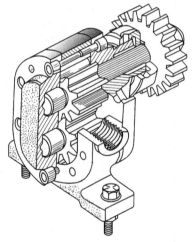

### 6. 归纳总结

对装配图进行了上述分析后，技术人员对该部件有一个大概的了解，为了全面、透彻地读懂装配体，还要对全部尺寸、技术要求以及每一个零件的装配、拆卸方法进行研究，进一步了解部件或机器的设计意图和装配工艺等，从而加深对部件或机器的认识。以上读图的方法和步骤，都是相互渗透、交错进行的，应根据装配图的具体情况加以选择。图 10-27 所示为齿轮油泵的轴测装配图，供读图时参考。

图 10-27　齿轮油泵轴测装配图

综合案例 2——
读虎钳装配图

### 10.7.3　由装配图拆画零件图

根据装配图画出装配体中零件的零件图，是检验是否真正读懂装配图的有效手段。这要求读图的人不仅具有读图、绘图能力，而且还要求具有一定的机械加工制造方面的专业知识。

由装配图拆画出零件图的关键在于读懂装配图，技术人员要了解装配体中各个零件所起的作用和与其他零件的装配关系。下面以图 10-28 所示钻夹具装配图为例，介绍拆画零件图的一般方法和步骤。

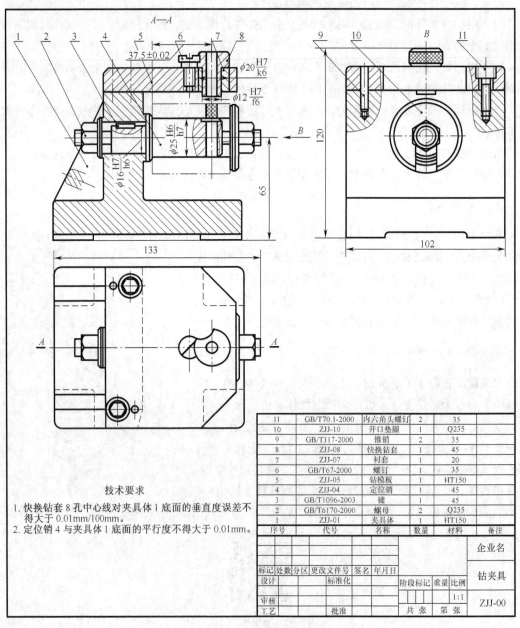

| 11 | GB/T70.1-2000 | 内六角头螺钉 | 2 | 35 | |
|---|---|---|---|---|---|
| 10 | ZJJ-10 | 开口垫圈 | 1 | Q235 | |
| 9 | GB/T117-2000 | 锥销 | 2 | 35 | |
| 8 | ZJJ-08 | 快换钻套 | 1 | 45 | |
| 7 | ZJJ-07 | 衬套 | 1 | 20 | |
| 6 | GB/T67-2000 | 螺钉 | 1 | 35 | |
| 5 | ZJJ-05 | 钻模板 | 1 | HT150 | |
| 4 | ZJJ-04 | 定位销 | 1 | 45 | |
| 3 | GB/T1096-2003 | 键 | 1 | 45 | |
| 2 | GB/T6170-2000 | 螺母 | 2 | Q235 | |
| 1 | ZJJ-01 | 夹具体 | 1 | HT150 | |
| 序号 | 代号 | 名称 | 数量 | 材料 | 备注 |

**技术要求**

1. 快换钻套 8 孔中心线对夹具体 1 底面的垂直度误差不得大于 0.01mm/100mm。
2. 定位销 4 与夹具体 1 底面的平行度不得大于 0.01mm。

| | | | 企业名 | | |
|---|---|---|---|---|---|
| 标记 | 处数 | 分区 | 更改文件号 | 签名 | 年月日 | 钻夹具 |
| 设计 | | 标准化 | | 阶段标记 | 重量 | 比例 |
| 审核 | | | | | | 1:1 |
| 工艺 | | 批准 | | 共 张 | 第 张 | ZJJ-00 |

图 10-28　钻夹具的装配图

## 1. 对装配体中的零件进行分类

根据装配图的零件序号和明细栏，对零件图进行如下分类。

（1）标准零件

这类零件可从市场购得，无须画出零件图，如图 10-28 所示的螺母 2。

（2）特殊零件

特殊零件是设计时经过特殊考虑和计算所确定的重要零件，如汽轮机的叶片、喷嘴等。这类零件应按给出的图样或数据资料拆画零件图。

（3）借用零件

借用零件就是借用一些定型产品上的零件，可利用已有的零件图，不必另行拆画其零件图。

（4）一般零件

一般零件是进行拆画零件图的主要对象。对于这类零件必须按照在装配图中所表达的形状结构、尺寸大小和有关技术要求等来拆画零件图。

图 10-28 所示的钻夹具的装配图共有 11 种零件，除去 5 种标准件，其余 6 种为一般零件，需拆画零件图。此部件中无借用零件和特殊零件。

## 2. 构思零件的结构形状

装配图的主要作用是反映装配体工作原理和装配关系，由于在装配图中零件与零件之间相互遮挡，又经常采用一些特殊画法或简化画法，使得零件上的结构表达不完整、不清晰。在拆画零件图时，首先要读懂装配图，根据该零件作用、投影关系及与相邻零件的关系进行分析和构思，画出该零件的零件图。图 10-29 所示为夹具体的轴测图。

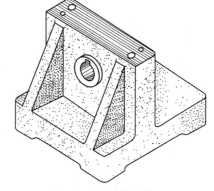

图 10-29　夹具体的轴测图

## 3. 正确选择零件图的表达方案

拆画零件图时不应按零件在装配图中的表达方案照抄硬搬，而应根据零件自身的结构特点和需要选择适当的方案。在拆画零件图时应注意以下问题。

（1）零件图的表达方案应主要考虑零件应表达的内容，兼顾到装配图的对应关系，必要时也可不顾及该零件在装配图中的表达方案。

（2）在装配图中被省略的工艺结构、细小结构，在零件图中都要表达清楚和完整。

（3）零件在装配图中被遮挡而未画出的结构与线条，在零件图中应补齐。必要时应补上相应的视图。

夹具体的主视图方向符合工作位置。在各视图中，将装配图中省略的零件工艺结构补齐，如倒角、倒圆、退刀槽、越程槽、轴的中心孔等，如图 10-30 所示。

## 4. 正确、完整、清晰、合理地标注尺寸

拆画零件图时，其尺寸由以下几种方法得到。

（1）抄注

装配图中已标注出的有关零件尺寸，应直接抄注在相关零件图上，不得随意更改，如图 10-30

所示夹具体零件图中的 65mm、102mm 等。

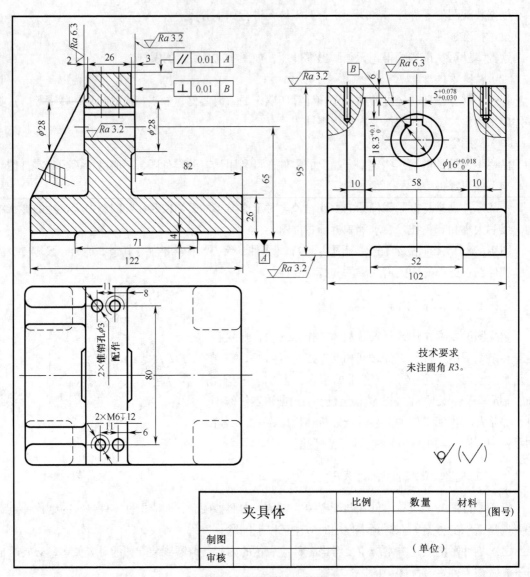

图 10-30　夹具体的零件图

（2）查表

一些标准化或规格化的结构，应从有关的标准手册中查出尺寸数值进行标注，如图 10-30 所示夹具体零件图中轮毂上键槽的尺寸。

（3）计算

某些零件的尺寸，可根据装配图中给出的尺寸参数，计算出有关尺寸数值。

（4）量取

对装配图中未标注出，而零件图中又必须标注的尺寸，可用分规在装配图中量取，按比例计算后，再圆整成标准数值注在零件图上。零件图中有许多尺寸均用这种方法获得。

在装配体中有配合和装配关系的相关零件之间，有关尺寸不能在标注时出现矛盾。

**5. 零件图技术要求的确定**

零件图的技术要求是根据零件在装配体中的作用、装配要求和工作条件等来确定的，它是保证零件质量的重要内容。拆画零件图时可从以下几方面去确定零件的技术要求。

（1）尺寸公差可根据装配图的配合代号查表确定。

（2）可根据装配体中零件间的配合性质、活动情况和接触情况，参照类似的产品用类比的方法确定。

（3）可根据生产单位的加工条件和加工方法，查阅有关资料及手册，结合经验，并加以比较确定。

在拆画零件图时，首先要保证所拆画的零件图正确、完整，然后再对零件图的各项内容进行仔细的校核。校核时考虑的内容：各种尺寸和各项技术要求是否完整、合理；与装配图中相关的尺寸、技术要求是否一致；零件图的名称、材料、图号等是否与装配图中明细栏的内容相符。

由装配图拆画零件图

# 知识梳理与总结

1. 本项目着重叙述了装配图的画法、尺寸标注、技术要求、零部件序号、明细栏、识读装配图、拆画零件图等。

2. 通过本项目的学习，读者应重点掌握装配图的各种画法。

3. 识读装配图的基本方法和步骤：概括了解；分析视图；分析工作原理和装配关系；分析零件；分析尺寸；归纳总结。

4. 由装配图拆画零件图时，读者在看懂装配图的基础上，分离所需拆画的零件，补齐被遮挡的图线，确定在装配图上未表示清楚的结构，画出零件图、标注尺寸和技术要求等。拆画零件图是训练读装配图能力的重要手段。

# 读第三角画法视图

## 教学导航

| 教学目标 | 了解第三角画法视图的形成与配置；掌握读第三角画法视图的基本方法 |
|---|---|
| 教学重点 | 第三角画法视图的形成与配置；读第三角画法视图的基本方法 |
| 教学难点 | 明确各视图所表示的方位及想象结构形状 |
| 能力目标 | 能区分第一角画法与第三角画法的异同；学会识别第三角画法的视图名称及投射方向；能读懂第三角画法视图 |
| 知识目标 | 第一、三角投影的识别符号；第三角画法基本视图的形成及配置；读第三角画法视图的基本方法 |
| 选用案例 | 支座 |
| 考核与评价 | 项目成果评价占50%，学习过程评价占40%，团队合作评价占10% |

## 项目导读

世界各国的工程图样有两种体系，即第一角投影法（又称"第一角画法"）和第三角投影法（又称"第三角画法"）。中国、英国、德国和俄罗斯等国家采用第一角投影法，美国、日本、新加坡等国家采用第三角投影法。

本项目将通过第三角画法视图的学习，使读者基本具备识读第三角画法视图的能力，以适应国际技术交流的需要。

## 任务 11.1　第三角画法视图的基本知识

### 11.1.1　第一、三角画法的比较

三个两两相互垂直的投影平面（即正面 $V$、水平面 $H$、侧面 $W$），将空间分为八个部分，每个部分为一分角，依次为Ⅰ，Ⅱ，Ⅲ，…，Ⅷ分角，如图 11-1 所示。

#### 1.　第一角画法

（1）如图 11-2 所示，第一角画法是将物体置于第Ⅰ分角内，使物体处于观察者与投影面之间［即保持人→物→面（视图）的位置关系］而得到正投影的方法。前面讨论的投影画法都是第一角画法。

（2）第一角投影箱的展开方向，依观察者而言，为由近而远的方向翻转展开（水平投影面向下旋转）。

（3）第一角画法展开后视图的配置，依常用的三视图（主视图、俯视图、左视图）而言，其左视图位于主视图的正右侧，俯视图位于主视图的正下方。

图 11-1　八个分角的分布位置

#### 2.　第三角画法

（1）如图 11-2 所示，第三角画法是将物体置于第Ⅲ分角内，使投影面处于观察者与物体之间［即保持人→面（视图）→物的位置关系］而得到正投影的方法。

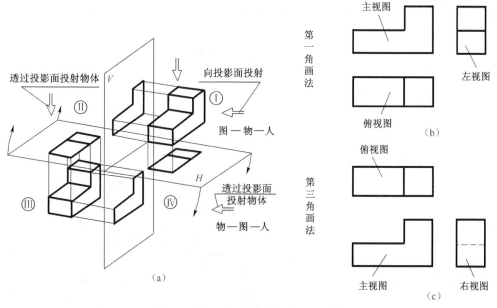

图 11-2　第一角画法与第三角画法比较

（2）第三角投影箱的展开方向，依观察者而言，为由远而近的方向翻转展开（水平投影面向

上旋转）。

（3）第三角法展开后视图的配置，依常用的三视图（主视图、俯视图、右视图）而言，其右视图位于主视图的正右侧，俯视图位于主视图的正上方。

## 11.1.2　第一、三角画法的投影识别符号

ISO 国际标准中规定，应在标题栏中画出所采用画法的投影符号。第一角画法的投影识别符号如图 11-3（a）所示；第三角画法的投影识别符号如图 11-3（b）所示。我国国家标准规定，采用第三角画法时，必须在标题栏中画出第三角投影的识别符号。当采用第一角画法时，一般不需要标出投影识别符号。

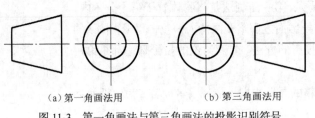

（a）第一角画法用　　　　　　　（b）第三角画法用

图 11-3　第一角画法与第三角画法的投影识别符号

## 11.1.3　第三角画法基本视图的形成及配置

### 1．第三角画法基本视图的形成

（1）第三角的三面投影体系

图 11-4（a）所示为由 $H$ 面、$V$ 面和 $W$ 面所构成的第三角画法的投影面体系。

（2）三视图的形成和名称

将物体置于第三角三投影面体系中，并分别向三个投影面投射，即得图 11-4（b）所示的三个视图，分别称为：

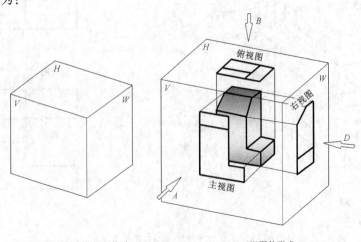

（a）第三角画法三投影面体系　　　　　　（b）三视图的形成

图 11-4　第三角画法的三视图的形成和名称

主视图——按箭头 *A* 所指投射方向，在 *V* 面所得的视图；

俯视图——按箭头 *B* 所指投射方向，在 *H* 面所得的视图；

右视图——按箭头 *D* 所指投射方向，在 *W* 面所得的视图。

## 2. 第三角画法视图的配置

如图 11-5（a）所示，规定 *V* 面（主视图）不动，把 *H* 面（俯视图）绕 *OX* 向上翻转 90°，*W* 面（右视图）绕 *OZ* 向前旋转 90°，三视图的配置位置如图 11-5（b）所示。

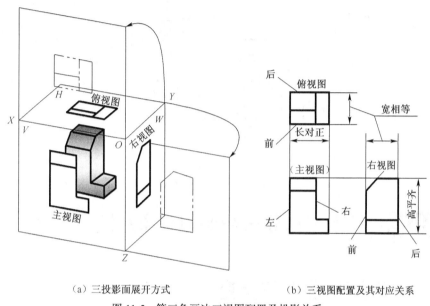

（a）三投影面展开方式　　　　　　　　　（b）三视图配置及其对应关系

图 11-5　第三角画法三视图配置及投影关系

## 3. 第三角画法的六个基本视图

按第三角画法，将物体置于正六面投影体系中，并向六个基本投影面投射，得到六个基本视图。除上述三个基本视图外，还有左视图、仰视图与后视图。图 11-6 所示为六个基本视图的投射方向、展开及配置。

第三角投影图
的形成原理

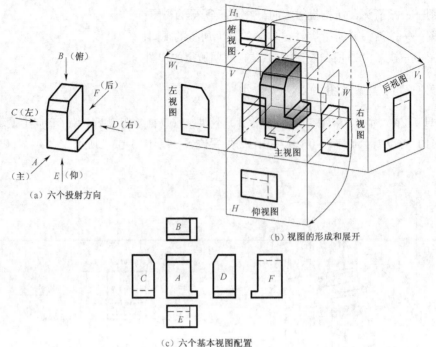

（a）六个投射方向

（b）视图的形成和展开

（c）六个基本视图配置

图 11-6　第三角画法六个基本视图的形成和配置

# 任务 11.2　读第三角画法视图的基本方法

## 11.2.1　识别视图名称及投射方向

初读第三角画法的视图时，由于视图配置与第一角画法不同，往往分不清视图之间的对应关系及投影方向，所以读图时，应先确定主视图，再找出其他视图及投影方向。对图 11-7 所示的支座，确定主视图后，按照箭头所指投影方向可找到相应视图名称。

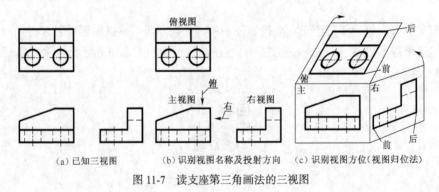

（a）已知三视图　　　　（b）识别视图名称及投射方向　　（c）识别视图方位（视图归位法）

图 11-7　读支座第三角画法的三视图

## 11.2.2　明确各视图所表示的方位

因为第三角视图与第一角视图展开方向不同，读图时，判断视图间的左、右、上、下方位关系较为容易，但判断前、后方位较为困难。因此，判断俯视图、仰视图、左视图和右视图的前、后方位关系成为初学者读图的难点。

### 1. 视图归位法

如图 11-7（b）、（c）所示，主视图不动，把俯视图绕水平线朝后下方位转 90°，右视图绕垂直线朝后右方位也转 90°，恢复到第三角投影面展开前的位置来想象俯视图，右视图的前、后方位。

### 2. 手掌翻转法

如图 11-8 所示，右手背模拟右视图和俯视图，左手背模拟左视图和仰视图，然后把手掌翻转 90°，使掌心朝向主视图，大拇指表示前方位，小拇指表示后方位，以此来识别和想象右视图、俯视图和左视图、仰视图所表示的前、后方位。

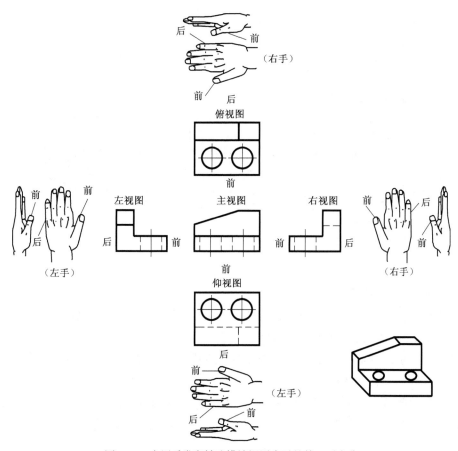

图 11-8  应用手掌翻转法辨认视图表示的前、后方位

## 11.2.3  想象结构形状

读图时，仍然按分线框找对应关系，想象物体每部分形状的方位，如图 11-9（a）、（b）所示，从线框 1、1′、1″想象形体Ⅰ；从线框 2、2′、2″想象形体Ⅱ。然后，按各视图所示的方位，综合想象出立体形状，如图 11-9（c）所示。

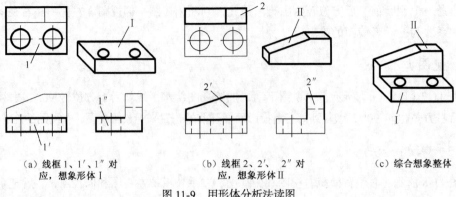

（a）线框1、1′、1″对<br>应，想象形体Ⅰ

（b）线框2、2′、2″对<br>应，想象形体Ⅱ

（c）综合想象整体

图 11-9　用形体分析法读图

**【应用实例 11-1】** 读图 11-10（a）所示的第三角画法的三视图。

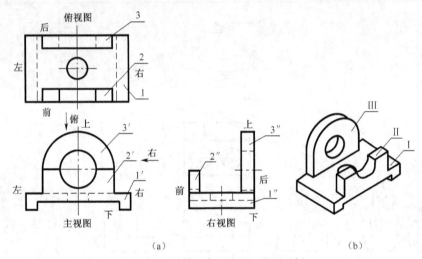

（a）

（b）

图 11-10　读第三角画法的三视图示例

（1）识别各视图名称及投影方向

由三视图配置位置，确定主视图、俯视图和右视图的名称，并确定各视图投射方向。

（2）划分线框，对投影，想象各部分形状

将主视图分为 3 个线框，按投影关系找出线框的其他对应投影，分别想象各部分的形状。

（3）按"方位"想象整体形状

用视图归位法或手掌翻转法，确定这三部分上下、左右和前后的相对位置，综合想象出图 11-10（b）所示的立体形状。

# 知识梳理与总结

1. 通过本项目的学习，了解了第一角画法和第三角画法的区别，并且能够在标题栏中进行投影识别符号的标注。

2. 明确第三角画法视图的展开及配置，有助于理解图形。

3. 识读第三角画法的三视图的关键是明确各视图所表示的方位，项目中借鉴了视图归位法和手掌翻转法。

## 附录A 螺纹

附表 A-1　普通螺纹直径与螺距（摘自 GB/T 193—2003）、公称尺寸（摘自 GB/T 196—2003）单位: mm

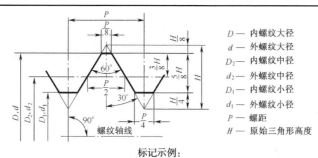

$D$ — 内螺纹大径
$d$ — 外螺纹大径
$D_2$ — 内螺纹中径
$d_2$ — 外螺纹中径
$D_1$ — 内螺纹小径
$d_1$ — 外螺纹小径
$P$ — 螺距
$H$ — 原始三角形高度

标记示例:

M10-6g（公称直径 $d$=10mm，粗牙普通外螺纹，中径和顶径公差带代号均为 6g，中等旋合长度，右旋）

M10×1-6H-LH（公称直径 $D$=10mm，螺距 $P$=1mm，细牙普通内螺纹，中径和顶径公差带代号均为 6H，中等旋合长度，左旋）

| 公称直径 $D$、$d$ | | 螺距 $P$ | | 粗牙中径 | 粗牙小径 |
|---|---|---|---|---|---|
| 第一系列 | 第二系列 | 粗　牙 | 细　牙 | $D_2$、$d_2$ | $D_1$、$d_1$ |
| 3 | | 0.5 | 0.35 | 2.675 | 2.459 |
| | 3.5 | 0.6 | 0.35 | 3.110 | 2.850 |
| 4 | | 0.7 | 0.5 | 3.545 | 3.242 |
| | 4.5 | 0.75 | 0.5 | 4.013 | 3.688 |
| 5 | | 0.8 | 0.5 | 4.480 | 4.134 |
| 6 | | 1 | 0.75 | 5.350 | 4.917 |
| 8 | | 1.25 | 1，0.75 | 7.188 | 6.647 |
| 10 | | 1.5 | 1.25，1，0.75 | 9.026 | 8.376 |
| 12 | | 1.75 | 1.5，1.25，1 | 10.863 | 10.106 |
| | 14 | 2 | 1.5，1 | 12.701 | 11.835 |
| 16 | | 2 | 1.5，1 | 14.701 | 13.835 |
| | 18 | 2.5 | 2，1.5，1 | 16.376 | 15.294 |

续表

| 公称直径 $D$、$d$ | | 螺距 $P$ | | 粗牙中径 $D_2$、$d_2$ | 粗牙小径 $D_1$、$d_1$ |
|---|---|---|---|---|---|
| 第一系列 | 第二系列 | 粗牙 | 细牙 | | |
| 20 | | 2.5 | 2, 1.5, 1 | 18.376 | 17.294 |
| | 22 | 2.5 | 2, 1.5, 1 | 20.376 | 19.294 |
| 24 | | 3 | 2, 1.5, 1 | 22.051 | 20.752 |
| | 27 | 3 | 2, 1.5, 1 | 25.051 | 23.752 |
| 30 | | 3.5 | （3），2, 1.5, 1 | 27.727 | 26.211 |
| | 33 | 3.5 | （3），2, 1.5 | 30.727 | 29.211 |
| 36 | | 4 | 3, 2, 1.5 | 33.402 | 31.670 |
| | 39 | 4 | 3, 2, 1.5 | 36.402 | 34.670 |
| 42 | | 4.5 | 4, 3, 2, 1.5 | 39.077 | 37.129 |
| | 45 | 4.5 | 4, 3, 2, 1.5 | 42.077 | 40.129 |
| 48 | | 5 | 4, 3, 2, 1.5 | 44.752 | 42.587 |
| | 52 | 5 | 4, 3, 2, 1.5 | 48.752 | 46.587 |
| 56 | | 5.5 | 4, 3, 2, 1.5 | 52.428 | 50.046 |
| | 60 | 5.5 | 4, 3, 2, 1.5 | 56.428 | 54.046 |
| 64 | | 6 | 4, 3, 2, 1.5 | 60.103 | 57.505 |
| | 68 | 6 | 4, 3, 2, 1.5 | 64.103 | 61.505 |

注：1. 优先选用第一系列，括号内尺寸尽可能不用，第三系列未列入。

2. $M14 \times 1.25$ 仅用于火花塞。

| 附表 A–2 | 管螺纹 |
|---|---|
| 55°密封管螺纹（摘自 GB/T 7306—2000） | 55°非密封管螺纹（摘自 GB/T 7307—2001） |

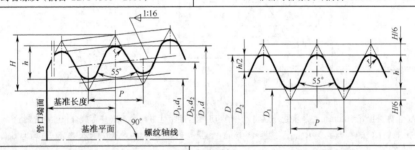

标记示例：

$R_1$ 1/2 （尺寸代号 1/2，圆锥外螺纹，右旋）

$R_c$1 $^1/_4$-LH （尺寸代号 1 $^1/_4$，圆锥内螺纹，左旋）

$R_p$2 （尺寸代号 2，圆柱内螺纹，右旋）

标记示例：

G1$^1/_2$LH （尺寸代号 1 $^1/_2$，内螺纹，左旋）

G1$^1/_4$A （尺寸代号 1 $^1/_4$，A 级外螺纹，右旋）

G2B-LH （尺寸代号 2，B 级外螺纹，左旋）

| 尺寸代号 | 基面上的直径（GB/T 7306—2000）基本直径（GB/T 7307—2001） | | | 螺距 $P$/mm | 牙高 $h$/mm | 圆弧半径 $r$/mm | 每 25.4mm 内的牙数 $n$ | 螺纹长度/mm（GB/T 7306—2000） | 基准的基本长度/mm（GB/T 7306—2000） |
|---|---|---|---|---|---|---|---|---|---|
| | 大径 $d=D$/mm | 中径 $d_2=D_2$/mm | 小径 $d_1=D_1$/mm | | | | | | |
| 1/16 | 7.723 | 7.142 | 6.561 | 0.907 | 0.581 | 0.125 | 28 | 6.5 | 4.0 |
| 1/8 | 9.728 | 9.147 | 8.566 | 0.907 | 0.581 | 0.125 | 28 | 6.5 | 4.0 |
| 1/4 | 13.157 | 12.301 | 11.445 | 1.337 | 0.856 | 0.184 | 19 | 9.7 | 6.0 |
| 3/8 | 16.662 | 15.806 | 14.950 | 1.337 | 0.856 | 0.184 | 19 | 10.1 | 6.4 |

| 尺寸代号 | 基面上的直径（GB/T 7306—2000）公称直径（GB/T 7307—2001） | | | 螺距 $P$/mm | 牙高 $h$/mm | 圆弧半径 $r$/mm | 每 25.4mm 内的牙数 $n$ | 螺纹长度/mm（GB/T 7306—2000） | 基准的基本长度/mm（GB/T 7306—2000） |
|---|---|---|---|---|---|---|---|---|---|
| | 大径 $d=D$/mm | 中径 $d_2=D_2$/mm | 小径 $d_1=D_1$/mm | | | | | | |
| 1/2 | 20.955 | 19.793 | 18.631 | 1.814 | 1.162 | 0.249 | 14 | 13.2 | 8.2 |
| 3/4 | 26.441 | 25.279 | 24.117 | 1.814 | 1.162 | 0.249 | 14 | 14.5 | 9.5 |
| 1 | 33.249 | 31.770 | 30.291 | 2.309 | 1.479 | 0.317 | 11 | 16.8 | 10.4 |
| $1\frac{1}{4}$ | 41.910 | 40.431 | 38.952 | 2.309 | 1.479 | 0.317 | 11 | 19.1 | 12.7 |
| $1\frac{1}{2}$ | 47.803 | 46.324 | 44.845 | 2.309 | 1.479 | 0.317 | 11 | 19.1 | 12.7 |
| 2 | 59.614 | 58.135 | 56.656 | 2.309 | 1.479 | 0.317 | 11 | 23.4 | 15.9 |
| $2\frac{1}{2}$ | 75.184 | 73.705 | 72.226 | 2.309 | 1.479 | 0.317 | 11 | 26.7 | 17.5 |
| 3 | 87.884 | 86.405 | 84.926 | 2.309 | 1.479 | 0.317 | 11 | 29.8 | 20.6 |
| 4 | 113.030 | 111.551 | 110.072 | 2.309 | 1.479 | 0.317 | 11 | 35.8 | 25.4 |
| 5 | 138.430 | 136.951 | 135.472 | 2.309 | 1.479 | 0.317 | 11 | 40.1 | 28.6 |
| 6 | 163.830 | 162.351 | 160.872 | 2.309 | 1.479 | 0.317 | 11 | 40.1 | 28.6 |

附表 A-3　　　　梯形螺纹（摘自 GB/T 5796.1—2005、GB/T 5796.4—2005）

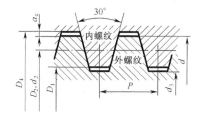

$d$ — 外螺纹大径（公称直径）
$d_3$ — 外螺纹小径
$D_4$ — 内螺纹大径
$D_1$ — 内螺纹小径
$d_2$ — 外螺纹中径
$D_2$ — 内螺纹中径
$P$ — 螺距
$a_c$ — 牙顶间隙

标注示例：

Tr40×7-7H（公称直径 $D$=40mm、螺距 $P$=7mm、单线梯形内螺纹、中径公差带代号为 7H、中等旋合长度，右旋）

Tr60×18(P9)-8e-L-LH（公称直径 $d$=60mm、导程 $Ph$=18mm、螺距 $P$=9mm、双线梯形外螺纹、中径公差带代号为 8e、长旋合长度，左旋）

| 梯形螺纹的公称尺寸 | | | | | | | | | | | | |
|---|---|---|---|---|---|---|---|---|---|---|---|---|
| 公称直径 $d$ | | 螺距 $P$ | 中径 $d_2=D_2$ | 大径 $D_4$ | 小径 | | 公称直径 $d$ | | 螺距 $P$ | 中径 $d_2=D_2$ | 大径 $D_4$ | 小径 | |
| 第一系列 | 第二系列 | | | | $d_3$ | $D_1$ | 第一系列 | 第二系列 | | | | $d_3$ | $D_1$ |
| 8 | | 1.5 | 7.25 | 8.30 | 6.20 | 6.50 | 32 | | 6 | 29.00 | 33.00 | 25.00 | 26.00 |
| | 9 | 2 | 8.00 | 9.50 | 6.50 | 7.00 | | 34 | 6 | 31.00 | 35.00 | 27.00 | 28.00 |
| 10 | | 2 | 9.00 | 10.50 | 7.50 | 8.00 | 36 | | 6 | 33.00 | 37.00 | 29.00 | 30.00 |
| | 11 | 2 | 10.00 | 11.50 | 8.50 | 9.00 | | 38 | 7 | 34.50 | 39.00 | 30.00 | 31.00 |
| 12 | | 3 | 10.50 | 12.50 | 8.50 | 9.00 | 40 | | 7 | 36.50 | 41.00 | 32.00 | 33.00 |
| | 14 | 3 | 12.50 | 14.50 | 10.50 | 11.00 | | 42 | 7 | 38.50 | 43.00 | 34.00 | 35.00 |
| 16 | | 4 | 14.00 | 16.50 | 11.50 | 12.00 | 44 | | 7 | 40.50 | 45.00 | 36.00 | 37.00 |
| | 18 | 4 | 16.00 | 18.50 | 13.50 | 14.00 | | 46 | 8 | 42.00 | 47.00 | 37.00 | 38.00 |

梯形螺纹的公称尺寸

| 公称直径 d | | 螺距 P | 中径 $d_2=D_2$ | 大径 $D_4$ | 小 径 | | 公称直径 d | | 螺距 P | 中径 $d_2=D_2$ | 大径 $D_4$ | 小 径 | |
| 第一系列 | 第二系列 | | | | $d_3$ | $D_1$ | 第一系列 | 第二系列 | | | | $d_3$ | $D_1$ |
|---|---|---|---|---|---|---|---|---|---|---|---|---|---|
| 20 | | 4 | 18.00 | 20.50 | 15.50 | 16.00 | 48 | | 8 | 44.00 | 49.00 | 39.00 | 40.00 |
| | 22 | 5 | 19.50 | 22.50 | 16.50 | 17.00 | | 50 | 8 | 46.00 | 51.00 | 41.00 | 42.00 |
| 24 | | 5 | 21.50 | 24.50 | 18.50 | 19.00 | 52 | | 8 | 48.00 | 53.00 | 43.00 | 44.00 |
| | 26 | 5 | 23.50 | 26.50 | 20.50 | 21.00 | | 55 | 9 | 50.50 | 56.00 | 45.00 | 46.00 |
| 28 | | 5 | 25.50 | 28.50 | 22.50 | 23.00 | 60 | | 9 | 55.50 | 61.00 | 50.00 | 51.00 |
| | 30 | 6 | 27.00 | 31.00 | 23.00 | 24.00 | 65 | | 10 | 60.00 | 66.00 | 54.00 | 55.00 |

注：1. 优先选用第一系列的直径。
　　2. 表中所列的螺距和直径，为优先选用的螺距所对应的直径。

# 附录B 螺纹紧固件

| 附表 B-1 | 六角头螺栓（一） | 单位：mm |
|---|---|---|

六角头螺栓—A 和 B 级（摘自 GB/T 5782—2000）<br/>六角头螺栓—细牙—A 和 B 级（摘自 GB/T 5785—2000）

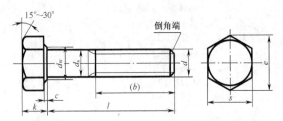

标记示例：

螺栓 GB/T 5782 M12×100

（螺纹规格 d=M12、公称长度 l=100mm、性能等级为 8.8 级、表面氧化、杆身半螺纹、A 级的六角头螺栓）

六角头螺栓—全螺纹—A 和 B 级（摘自 GB/T 5783—2000）<br/>六角头螺栓—细牙—全螺纹—A 和 B 级（摘自 GB/T 5786—2000）

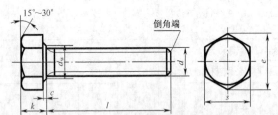

标记示例：

螺栓 GB/T 5786 M30×2×80

（螺纹规格 d=M30×2、公称长度 l=80mm、性能等级为 8.8 级、表面氧化、全螺纹、B 级的细牙六角头螺栓）

| 螺纹规格 | d | M4 | M5 | M6 | M8 | M10 | M12 | M16 | M20 | M24 | M30 | M36 | M42 | M48 |
|---|---|---|---|---|---|---|---|---|---|---|---|---|---|---|
| | $D×P$ | — | — | — | M8×1 | M10×1 | M12×1.5 | M16×1.5 | M20×2 | M24×2 | M30×2 | M36×3 | M42×3 | M48×3 |
| $b_{参考}$ | $l\leqslant125$ | 14 | 16 | 18 | 22 | 26 | 30 | 38 | 46 | 54 | 66 | 78 | — | — |
| | $125<l\leqslant200$ | — | — | — | 28 | 32 | 36 | 44 | 52 | 60 | 72 | 84 | 96 | 108 |
| | $l>200$ | — | — | — | — | — | — | 57 | 65 | 73 | 85 | 97 | 109 | 121 |
| | $c_{max}$ | 0.4 | 0.5 | 0.5 | 0.6 | 0.6 | 0.6 | 0.8 | 0.8 | 0.8 | 0.8 | 0.8 | 1 | |
| | $k_{公称}$ | 2.8 | 3.5 | 4 | 5.3 | 6.4 | 7.5 | 10 | 12.5 | 15 | 18.7 | 22.5 | 26 | 30 |
| | $d_{smax}$ | 4 | 5 | 6 | 8 | 10 | 12 | 16 | 20 | 24 | 30 | 36 | 42 | 48 |

续表

| 螺纹规格 | $d$ | M4 | M5 | M6 | M8 | M10 | M12 | M16 | M20 | M24 | M30 | M36 | M42 | M48 |
|---|---|---|---|---|---|---|---|---|---|---|---|---|---|---|
| | $D \times P$ | — | — | — | M8×1 | M10×1 | M12×1.5 | M16×1.5 | M20×2 | M24×2 | M30×2 | M36×3 | M42×3 | M48×3 |
| $s_{max}=s_{公称}$ | | 7 | 8 | 10 | 13 | 16 | 18 | 24 | 30 | 36 | 46 | 55 | 65 | 75 |
| $e_{min}$ | A | 7.66 | 8.79 | 11.05 | 14.38 | 17.77 | 20.03 | 26.75 | 33.53 | 39.98 | — | — | — | — |
| | B | 7.50 | 8.63 | 10.89 | 14.2 | 17.59 | 19.85 | 26.17 | 32.95 | 39.55 | 50.85 | 60.79 | 71.3 | 82.6 |
| $d_{wmin}$ | A | 5.88 | 6.88 | 8.88 | 11.63 | 14.63 | 16.63 | 22.49 | 28.19 | 33.61 | — | — | — | — |
| | B | 5.74 | 6.74 | 8.74 | 11.47 | 14.47 | 16.47 | 22 | 27.7 | 33.25 | 42.75 | 51.11 | 59.95 | 69.45 |
| $l_{范围}$ | GB 5782 | 25~40 | 25~50 | 30~60 | 35~80 | 40~100 | 45~120 | 55~160 | 65~200 | 80~240 | 90~300 | 110~360 | 130~400 | 140~400 |
| | GB 5785 | 25~40 | 25~50 | 30~60 | 35~80 | 40~100 | 45~120 | 55~160 | 65~200 | 80~240 | 90~300 | 110~300 | 130~400 | 140~400 |
| | GB 5783 | 8~40 | 10~50 | 12~60 | 16~80 | 20~100 | 25~100 | 35~100 | 40~100 | | | | 80~500 | 100~500 |
| | GB 5786 | — | — | — | 16~80 | 20~100 | 25~120 | 35~160 | 40~200 | | | | 90~400 | 100~500 |
| $l_{系列}$ | GB 5782 GB 5785 | 20~65（5 进位）、70~160（10 进位）、180~400（20 进位） | | | | | GB 5783 GB 5786 | | 6、8、10、12、16、18、20~65（5 进位）、70~160（10 进位）、180~500（20 进位） | | | | | |

注：1. 表中 $P$ 为螺距。末端按 GB/T 5782—2000 规定。

2. 螺纹公差：6g；性能等级：8.8。

3. 产品等级：A 级用于 $d \leqslant 24mm$ 和 $l \leqslant 10d$ 或 $\leqslant 150\ mm$（按较小值）；B 级用于 $d > 24mm$ 和 $l > 10d$ 或 $> 150\ mm$（按较小值）。

附表 B-2 　　　　　　　六角头螺栓（二）　　　　　　　单位：mm

六角头螺栓—C 级（摘自 GB/T 5780—2000）

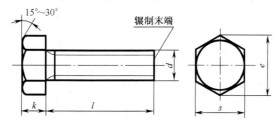

标记示例：

螺栓 GB/T 5780 M20×100

（螺纹规格 $d$=M20、公称长度 $l$=100、性能等级为 4.8 级、不经表面处理、杆身半螺纹、C 级的六角头螺栓）

六角头螺栓—全螺纹—C 级（摘自 GB/T 5781—2000）

标记示例：

螺栓 GB/T 5781 M12×80

（螺纹规格 $d$=M12、公称长度 $l$=80、性能等级为 4.8 级、不经表面处理、全螺纹、C 级的六角头螺栓）

续表

| 螺纹规格 $d$ | | M5 | M6 | M8 | M10 | M12 | M16 | M20 | M24 | M30 | M36 | M42 | M48 |
|---|---|---|---|---|---|---|---|---|---|---|---|---|---|
| $b$ 参考 | $l \leq 125$ | 16 | 18 | 22 | 26 | 30 | 38 | 40 | 54 | 66 | 78 | — | — |
| | $125 < l \leq 1200$ | — | — | 28 | 32 | 36 | 44 | 52 | 60 | 72 | 84 | 96 | 108 |
| | $l > 1200$ | — | — | — | — | — | 57 | 65 | 73 | 85 | 97 | 109 | 121 |
| $k$ 公称 | | 3.5 | 4.0 | 5.3 | 6.4 | 7.5 | 10 | 12.5 | 15 | 18.7 | 22.5 | 26 | 30 |
| $s_{max}$ | | 8 | 10 | 13 | 16 | 18 | 24 | 30 | 36 | 46 | 55 | 65 | 75 |
| $e_{max}$ | | 8.63 | 10.9 | 14.2 | 17.6 | 19.9 | 26.2 | 33.0 | 39.6 | 50.9 | 60.8 | 72.0 | 82.6 |
| $d_{smax}$ | | 5.48 | 6.48 | 8.58 | 10.6 | 12.7 | 16.7 | 20.8 | 24.8 | 30.8 | 37.0 | 45.0 | 49.0 |
| $l$ 范围 | GB/T 5780—2000 | 25～50 | 30～60 | 35～80 | 40～100 | 45～120 | 55～160 | 65～200 | 80～240 | 90～300 | 110～300 | 160～420 | 180～480 |
| | GB/T 5781—2000 | 10～40 | 12～50 | 16～65 | 20～80 | 25～100 | 35～100 | 40～100 | 50～100 | 60～100 | 70～100 | 80～420 | 90～480 |
| $l$ 系列 | | 10、12、16、20～50（5 进位）、（55）、60、（65）、70～160（10 进位）、80、220～500（20 进位） | | | | | | | | | | | |

注：1. 括号内的规格尽可能不用。末端按 GB/T 2—2000 规定。
　　2. 螺纹公差：8 g（GB/T 5780—2000）；6 g（GB/T 5781—2000）；性能等级：4.6、4.8；产品等级：C。

| 附表 B-3 | 双头螺柱（摘自 GB/T 897～900—1988） | 单位：mm |
|---|---|---|

$b_m = 1d$ （GB/T 897—1988）　　　$b_m = 1.25d$ （GB/T 898—1988）　　　$b_m = 1.5d$ （GB/T 899—1988）

$b_m = 2d$ （GB/T 900—1988）

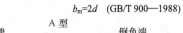

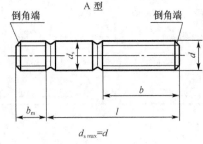
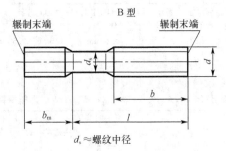

$d_{s\,max} = d$　　　　　　　　　　　$d_s \approx$ 螺纹中径

标记示例：

螺柱 GB/T 897 M10×50

（两端均为粗牙普通螺纹，$d = 10$ mm、$l = 50$ mm、性能等级为 4.8 级、不经表面处理、B 型、$b_m = d$ 的双头螺柱）

螺柱 GB/T 897 AM10—M10×1×50

（旋入机件一端为粗牙普通螺纹，旋螺母一端为螺距 $P = 1$ mm 的细牙普通螺纹，$d = 10$ mm、$l = 50$ mm，性能等级为 4.8 级、不经表面处理、A 型、$b_m = 1d$ 的双头螺柱）

| 螺纹规格 | $b_m$（公称） | | | | $l/b$ | | | |
|---|---|---|---|---|---|---|---|---|
| | GB/T 897—1988 | GB/T 898—1988 | GB/T 899—1988 | GB/T 900—1988 | | | | |
| M3 | | | 4.5 | 6 | $\dfrac{16\sim22}{8}$、 | $\dfrac{25\sim40}{12}$ | | |
| M4 | | | 6 | 8 | $\dfrac{16\sim20}{8}$、 | $\dfrac{25\sim40}{14}$ | | |
| M5 | 5 | 6 | 8 | 10 | $\dfrac{16\sim20}{10}$、 | $\dfrac{25\sim50}{16}$ | | |
| M6 | 6 | 8 | 10 | 12 | $\dfrac{20}{10}$、 | $\dfrac{25\sim30}{14}$、 | $\dfrac{35\sim70}{18}$ | |
| M8 | 8 | 10 | 12 | 16 | $\dfrac{20}{12}$、 | $\dfrac{25\sim30}{16}$、 | $\dfrac{35\sim90}{22}$ | |
| M10 | 10 | 12 | 15 | 20 | $\dfrac{25}{14}$、 | $\dfrac{30\sim35}{16}$、 | $\dfrac{40\sim120}{26}$、 | $\dfrac{130}{32}$ |

续表

| 螺纹规格 | $b_m$（公称） | | | | $l/b$ | | | |
|---|---|---|---|---|---|---|---|---|
| | GB/T 897—1988 | GB/T 898—1988 | GB/T 899—1988 | GB/T 900—1988 | | | | |
| M12 | 12 | 15 | 18 | 24 | $\dfrac{25\sim20}{16}$ | $\dfrac{35\sim40}{20}$ | $\dfrac{45\sim120}{30}$ | $\dfrac{130\sim180}{36}$ |
| M16 | 16 | 20 | 24 | 32 | $\dfrac{30\sim35}{20}$ | $\dfrac{40\sim50}{30}$ | $\dfrac{60\sim120}{38}$ | $\dfrac{130\sim200}{44}$ |
| M20 | 20 | 25 | 30 | 40 | $\dfrac{35\sim40}{25}$ | $\dfrac{45\sim60}{35}$ | $\dfrac{70\sim120}{46}$ | $\dfrac{130\sim200}{52}$ |
| （M24） | 24 | 30 | 36 | 48 | $\dfrac{45\sim50}{30}$ | $\dfrac{60\sim70}{45}$ | $\dfrac{80\sim120}{54}$ | $\dfrac{130\sim200}{60}$ |
| （M30） | 30 | 38 | 45 | 60 | $\dfrac{60}{40}$ $\dfrac{70\sim90}{50}$ | $\dfrac{100\sim120}{66}$ | $\dfrac{130\sim200}{72}$ | $\dfrac{210\sim250}{85}$ |
| M36 | 36 | 45 | 54 | 72 | $\dfrac{70}{45}$ $\dfrac{80\sim110}{60}$ | $\dfrac{120}{78}$ | $\dfrac{130\sim200}{84}$ | $\dfrac{210\sim300}{97}$ |
| M42 | 42 | 52 | 63 | 84 | $\dfrac{70\sim80}{50}$ $\dfrac{90\sim110}{70}$ | $\dfrac{120}{90}$ | $\dfrac{130\sim200}{96}$ | $\dfrac{210\sim300}{109}$ |
| M48 | 48 | 60 | 72 | 96 | $\dfrac{80\sim90}{60}$ $\dfrac{100\sim110}{80}$ | $\dfrac{120}{102}$ | $\dfrac{130\sim200}{108}$ | $\dfrac{210\sim300}{121}$ |
| $l_{系列}$ | 12、（14）、16、（18）、20、（22）、25、（28）、30、（32）、35、（38）、40、45、50、55、60、（65）、70、75、80、（85）、90、（95）、100～260（10进位）、280、300 | | | | | | | |

注：1. 尽量不用括号内的规格，末端按 GB/T 5782—2000 规定。

　　2. $b_m=d$，一般用于钢对钢；$b_m=(1.25\sim1.5)d$，一般用于钢对铸铁；$b_m=2d$，一般用于钢对铝合金。

附表 B-4　　　　　　　　　　　　Ⅰ型六角螺母　　　　　　　　　　　单位：mm

Ⅰ型六角螺母—A 和 B 级（摘自 GB/T 6170—2000）

Ⅰ型六角头螺母—细牙—A 和 B 级（摘自 GB/T 6171—2000）

Ⅰ型六角螺母—C 级（摘自 GB/T 41—2000）

允许制造的型式

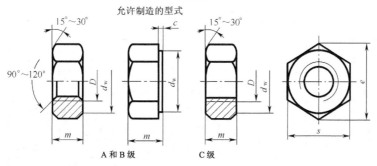

A 和 B 级　　　　　C 级

标记示例：

螺母 GB/T 41 M12

（螺纹规格 $D$=M12、性能等级为 5 级、不经表面处理、C 级的Ⅰ型六角螺母）

螺母 GB/T 6171 M24×2

（螺纹规格 $D$=M24、螺距 $P$=2、性能等级为 10 级、不经表面处理、B 级的Ⅰ型细牙六角螺母）

| 螺纹规格 | D | M4 | M5 | M6 | M8 | M10 | M12 | M16 | M20 | M24 | M30 | M36 | M42 | M48 |
|---|---|---|---|---|---|---|---|---|---|---|---|---|---|---|
| | $D\times P$ | — | — | — | M8×1 | M10×1 | M12×1.5 | M16×1.5 | M20×2 | M24×2 | M30×2 | M36×3 | M42×3 | M48×3 |
| | $c$ | 0.4 | 0.5 | | 0.6 | | | | 0.8 | | | | 1 | |
| | $s_{max}$ | 7 | 8 | 10 | 13 | 16 | 18 | 24 | 30 | 36 | 46 | 55 | 65 | 75 |

续表

| 螺纹规格 | D | M4 | M5 | M6 | M8 | M10 | M12 | M16 | M20 | M24 | M30 | M36 | M42 | M48 |
|---|---|---|---|---|---|---|---|---|---|---|---|---|---|---|
| | $D \times P$ | — | — | — | M8×1 | M10×1 | M12×1.5 | M16×1.5 | M20×2 | M24×2 | M30×2 | M36×3 | M42×3 | M48×3 |
| $e_{min}$ | A、B级 | 7.66 | 8.79 | 11.05 | 14.38 | 17.77 | 20.03 | 26.75 | 32.95 | 39.55 | 50.85 | 60.79 | 72.02 | 82.6 |
| | C级 | — | 8.63 | 10.89 | 14.2 | 17.59 | 19.85 | 26.17 | 32.95 | 39.55 | 50.85 | 60.79 | 72.02 | 82.6 |
| $m_{max}$ | A、B级 | 3.2 | 4.7 | 5.2 | 6.8 | 8.4 | 10.8 | 14.8 | 18 | 21.5 | 25.6 | 31 | 34 | 38 |
| | C级 | — | 5.6 | 6.1 | 7.9 | 9.5 | 12.2 | 15.9 | 18.7 | 22.3 | 26.4 | 31.5 | 34.9 | 38.9 |
| $d_{wmax}$ | A、B级 | 5.9 | 6.9 | 8.9 | 11.6 | 14.6 | 16.6 | 22.5 | 27.7 | 33.2 | 42.7 | 51.1 | 60.6 | 69.4 |
| | C级 | — | 6.9 | 8.7 | 11.5 | 14.5 | 16.5 | 22.5 | 27.7 | 33.2 | 42.7 | 51.1 | 60.6 | 69.4 |

注：1. $P$ 为螺距。

2. A 级用于 $D \leqslant 16$mm 的螺母；B 级用于 $D > 16$mm 的螺母；C 级用于 $D \geqslant 5$mm 的螺母。

3. 螺纹公差：A、B 级为 6H；C 级为 7H；性能等级：A、B 级为 6、8、10 级，C 级为 4、5 级。

| 附表 B-5 | I 型六角开槽螺母——A 级和 B 级（摘自 GB/T 6178—1986） | 单位：mm |

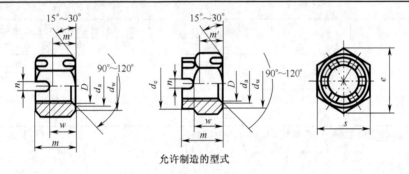

允许制造的型式

标记示例：

螺母 GB/T 6178 M12

（螺纹规格 $D$=M12、性能等级为 8 级、表面氧化、A 级的 I 型六角开槽螺母）

| 螺纹规格 $D$ | | M4 | M5 | M6 | M8 | M10 | M12 | M16 | M20 | M24 | M30 | M36 |
|---|---|---|---|---|---|---|---|---|---|---|---|---|
| $d_a$ | max | 4.6 | 5.75 | 6.75 | 8.75 | 10.8 | 13 | 17.3 | 21.6 | 25.9 | 32.4 | 38.9 |
| | min | 4 | 5 | 6 | 8 | 10 | 12 | 16 | 20 | 24 | 30 | 36 |
| $d_e$ | max | — | — | — | — | — | — | — | 28 | 34 | 42 | 50 |
| | min | — | — | — | — | — | — | — | 27.16 | 33 | 41 | 49 |
| $d_w$ | min | 5.9 | 6.9 | 8.9 | 11.6 | 14.6 | 16.6 | 22.5 | 27.7 | 33.2 | 42.7 | 51.1 |
| $e$ | min | 7.66 | 8.79 | 11.05 | 14.38 | 17.77 | 20.03 | 26.75 | 32.95 | 39.55 | 50.85 | 60.79 |
| $m$ | max | 5 | 6.7 | 7.7 | 9.8 | 12.4 | 15.8 | 20.8 | 24 | 29.5 | 34.6 | 40 |
| | min | 4.7 | 6.34 | 7.34 | 9.44 | 11.97 | 15.37 | 20.28 | 23.16 | 28.66 | 33.6 | 39 |
| $m'$ | min | 2.32 | 3.52 | 3.92 | 5.15 | 6.43 | 8.3 | 11.28 | 13.52 | 16.16 | 19.44 | 23.52 |
| $n$ | max | 1.2 | 1.4 | 2 | 2.5 | 2.8 | 3.5 | 4.5 | 4.5 | 5.5 | 7 | 7 |
| | min | 1.8 | 2 | 2.6 | 3.1 | 3.4 | 4.25 | 5.7 | 5.7 | 6.7 | 8.5 | 8.5 |
| $s$ | max | 7 | 8 | 10 | 13 | 16 | 18 | 24 | 30 | 36 | 46 | 55 |
| | min | 6.78 | 7.78 | 9.78 | 12.73 | 15.73 | 17.73 | 23.67 | 29.16 | 35 | 45 | 53.8 |
| $w$ | max | 3.2 | 4.7 | 5.2 | 6.8 | 8.4 | 10.8 | 14.8 | 18 | 21.5 | 25.6 | 31 |
| | min | 2.9 | 4.4 | 4.9 | 6.44 | 8.04 | 10.37 | 14.37 | 17.3 | 20.66 | 24.76 | 30 |
| 开口销 | | 1×10 | 1.2×12 | 1.6×14 | 2×16 | 2.5×20 | 3.2×22 | 4×28 | 4×36 | 5×40 | 6.3×50 | 6.3×63 |

注：A 级用于 $D \leqslant 16$mm 的螺母；B 级用于 $D > 16$mm 的螺母。

附表 B-6 垫圈 单位：mm

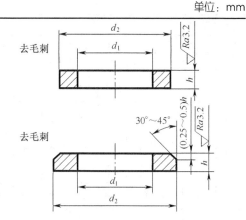

小垫圈—A 级（摘自 GB/T 848—2002）
平垫圈—A 级（摘自 GB/T 97.1—2002）
平垫圈倒角型—A 级（摘自 GB/T 97.2—2002）
平垫圈—C 级（摘自 GB/T 95—2002）
大垫圈—A 级（摘自 GB/T 96.1—2002）
大垫圈—C 级（摘自 GB/T 96.2—2002）
特大垫圈—C 级（摘自 GB/T 5287—2002）

标记示例：

垫圈 GB/T 95 8

（标准系列、公称尺寸 $d$ = 8mm、性能等级为 100 HV 级、不经表面处理的平垫圈）

垫圈 GB/T 97.2 8

（标准系列、公称尺寸 $d$ = 8mm、性能等级为 A140 级、倒角型、不经表面处理的平垫圈）

| 公称尺寸（螺纹规格）$d$ | 标 准 系 列 | | | | | | | | | 特大系列 | | | 大系列 | | | 小系列 | | |
|---|---|---|---|---|---|---|---|---|---|---|---|---|---|---|---|---|---|---|
| | GB/T 95—2002（A 级） | | | GB/T 97.1—2002（A 级） | | | GB/T 97.2—2002（A 级） | | | GB/T 5287—2002（C 级） | | | GB/T 96.1—2002（A 级）GB/T 96.2—2002（C 级） | | | GB/T 848—2002（A 级） | | |
| | $d_{1min}$ | $d_{2max}$ | $h$ | $d_{1min}$ | $d_{2max}$ | $h$ | $d_{1min}$ | $d_{2max}$ | $h$ | $d_{1min}$ | $d_{2max}$ | $h$ | $d_{1min}$ | $d_{2max}$ | $h$ | $d_{1min}$ | $d_{2max}$ | $h$ |
| 4 | — | — | — | 4.3 | 9 | 0.8 | | | | | | | 4.3 | 12 | 1 | 4.3 | 8 | 0.5 |
| 5 | 5.5 | 10 | 1 | 5.3 | 10 | 1 | 5.3 | 10 | 1 | 5.5 | 18 | 2 | 5.3 | 15 | 1.2 | 5.3 | 9 | 1 |
| 6 | 6.6 | 12 | 1.6 | 6.4 | 12 | 1.6 | 6.4 | 12 | 1.6 | 6.6 | 22 | | 6.4 | 18 | 1.6 | 6.4 | 11 | 1.6 |
| 8 | 9 | 16 | 1.6 | 8.4 | 16 | 1.6 | 8.4 | 16 | 1.6 | 9 | 28 | 3 | 8.4 | 24 | 2 | 8.4 | 15 | 1.6 |
| 10 | 11 | 20 | 2 | 10.5 | 20 | 2 | 10.5 | 20 | 2 | 11 | 34 | 3 | 10.5 | 30 | 2.5 | 10.5 | 18 | 1.6 |
| 12 | 13.5 | 24 | 2.5 | 13 | 24 | 2.5 | 13 | 24 | 2.5 | 13.5 | 44 | 4 | 13 | 37 | 3 | 13 | 20 | 2 |
| 14 | 15.5 | 28 | 2.5 | 15 | 28 | 2.5 | 15 | 28 | 2.5 | 15.5 | 50 | 4 | 15 | 44 | 3 | 15 | 24 | 2.5 |
| 16 | 17.5 | 30 | 3 | 17 | 30 | 3 | 17 | 30 | 3 | 17.5 | 56 | 5 | 17 | 50 | 3 | 17 | 28 | 2.5 |
| 20 | 22 | 37 | 3 | 21 | 37 | 3 | 21 | 37 | 3 | 22 | 72 | 6 | 22 | 60 | 4 | 21 | 34 | 3 |
| 24 | 26 | 44 | 4 | 25 | 44 | 4 | 25 | 44 | 4 | 26 | 85 | 6 | 26 | 72 | 5 | 25 | 39 | 4 |
| 30 | 33 | 56 | 4 | 31 | 56 | 4 | 31 | 56 | 4 | 33 | 92 | 6 | 33 | 92 | 6 | 31 | 50 | 4 |
| 36 | 39 | 66 | 5 | 37 | 66 | 5 | 37 | 66 | 5 | 39 | 125 | 8 | 39 | 110 | 8 | 37 | 60 | 5 |

注：1. A 级适用于精装配系列，C 级适用于中等装配系列。

2. C 级垫圈没有 $Ra3.2\mu m$ 和去毛刺的要求。

3. GB/T 848—2002 主要用于圆柱头螺钉，其他用于标准的六角螺栓、螺母和螺钉。

附表 B-7 标准型弹簧垫圈（摘自 GB/T 93—1987）、轻型弹簧垫圈（摘自 GB/T 859—1987）单位：mm

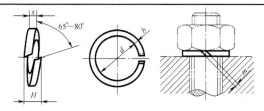

标记示例：

垫圈 GB/T 93—1987 16

（规格 16 mm、材料为 65 Mn、表面氧化的标准型弹簧垫圈）

垫圈 GB/T 859—1987 16

（规格 16 mm、材料为 65 Mn、表面氧化的轻型弹簧垫圈）

续表

| 规格（螺纹大径） | | | 2 | 2.5 | 3 | 4 | 5 | 6 | 8 | 10 | 12 | 16 | 20 | 24 | 30 | 36 | 42 | 48 |
|---|---|---|---|---|---|---|---|---|---|---|---|---|---|---|---|---|---|---|
| $d$ | | min | 2.1 | 2.6 | 3.1 | 4.1 | 5.1 | 6.1 | 8.1 | 10.2 | 12.2 | 16.2 | 20.2 | 24.5 | 30.5 | 36.5 | 42.5 | 48.5 |
| | | max | 2.35 | 2.85 | 3.4 | 4.4 | 5.4 | 6.68 | 8.68 | 10.9 | 12.9 | 16.9 | 21.04 | 25.5 | 31.5 | 37.7 | 43.7 | 49.7 |
| $s=b$公称 | GB/T 93—1987 | | 0.5 | 0.65 | 0.8 | 1.1 | 1.3 | 1.6 | 2.1 | 2.6 | 3.1 | 4.1 | 5 | 6 | 7.5 | 9 | 10.5 | 12 |
| $s$公称 | GB/T 859—1987 | | — | — | 0.6 | 0.8 | 1.1 | 1.3 | 1.6 | 2 | 2.5 | 3.2 | 4 | 5 | 6 | — | — | — |
| $b$公称 | GB/T 859—1987 | | — | — | 1 | 1.2 | 1.5 | 2 | 2.5 | 3 | 3.5 | 4.5 | 5.5 | 7 | 9 | — | — | — |
| $H$ | GB/T 93—1987 | min | 1 | 1.3 | 1.6 | 2.2 | 2.6 | 3.2 | 4.2 | 5.2 | 6.2 | 8.2 | 10 | 12 | 15 | 18 | 21 | 24 |
| | | max | 1.25 | 1.63 | 2 | 2.75 | 3.25 | 4 | 5.25 | 6.5 | 7.75 | 10.25 | 12.5 | 15 | 18.75 | 22.5 | 26.25 | 30 |
| $H$ | GB/T 859—1987 | min | — | — | 1.2 | 1.6 | 2.2 | 2.6 | 3.2 | 4 | 5 | 6.4 | 8 | 10 | 12 | — | — | — |
| | | max | — | — | 1.5 | 2 | 2.75 | 3.25 | 4 | 5 | 6.25 | 8 | 10 | 12.5 | 15 | — | — | — |
| $m\leqslant$ | GB/T 93—1987 | | 0.25 | 0.33 | 0.4 | 0.55 | 0.65 | 0.8 | 1.05 | 1.3 | 1.55 | 2.05 | 2.5 | 3 | 3.75 | 4.5 | 5.25 | 6 |
| | GB/T 859—1987 | | — | — | 0.3 | 0.4 | 0.55 | 0.65 | 0.8 | 1 | 1.25 | 1.6 | 2 | 2.5 | 3 | — | — | — |

| 附表 B-8 | 螺钉（一） | 单位：mm |
|---|---|---|

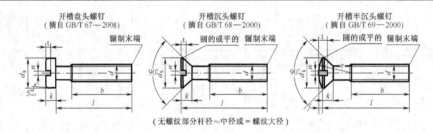

开槽盘头螺钉（摘自 GB/T 67—2008）　开槽沉头螺钉（摘自 GB/T 68—2000）　开槽半沉头螺钉（摘自 GB/T 69—2000）

（无螺纹部分杆径≈中径或 = 螺纹大径）

标记示例：

螺钉 GB/T 67—2008 M5×60

（螺纹规格 $d$=M5、公称长度 $l$=60mm、性能等级为 4.8 级、不经表面处理的开槽盘头螺钉）

| 螺纹规格 $d$ | 螺距 $P$ | $b_{min}$ | $n$公称 | $r_f$ GB/T69—2000 | $f$ GB/T69—2000 | $k_{max}$ GB/T67—2008 | $k_{max}$ GB/T68—2000 GB/T69—2000 | $d_{k\,max}$ GB/T67—2008 | $d_{k\,max}$ GB/T68—2000 GB/T69—2000 | $t_{min}$ GB/T67—2008 | $t_{min}$ GB/T68—2000 | $t_{min}$ GB/T69—2000 | $L$范围 GB/T67—2008 | $L$范围 GB/T68—2000 GB/T69—2000 | 全螺纹时最大长度 GB/T67—2008 GB/T69—2000 | 全螺纹时最大长度 GB/T68—2000 GB/T69—2000 |
|---|---|---|---|---|---|---|---|---|---|---|---|---|---|---|---|---|
| M2 | 0.4 | 25 | 0.5 | 4 | 0.5 | 1.3 | 1.2 | 4 | 3.8 | 0.5 | 0.4 | 0.8 | 2.5～20 | 3～20 | 30 | 30 |
| M3 | 0.5 | 25 | 0.8 | 6 | 0.7 | 1.8 | 1.65 | 5.6 | 5.5 | 0.7 | 0.6 | 1.2 | 4～30 | 5～30 | 30 | 30 |
| M4 | 0.7 | 38 | 1.2 | 9.5 | 1 | 2.4 | 2.7 | 8 | 8.4 | 1 | 1 | 1.6 | 5～40 | 6～40 | 40 | 45 |
| M5 | 0.8 | 38 | 1.2 | 9.5 | 1.2 | 3 | 2.7 | 9.5 | 9.3 | 1.2 | 1.1 | 2 | 6～50 | 8～50 | 40 | 45 |
| M6 | 1 | 38 | 1.6 | 12 | 1.4 | 3.6 | 3.3 | 12 | 11.3 | 1.4 | 1.2 | 2.4 | 8～60 | | 40 | 45 |
| M8 | 1.25 | 38 | 2 | 16.5 | 2 | 4.8 | 4.65 | 16 | 15.8 | 1.9 | 1.8 | 3.2 | 10～80 | | 40 | 45 |
| M10 | 1.5 | 38 | 2.5 | 19.5 | 2.3 | 6 | 5 | 20 | 18.3 | 2.4 | 2 | 3.8 | 12～80 | | 40 | 45 |
| $l$系列 | 2、2.5、3、4、5、6、8、10、12、（14）、16、20～50（5 进位）、（55）、60、（65）、70、（75）、80 | | | | | | | | | | | | | | | |

注：螺纹公差：6g；性能等级：4.8、5.8；产品等级：A。

附表 B-9 　　　　　　　　　　　　　　螺钉（二）　　　　　　　　　　　　　　单位：mm

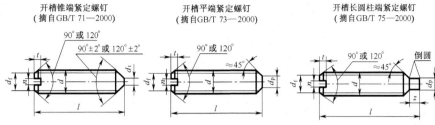

开槽锥端紧定螺钉
（摘自GB/T 71—2000）

开槽平端紧定螺钉
（摘自GB/T 73—2000）

开槽长圆柱端紧定螺钉
（摘自GB/T 75—2000）

标记示例：

螺钉 GB/T 71 M5×20

（螺纹规格 $d$ = M5、公称长度 $l$ =20mm、性能等级为 14 H 级、表面氧化的开槽锥端紧定螺钉）

| 螺纹规格 $d$ | 螺距 $P$ | $d_f$ | $d_{t\,max}$ | $d_{p\,max}$ | $n_{公称}$ | $t_{max}$ | $z_{max}$ | $l$范围 | | |
|---|---|---|---|---|---|---|---|---|---|---|
| | | | | | | | | GB/T 71 | GB/T 73 | GB/T 75 |
| M2 | 0.4 | 螺纹小径 | 0.2 | 1 | 0.25 | 0.84 | 1.25 | 3～10 | 2～10 | 3～10 |
| M3 | 0.5 | | 0.3 | 2 | 0.4 | 1.05 | 1.75 | 4～16 | 3～16 | 5～16 |
| M4 | 0.7 | | 0.4 | 2.5 | 0.6 | 1.42 | 2.25 | 6～20 | 4～20 | 6～20 |
| M5 | 0.8 | | 0.5 | 3.5 | 0.8 | 1.63 | 2.75 | 8～25 | 5～25 | 8～25 |
| M6 | 1 | | 1.5 | 4 | 1 | 2 | 3.25 | 8～30 | 6～30 | 8～30 |
| M8 | 1.25 | | 2 | 5.5 | 1.2 | 2.5 | 4.3 | 10～40 | 8～40 | 10～40 |
| M10 | 1.5 | | 2.5 | 7 | 1.6 | 3 | 5.3 | 12～50 | 10～50 | 12～50 |
| M12 | 1.75 | | 3 | 8.5 | 2 | 3.6 | 6.3 | 14～60 | 12～60 | 14～60 |
| $l_{系列}$ | 2、2.5、3、4、5、6、8、10、12、（14）、16、20、25、30、35、40、45、50、（55）、60 | | | | | | | | | |

注：螺纹公差：6 g；性能等级：14 H、22 H；产品等级：A。

附表 B-10 　　　　　内六角圆柱头螺钉（摘自 GB/T 70.1—2008）　　　　　单位：mm

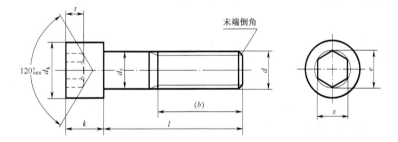

末端倒角

标记示例：

螺钉 GB/T 70.1 　M5×20

（螺纹规格 $d$=M5、公称长度 $l$=20mm、性能等级为 8.8 级、表面氧化的内六角圆柱头螺钉）

| 螺纹规格 $d$ | | M4 | M5 | M6 | M8 | M10 | M12 | (M14) | M16 | M20 | M24 | M30 | M36 |
|---|---|---|---|---|---|---|---|---|---|---|---|---|---|
| 螺距 $P$ | | 0.7 | 0.8 | 1 | 1.25 | 1.5 | 1.75 | 2 | 2 | 2.5 | 3 | 3.5 | 4 |
| $b_{参考}$ | | 20 | 22 | 24 | 28 | 32 | 36 | 40 | 44 | 52 | 60 | 72 | 84 |
| $d_{k\,max}$ | 光滑头部 | 7 | 8.5 | 10 | 13 | 16 | 18 | 21 | 24 | 30 | 36 | 45 | 54 |
| | 滚花头部 | 7.22 | 8.72 | 10.22 | 13.27 | 16.27 | 18.27 | 21.33 | 24.33 | 30.33 | 36.39 | 45.39 | 54.46 |
| $k_{max}$ | | 4 | 5 | 6 | 8 | 10 | 12 | 14 | 16 | 20 | 24 | 30 | 36 |
| $t_{min}$ | | 2 | 2.5 | 3 | 4 | 5 | 6 | 7 | 8 | 10 | 12 | 15.5 | 19 |
| $s_{公称}$ | | 3 | 4 | 5 | 6 | 8 | 10 | 12 | 14 | 17 | 19 | 22 | 27 |

续表

| $e_{min}$ | 3.44 | 4.58 | 5.72 | 6.86 | 9.15 | 11.43 | 13.72 | 16 | 19.44 | 21.73 | 25.15 | 30.35 |
|---|---|---|---|---|---|---|---|---|---|---|---|---|
| $d_{smax}$ | 4 | 5 | 6 | 8 | 10 | 12 | 14 | 16 | 20 | 24 | 30 | 36 |
| $l$ 范围 | 6~40 | 8~50 | 10~60 | 12~80 | 16~100 | 20~120 | 25~140 | 25~160 | 30~200 | 40~200 | 45~200 | 55~200 |
| 全螺纹时最大长度 | 25 | 25 | 30 | 35 | 40 | 45 | 55 | 55 | 65 | 80 | 90 | 100 |
| $l$ 系列 | 6、8、10、12、(14)、(16)、20~50(5 进位)、(55)、60、(65)、70~160(10 进位)、180、200 ||||||||||||

注：1. 括号内的规格尽可能不用。末端按 GB/T 5782—2000 规定。

  2. 性能等级：8.8、12.9。

  3. 螺纹公差：性能等级 8.8 级时为 6 g，12.9 级时为 5 g、6 g。

  4. 产品等级：A。

# 附录C 键与销

附表 C-1　　平键及键槽各部尺寸（摘自 GB/T 1095—2003、GB/T 1096—2003）　　单位：mm

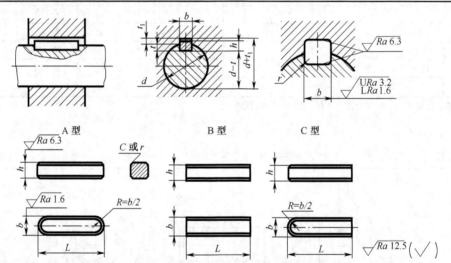

标记示例：

键 16×100　GB/T 1096—2003（圆头普通平键 $b$=16mm、$h$=10mm、$L$=100mm）

键 B16×100　GB/T 1096—2003（平头普通平键 $b$=16mm、$h$=10mm、$L$=100mm）

键 C16×100　GB/T 1096—2003（单圆头普通平键 $b$=16mm、$h$=10mm、$L$=100mm）

| 轴 | 键 | | 键 槽 |||||||||||
|---|---|---|---|---|---|---|---|---|---|---|---|---|---|
| | | | | 宽度 $b$ ||||| 深 度 |||| |
| | | | 公称尺寸 $b$ | 极 限 偏 差 |||| | 轴 $t$ || 毂 $t_1$ || 半径 $r$ ||
| 公称直径 $d$ | 公称尺寸 $b \times h$ (h9) | 长度 $L$ (h11) | | 较松键连接 || 一般键连接 || 较紧键连接 | 公称尺寸 | 极限偏差 | 公称尺寸 | 极限偏差 | | |
| | | | | 轴 H9 | 毂 D10 | 轴 N9 | 毂 JS9 | 轴和毂 P9 | | | | | 最小 | 最大 |
| 10~12 | 4×4 | 8~45 | 4 | +0.030 / 0 | +0.078 / +0.030 | 0 / −0.030 | ±0.015 | −0.012 / −0.042 | 2.5 | +0.1 / 0 | 1.8 | +0.1 / 0 | 0.08 | 0.16 |
| 12~17 | 5×5 | 10~56 | 5 | | | | | | 3.0 | | 2.3 | | 0.16 | 0.25 |
| 17~22 | 6×6 | 14~70 | 6 | | | | | | 3.5 | | 2.8 | | 0.16 | 0.25 |

续表

| 轴 公称直径 d | 键 公称尺寸 b×h (h9) | 键 长度 L(h11) | 键槽 公称尺寸 b | 较松键连接 轴H9 | 较松键连接 毂D10 | 一般键连接 轴N9 | 一般键连接 毂JS9 | 较紧键连接 轴和毂P9 | 轴t 公称尺寸 | 轴t 极限偏差 | 毂t1 公称尺寸 | 毂t1 极限偏差 | 半径r 最小 | 半径r 最大 |
|---|---|---|---|---|---|---|---|---|---|---|---|---|---|---|
| 22~30 | 8×7 | 18~90 | 8 | +0.036 0 | +0.098 +0.040 | 0 −0.036 | ±0.018 | −0.015 −0.051 | 4.0 | +0.2 0 | 3.3 | +0.2 0 | 0.16 | 0.25 |
| 30~38 | 10×8 | 22~110 | 10 | | | | | | 5.0 | | 3.3 | | 0.25 | 0.40 |
| 38~44 | 12×8 | 28~140 | 12 | +0.043 0 | +0.120 +0.050 | 0 −0.043 | ±0.022 | −0.018 −0.061 | 5.0 | +0.2 0 | 3.3 | +0.2 0 | 0.25 | 0.40 |
| 44~50 | 14×9 | 36~160 | 14 | | | | | | 5.5 | | 3.8 | | | |
| 50~58 | 16×10 | 45~180 | 16 | | | | | | 6.0 | | 4.3 | | | |
| 58~65 | 18×11 | 50~200 | 18 | | | | | | 7.0 | | 4.4 | | | |
| 65~75 | 20×12 | 56~220 | 20 | +0.052 0 | +0.149 +0.065 | 0 −0.052 | ±0.026 | −0.022 −0.074 | 7.5 | +0.2 0 | 4.9 | +0.2 0 | 0.40 | 0.60 |
| 75~85 | 22×14 | 63~250 | 22 | | | | | | 9.0 | | 5.4 | | | |
| 85~95 | 25×14 | 70~280 | 25 | | | | | | 9.0 | | 5.4 | | | |
| 95~110 | 28×16 | 80~320 | 28 | | | | | | 10 | | 6.4 | | | |

注：1. $(d-t)$ 和 $(d+t_1)$ 两个组合尺寸的极限偏差，按相应的 $t$ 和 $t_1$ 的极限偏差选取，但 $(d-t)$ 极限偏差应取负号 (−)。

2. L系列：6~22(2进位)、25、28、32、36、40、45、50、56、63、70、80、90、100、110、125、140、160、180、200、220、250、280、320、360、400、450、500。

3. 键 $b$ 的极限偏差为h9，键 $h$ 的极限偏差为h11，键长 $L$ 的极限偏差为h14。

附表 C-2　　　半圆键及键槽的各部尺寸（摘自 GB/T 1098—2003）　　　单位：mm

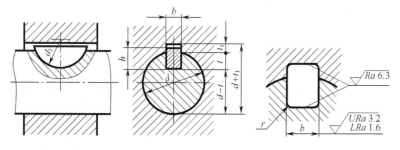

半圆键的形式和尺寸（摘自 GB/T 1099.1—2003）

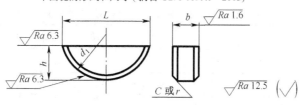

标记示例：

键 6×25　GB/T 1099—2003

（半圆键、$b$=6mm、$h$=10mm、$d_1$ = 25mm）

续表

| 轴径 d | | 键 | | | | 键 槽 | | | | | | | |
|---|---|---|---|---|---|---|---|---|---|---|---|---|---|
| | | 公称尺寸 | | 其他尺寸 | | 槽宽 b | | | 深 度 | | | | 半径 r |
| | | | | | | | 极限偏差 | | 轴 t | | 毂 $t_1$ | | |
| 键传递转矩用 | 键定位用 | $b×h×d_1$ (h9)(h11)(h12) | | $L≈$ | c | 一般键连接 | | 较紧键连接 | 公称尺寸 | 极限偏差 | 公称尺寸 | 极限偏差 | |
| | | | | | | 轴 N9 | 毂 Js9 | 轴和毂 P9 | | | | | |
| 8~10 | 12~15 | 3×5×13 | | 12.7 | 0.16~0.25 | −0.004 −0.029 | ±0.012 | −0.006 −0.031 | 3.8 | +0.2 0 | 1.4 | +0.1 0 | 0.08~0.16 |
| 10~12 | 15~18 | 3×6.5×16 | | 15.7 | | | | | 5.3 | | 1.4 | | 0.16~0.25 |
| 12~14 | 18~20 | 4×6.5×16 | | 15.7 | 0.25~0.4 | 0 −0.030 | ±0.015 | −0.012 −0.042 | 5 | +0.2 0 | 1.8 | +0.1 0 | 0.16~0.25 |
| 14~16 | 20~22 | 4×7.5×19 | | 18.6 | | | | | 6 | | 1.8 | | |
| 16~18 | 22~25 | 5×6.5×16 | | 15.7 | | | | | 4.5 | | 2.3 | | |
| 18~20 | 25~28 | 5×7.5×19 | | 18.6 | | | | | 5.5 | | 2.3 | | |
| 20~22 | 28~32 | 5×9×22 | | 21.6 | | | | | 7 | | 2.3 | | |
| 22~25 | 32~36 | 6×9×22 | | 21.6 | | | | | 6.5 | +0.3 0 | 2.8 | +0.2 0 | 0.25~0.4 |
| 25~28 | 36~40 | 6×10×25 | | 24.5 | | | | | 7.5 | | 2.8 | | |
| 28~32 | 40 | 8×11×28 | | 27.4 | 0.4~0.6 | 0 −0.036 | ±0.18 | −0.015 −0.051 | 8 | +0.3 0 | 3.3 | +0.2 0 | 0.25~0.4 |
| 32~38 | — | 10×13×32 | | 31.4 | | | | | 10 | | 3.3 | | |

注：（d−t）和（d+$t_1$）两个组合尺寸的极限偏差，按相应的 t 和 $t_1$ 的极限偏差选取，但（d−t）极限偏差应取负号（−）。

| 附表 C-3 | 圆柱销（不淬硬钢和奥氏体不锈钢）（GB/T 119.1—2000） | 单位：mm |
|---|---|---|

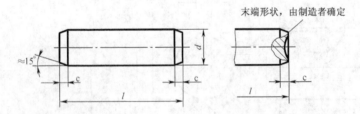

末端形状，由制造者确定

≈15°

标记示例：

销 GB/T 119.1 6 m6×30

（公称直径 d=6mm、公差为 m6、公称长度 l=30mm、材料为钢、不经淬火、不经表面处理的圆柱销）

| d（公称） | 2 | 3 | 4 | 5 | 6 | 8 | 10 | 12 | 16 | 20 | 25 | 30 |
|---|---|---|---|---|---|---|---|---|---|---|---|---|
| c≈ | 0.35 | 0.5 | 0.63 | 0.8 | 1.2 | 1.6 | 2 | 2.5 | 3 | 3.5 | 4 | 5 |
| l范围 | 6~20 | 8~30 | 8~40 | 10~50 | 12~60 | 14~80 | 18~95 | 22~140 | 26~180 | 35~200 | 50~200 | 60~200 |
| l系列 | 2、3、4、5、6~32（2进位）、35~100（5进位）、120~200（20进位） | | | | | | | | | | | |

注：公称直径 d 的公差：m6 和 h8。

| 附表 C-4 | 圆锥销（摘自 GB/T 117—2000） | 单位：mm |
|---|---|---|

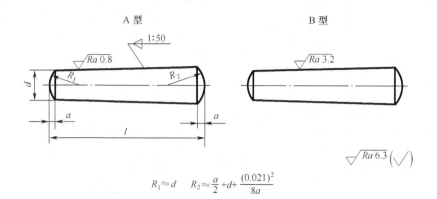

A 型　　　　　　　　　　　　　　　B 型

$$R_1 \approx d \qquad R_2 \approx \frac{a}{2} + d + \frac{(0.021)^2}{8a}$$

标记示例：

销　GB/T 117 10×60

（公称直径 $d=10$mm、长度 $l=60$mm、材料为 35 钢、热处理硬度 28～38HRC、表面氧化处理的 A 型圆锥销）

| $d_{公称}$ | 2 | 2.5 | 3 | 4 | 5 | 6 | 8 | 10 | 12 | 16 | 20 | 25 | 30 |
|---|---|---|---|---|---|---|---|---|---|---|---|---|---|
| $a\approx$ | 0.25 | 0.3 | 0.4 | 0.5 | 0.63 | 0.8 | 1.0 | 1.2 | 1.6 | 2.0 | 2.5 | 3.0 | 4 |
| $l_{范围}$ | 10～35 | 10～35 | 12～45 | 14～55 | 18～60 | 22～90 | 22～120 | 26～160 | 32～180 | 40～200 | 45～200 | 50～200 | 55～200 |
| $l_{系列}$ | 2、3、4、5、6～32（2 进位）、35～100（5 进位）、120～200（20） |||||||||||||

# 附录 D　滚动轴承

| 附表 | 滚动轴承 |
|---|---|

| 深沟球轴承<br>(GB/T 276—2013) | 圆锥滚子轴承<br>(GB/T 297—2015) | 推力球轴承<br>(GB/T 301—2015) |
|---|---|---|
| 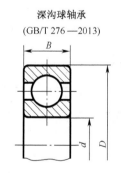 | | 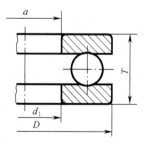 |
| 标记示例：<br>滚动轴承 6310 GB/T 276—2013 | 标记示例：<br>滚动轴承 30212 GB/T 297—2015 | 标记示例：<br>滚动轴承 51305 GB/T 301—2015 |

| 轴承型号 | 尺寸/mm | | | 轴承型号 | 尺寸/mm | | | | | 轴承型号 | 尺寸/mm | | | |
|---|---|---|---|---|---|---|---|---|---|---|---|---|---|---|
| | $d$ | $D$ | $B$ | | $d$ | $D$ | $B$ | $C$ | $T$ | | $d$ | $D$ | $T$ | $d_1$ |
| 尺寸系列［02］ | | | | 尺寸系列［02］ | | | | | | 尺寸系列［12］ | | | | |
| 6202 | 15 | 35 | 11 | 30203 | 17 | 40 | 12 | 11 | 13.25 | 51202 | 15 | 32 | 12 | 17 |
| 6203 | 17 | 40 | 12 | 30204 | 20 | 47 | 14 | 12 | 15.25 | 51203 | 17 | 35 | 12 | 19 |
| 6204 | 20 | 47 | 14 | 30205 | 25 | 52 | 15 | 13 | 16.25 | 51204 | 20 | 40 | 14 | 22 |

续表

| 轴承型号 | 尺寸/mm | | | 轴承型号 | 尺寸/mm | | | | | 轴承型号 | 尺寸/mm | | | |
|---|---|---|---|---|---|---|---|---|---|---|---|---|---|---|
| | $d$ | $D$ | $B$ | | $d$ | $D$ | $B$ | $C$ | $T$ | | $d$ | $D$ | $T$ | $d_1$ |
| 尺寸系列〔02〕 | | | | 尺寸系列〔02〕 | | | | | | 尺寸系列〔12〕 | | | | |
| 6205 | 25 | 52 | 15 | 30206 | 30 | 62 | 16 | 14 | 17.25 | 51205 | 25 | 47 | 15 | 27 |
| 6206 | 30 | 62 | 16 | 30207 | 35 | 72 | 17 | 15 | 18.25 | 51206 | 30 | 52 | 16 | 32 |
| 6207 | 35 | 72 | 17 | 30208 | 40 | 80 | 18 | 16 | 19.75 | 51207 | 35 | 62 | 18 | 37 |
| 6208 | 40 | 80 | 18 | 30209 | 45 | 85 | 19 | 16 | 20.75 | 51208 | 40 | 68 | 19 | 42 |
| 6209 | 45 | 85 | 19 | 30210 | 50 | 90 | 20 | 17 | 21.75 | 51209 | 45 | 73 | 20 | 47 |
| 6210 | 50 | 90 | 20 | 30211 | 55 | 100 | 21 | 18 | 22.75 | 51210 | 50 | 78 | 22 | 52 |
| 6211 | 55 | 100 | 21 | 30212 | 60 | 110 | 22 | 19 | 23.75 | 51211 | 55 | 90 | 25 | 57 |
| 6212 | 60 | 110 | 22 | 30213 | 65 | 120 | 23 | 20 | 24.75 | 51212 | 60 | 95 | 26 | 62 |
| 尺寸系列〔03〕 | | | | 尺寸系列〔03〕 | | | | | | 尺寸系列〔13〕 | | | | |
| 6302 | 15 | 42 | 13 | 30302 | 15 | 42 | 13 | 11 | 14.25 | 51304 | 20 | 47 | 18 | 22 |
| 6303 | 17 | 47 | 14 | 30303 | 17 | 47 | 14 | 12 | 15.25 | 51305 | 25 | 52 | 18 | 27 |
| 6304 | 20 | 52 | 15 | 30304 | 20 | 52 | 15 | 13 | 16.25 | 51306 | 30 | 60 | 21 | 32 |
| 6305 | 25 | 62 | 17 | 30305 | 25 | 62 | 17 | 15 | 18.25 | 51307 | 35 | 68 | 24 | 37 |
| 6306 | 30 | 72 | 19 | 30306 | 30 | 72 | 19 | 16 | 20.75 | 51308 | 40 | 78 | 26 | 42 |
| 6307 | 35 | 80 | 21 | 30307 | 35 | 80 | 21 | 18 | 22.75 | 51309 | 45 | 85 | 28 | 47 |
| 6308 | 40 | 90 | 23 | 30308 | 40 | 90 | 23 | 20 | 25.25 | 51310 | 50 | 95 | 31 | 52 |
| 6309 | 45 | 100 | 25 | 30309 | 45 | 100 | 25 | 22 | 27.25 | 51311 | 55 | 105 | 35 | 57 |
| 6310 | 50 | 110 | 27 | 30310 | 50 | 110 | 27 | 23 | 29.25 | 51312 | 60 | 110 | 35 | 62 |
| 6311 | 55 | 120 | 29 | 30311 | 55 | 120 | 29 | 25 | 31.50 | 51313 | 65 | 115 | 36 | 67 |
| 6312 | 60 | 130 | 31 | 30312 | 60 | 130 | 31 | 26 | 33.50 | 51314 | 70 | 125 | 40 | 72 |

注：圆括号中的尺寸系列代号在轴承代号中可以省略。

# 附录 E  标准公差

附表　　　公称尺寸小于 500mm 的标准公差（摘自 GB/T 1800.1—2009）　　　单位：μm

| 公称尺寸 /mm | 公 差 等 级 | | | | | | | | | | | | | | | | | |
| --- | --- | --- | --- | --- | --- | --- | --- | --- | --- | --- | --- | --- | --- | --- | --- | --- | --- | --- |
| | IT1 | IT2 | IT3 | IT4 | IT5 | IT6 | IT7 | IT8 | IT9 | IT10 | IT11 | IT12 | IT13 | IT14 | IT15 | IT16 | IT17 | IT18 |
| ≤3 | 0.8 | 1.2 | 2 | 3 | 4 | 6 | 10 | 14 | 25 | 40 | 60 | 100 | 140 | 250 | 400 | 600 | 1000 | 1400 |
| 3～6 | 1 | 1.5 | 2.5 | 4 | 5 | 8 | 12 | 18 | 30 | 48 | 75 | 120 | 180 | 300 | 480 | 750 | 1200 | 1800 |
| 6～10 | 1 | 1.5 | 2.5 | 4 | 6 | 9 | 15 | 22 | 36 | 58 | 90 | 150 | 220 | 360 | 580 | 900 | 1500 | 2200 |
| 10～18 | 1.2 | 2 | 3 | 5 | 8 | 11 | 18 | 27 | 43 | 70 | 110 | 180 | 270 | 430 | 700 | 1100 | 1800 | 2700 |
| 18～30 | 1.5 | 2.5 | 4 | 6 | 9 | 13 | 21 | 33 | 52 | 84 | 130 | 210 | 330 | 520 | 840 | 1300 | 2100 | 3300 |
| 30～50 | 1.5 | 2.5 | 4 | 7 | 11 | 16 | 25 | 39 | 62 | 100 | 160 | 250 | 390 | 620 | 1000 | 1600 | 2500 | 3900 |
| 50～80 | 2 | 3 | 5 | 8 | 13 | 19 | 30 | 46 | 74 | 120 | 190 | 300 | 460 | 740 | 1200 | 1900 | 3000 | 4600 |
| 80～120 | 2.5 | 4 | 6 | 10 | 15 | 22 | 35 | 54 | 87 | 140 | 220 | 350 | 540 | 870 | 1400 | 2200 | 3500 | 5400 |
| 120～180 | 3.5 | 5 | 8 | 12 | 18 | 25 | 40 | 63 | 100 | 160 | 250 | 400 | 630 | 1000 | 1600 | 2500 | 4000 | 6300 |
| 180～250 | 4.5 | 7 | 10 | 14 | 20 | 29 | 46 | 72 | 115 | 185 | 290 | 460 | 720 | 1150 | 1850 | 2900 | 4600 | 7200 |
| 250～315 | 6 | 8 | 12 | 16 | 23 | 32 | 52 | 81 | 130 | 210 | 320 | 520 | 810 | 1300 | 2100 | 3200 | 5200 | 8100 |
| 315～400 | 7 | 9 | 13 | 18 | 25 | 36 | 57 | 89 | 140 | 230 | 360 | 570 | 890 | 1400 | 2300 | 3600 | 5700 | 8900 |
| 400～500 | 8 | 10 | 15 | 20 | 27 | 40 | 63 | 97 | 155 | 250 | 400 | 630 | 970 | 1550 | 2500 | 4000 | 6300 | 9700 |

注：IT01、IT0 的标准公差未列入。

# 附录 F　轴和孔的极限偏差

附表 F-1　　　　　　　　　　　　　　　　　　　　　优先及常用配合轴的极限偏差

代号为公称尺寸/mm，公差值如下表（单位略）。带 * 者为优先选用的。

| 大于 | 至 | a 11 | b 11 | c *11 | d *9 | e 8 | f *7 | g *6 | h 5 | h *6 | h *7 | h 8 | h *9 | h 10 |
|---|---|---|---|---|---|---|---|---|---|---|---|---|---|---|
| — | 3 | -270/-330 | -140/-200 | -60/-120 | -20/-45 | -14/-28 | -6/-16 | -2/-8 | 0/-4 | 0/-6 | 0/-10 | 0/-14 | 0/-25 | 0/-40 |
| 3 | 6 | -270/-345 | -140/-215 | -70/-145 | -30/-60 | -20/-38 | -10/-22 | -4/-12 | 0/-5 | 0/-8 | 0/-12 | 0/-18 | 0/-30 | 0/-48 |
| 6 | 10 | -280/-338 | -150/-240 | -85/-170 | -40/-76 | -25/-47 | -13/-28 | -5/-14 | 0/-6 | 0/-9 | 0/-15 | 0/-22 | 0/-36 | 0/-58 |
| 10 | 14 | -290 | -150 | -95 | -50 | -32 | -16 | -6 | 0 | 0 | 0 | 0 | 0 | 0 |
| 14 | 18 | -400 | -260 | -205 | -93 | -59 | -34 | -17 | -8 | -11 | -18 | -27 | -43 | -70 |
| 18 | 24 | -300 | -160 | -110 | -65 | -40 | -20 | -7 | 0 | 0 | 0 | 0 | 0 | 0 |
| 24 | 30 | -430 | -290 | -240 | -117 | -73 | -41 | -20 | -9 | -13 | -21 | -33 | -52 | -84 |
| 30 | 40 | -310/-470 | -170/-330 | -120/-280 | -80/-142 | -50/-89 | -25/-50 | -9/-25 | 0/-11 | 0/-16 | 0/-25 | 0/-39 | 0/-62 | 0/-100 |
| 40 | 50 | -320/-480 | -180/-340 | -130/-290 | | | | | | | | | | |
| 50 | 65 | -340/-530 | -190/-380 | -140/-330 | -100/-174 | -60/-106 | -30/-60 | -10/-29 | 0/-13 | 0/-19 | 0/-30 | 0/-46 | 0/-74 | 0/-120 |
| 65 | 80 | -360/-550 | -200/-390 | -150/-340 | | | | | | | | | | |
| 80 | 100 | -380/-600 | -220/-440 | -170/-390 | -120/-207 | -72/-126 | -36/-71 | -12/-34 | 0/-15 | 0/-22 | 0/-35 | 0/-54 | 0/-87 | 0/-140 |
| 100 | 120 | -410/-630 | -240/-460 | -180/-400 | | | | | | | | | | |
| 120 | 140 | -460/-710 | -260/-510 | -200/-450 | -145/-245 | -85/-148 | -43/-83 | -14/-39 | 0/-18 | 0/-25 | 0/-40 | 0/-63 | 0/-100 | 0/-160 |
| 140 | 160 | -520/-770 | -280/-530 | -210/-460 | | | | | | | | | | |
| 160 | 180 | -580/-830 | -310/-560 | -230/-480 | | | | | | | | | | |
| 180 | 200 | -660/-950 | -340/-630 | -240/-530 | -170/-285 | -100/-172 | -50/-96 | -15/-44 | 0/-20 | 0/-29 | 0/-46 | 0/-72 | 0/-115 | 0/-185 |
| 200 | 225 | -740/-1 030 | -380/-670 | -260/-550 | | | | | | | | | | |
| 225 | 250 | -820/-1 110 | -420/-710 | -280/-570 | | | | | | | | | | |
| 250 | 280 | -920/-1 240 | -480/-800 | -300/-620 | -190/-320 | -110/-191 | -56/-108 | -17/-49 | 0/-23 | 0/-32 | 0/-52 | 0/-81 | 0/-130 | 0/-210 |
| 280 | 315 | -1 050/-1 370 | -540/-860 | -330/-650 | | | | | | | | | | |
| 315 | 355 | -1 200/-1 560 | -600/-960 | -360/-720 | -210/-350 | -125/-214 | -62/-119 | -18/-54 | 0/-25 | 0/-36 | 0/-57 | 0/-89 | 0/-140 | 0/-230 |
| 355 | 400 | -1 350/-1 710 | -680/-1 040 | -400/-760 | | | | | | | | | | |
| 400 | 450 | -1 500/-1 900 | -760/-1 160 | -440/-840 | -230/-385 | -135/-232 | -68/-131 | -20/-60 | 0/-27 | 0/-40 | 0/-63 | 0/-97 | 0/-155 | 0/-250 |
| 450 | 500 | -1 650/-2 050 | -840/-1 240 | -480/-880 | | | | | | | | | | |

注：带 * 者为优先选用的，其他为常用的。

表（摘自 GB/T 1800.2—2009）                                                                单位：μm

等　级

| | | js | k | m | n | p | r | s | t | u | v | x | y | z |
|---|---|---|---|---|---|---|---|---|---|---|---|---|---|---|
| *11 | 12 | 6 | *6 | 6 | *6 | *6 | 6 | *6 | 6 | *6 | 6 | 6 | 6 | 6 |
| 0<br>-60 | 0<br>-100 | ±3 | +6<br>0 | +8<br>+2 | +10<br>+4 | +12<br>+6 | +16<br>+10 | +20<br>+14 | — | +24<br>+18 | — | +26<br>+20 | — | +32<br>+26 |
| 0<br>-75 | 0<br>-120 | ±4 | +9<br>+1 | +12<br>+4 | +16<br>+8 | +20<br>+12 | +23<br>+15 | +27<br>+19 | — | +31<br>+23 | — | +36<br>+28 | — | +43<br>+35 |
| 0<br>-90 | 0<br>-150 | ±4.5 | +10<br>+1 | +15<br>+6 | +19<br>+10 | +24<br>+15 | +28<br>+19 | +32<br>+23 | — | +37<br>+28 | — | +43<br>+34 | — | +51<br>+42 |
| 0<br>-110 | 0<br>-180 | ±5.5 | +12<br>+1 | +18<br>+7 | +23<br>+12 | +29<br>+18 | +34<br>+23 | +39<br>+28 | — | +44<br>+33 | — | +51<br>+40 | — | +61<br>+50 |
| | | | | | | | | | — | | +50<br>+39 | +56<br>+45 | — | +71<br>+60 |
| 0<br>-130 | 0<br>-210 | ±6.5 | +15<br>+2 | +21<br>+8 | +28<br>+15 | +35<br>+22 | +41<br>+28 | +48<br>+35 | — | +54<br>+41 | +60<br>+47 | +67<br>+54 | +76<br>+63 | +86<br>+73 |
| | | | | | | | | | +54<br>+41 | +61<br>+48 | +68<br>+55 | +77<br>+64 | +88<br>+75 | +101<br>+88 |
| 0<br>-160 | 0<br>-250 | ±8 | +18<br>+2 | +25<br>+9 | +33<br>+17 | +42<br>+26 | +50<br>+34 | +59<br>+43 | +64<br>+48 | +76<br>+60 | +84<br>+68 | +96<br>+80 | +110<br>+94 | +128<br>+112 |
| | | | | | | | | | +70<br>+54 | +86<br>+70 | +97<br>+81 | +113<br>+97 | +130<br>+114 | +152<br>+136 |
| 0<br>-190 | 0<br>-300 | ±9.5 | +21<br>+2 | +30<br>+11 | +39<br>+20 | +51<br>+32 | +60<br>+41 | +72<br>+53 | +85<br>+66 | +106<br>+87 | +121<br>+102 | +141<br>+122 | +163<br>+144 | +191<br>+172 |
| | | | | | | | +62<br>+43 | +78<br>+59 | +94<br>+75 | +121<br>+102 | +139<br>+120 | +165<br>+146 | +193<br>+174 | +229<br>+210 |
| 0<br>-220 | 0<br>-350 | ±11 | +25<br>+3 | +35<br>+13 | +45<br>+23 | +59<br>+37 | +73<br>+51 | +93<br>+71 | +113<br>+91 | +146<br>+124 | +168<br>+146 | +200<br>+178 | +236<br>+214 | +280<br>+258 |
| | | | | | | | +76<br>+54 | +101<br>+79 | +126<br>+104 | +166<br>+144 | +194<br>+172 | +232<br>+210 | +276<br>+254 | +332<br>+310 |
| 0<br>-250 | 0<br>-400 | ±12.5 | +28<br>+3 | +40<br>+15 | +52<br>+27 | +68<br>+43 | +88<br>+63 | +117<br>+92 | +147<br>+122 | +195<br>+170 | +227<br>+202 | +273<br>+248 | +325<br>+300 | +390<br>+365 |
| | | | | | | | +90<br>+65 | +125<br>+100 | +159<br>+134 | +215<br>+190 | +253<br>+228 | +305<br>+280 | +365<br>+340 | +440<br>+415 |
| | | | | | | | +93<br>+68 | +133<br>+108 | +171<br>+146 | +235<br>+210 | +277<br>+252 | +335<br>+310 | +405<br>+380 | +490<br>+465 |
| 0<br>-290 | 0<br>-460 | ±14.5 | +33<br>+4 | +46<br>+17 | +60<br>+31 | +79<br>+50 | +106<br>+77 | +151<br>+122 | +195<br>+166 | +265<br>+236 | +313<br>+284 | +379<br>+350 | +454<br>+425 | +549<br>+520 |
| | | | | | | | +109<br>+80 | +159<br>+130 | +209<br>+180 | +287<br>+258 | +339<br>+310 | +414<br>+385 | +499<br>+470 | +604<br>+575 |
| | | | | | | | +113<br>+84 | +169<br>+140 | +225<br>+196 | +313<br>+284 | +369<br>+340 | +454<br>+425 | +549<br>+520 | +669<br>+640 |
| 0<br>-320 | 0<br>-520 | ±16 | +36<br>+4 | +52<br>+20 | +66<br>+34 | +88<br>+56 | +126<br>+94 | +190<br>+158 | +250<br>+218 | +347<br>+315 | +417<br>+385 | +507<br>+475 | +612<br>+580 | +742<br>+710 |
| | | | | | | | +130<br>+98 | +202<br>+170 | +272<br>+240 | +382<br>+350 | +457<br>+425 | +557<br>+525 | +682<br>+650 | +822<br>+790 |
| 0<br>-360 | 0<br>-570 | ±18 | +40<br>+4 | +57<br>+21 | +73<br>+37 | +98<br>+62 | +144<br>+108 | +226<br>+190 | +304<br>+268 | +426<br>+390 | +511<br>+475 | +626<br>+590 | +766<br>+730 | +936<br>+900 |
| | | | | | | | +150<br>+114 | +244<br>+208 | +330<br>+294 | +471<br>+435 | +566<br>+530 | +696<br>+660 | +856<br>+820 | +1 036<br>+1 000 |
| 0<br>-400 | 0<br>-630 | ±20 | +45<br>+5 | +63<br>+23 | +80<br>+40 | +108<br>+68 | +166<br>+126 | +272<br>+232 | +370<br>+330 | +530<br>+490 | +635<br>+595 | +780<br>+740 | +960<br>+920 | +1 140<br>+1 100 |
| | | | | | | | +172<br>+132 | +292<br>+252 | +400<br>+360 | +580<br>+540 | +700<br>+660 | +860<br>+820 | +1 040<br>+1 000 | +1 290<br>+1 250 |

附表 F-2 优先及常用配合孔的极限偏差

| 代号<br>公称尺寸/mm | | A<br>11 | B<br>11 | C<br>*11 | D<br>*9 | E<br>8 | F<br>*8 | G<br>*7 | H<br>6 | H<br>*7 | H<br>*8 | H<br>*9 | H<br>10 | H<br>*11 |
|---|---|---|---|---|---|---|---|---|---|---|---|---|---|---|
| 大于 | 至 | | | | | | 公 差 | | | | | | | |
| — | 3 | +330<br>+270 | +200<br>+140 | +120<br>+60 | +45<br>+20 | +28<br>+14 | +20<br>+6 | +12<br>+2 | +6<br>0 | +10<br>0 | +14<br>0 | +25<br>0 | +40<br>0 | +60<br>0 |
| 3 | 6 | +345<br>+270 | +215<br>+140 | +145<br>+70 | +60<br>+30 | +38<br>+20 | +28<br>+10 | +16<br>+4 | +8<br>0 | +12<br>0 | +18<br>0 | +30<br>0 | +48<br>0 | +75<br>0 |
| 6 | 10 | +370<br>+280 | +240<br>+150 | +170<br>+80 | +76<br>+40 | +47<br>+25 | +35<br>+13 | +20<br>+5 | +9<br>0 | +15<br>0 | +22<br>0 | +36<br>0 | +58<br>0 | +90<br>0 |
| 10 | 14 | +400<br>+290 | +260<br>+150 | +205<br>+95 | +93<br>+50 | +59<br>+32 | +43<br>+16 | +24<br>+6 | +11<br>0 | +18<br>0 | +27<br>0 | +43<br>0 | +70<br>0 | +110<br>0 |
| 14 | 18 | +400<br>+290 | +260<br>+150 | +205<br>+95 | +93<br>+50 | +59<br>+32 | +43<br>+16 | +24<br>+6 | +11<br>0 | +18<br>0 | +27<br>0 | +43<br>0 | +70<br>0 | +110<br>0 |
| 18 | 24 | +430<br>+300 | +290<br>+160 | +240<br>+110 | +117<br>+65 | +73<br>+40 | +53<br>+20 | +28<br>+7 | +13<br>0 | +21<br>0 | +33<br>0 | +52<br>0 | +84<br>0 | +130<br>0 |
| 24 | 30 | +430<br>+300 | +290<br>+160 | +240<br>+110 | +117<br>+65 | +73<br>+40 | +53<br>+20 | +28<br>+7 | +13<br>0 | +21<br>0 | +33<br>0 | +52<br>0 | +84<br>0 | +130<br>0 |
| 30 | 40 | +470<br>+310 | +330<br>+170 | +280<br>+120 | +142<br>+80 | +89<br>+50 | +64<br>+25 | +34<br>+9 | +16<br>0 | +25<br>0 | +39<br>0 | +62<br>0 | +100<br>0 | +160<br>0 |
| 40 | 50 | +480<br>+320 | +340<br>+180 | +290<br>+130 | +142<br>+80 | +89<br>+50 | +64<br>+25 | +34<br>+9 | +16<br>0 | +25<br>0 | +39<br>0 | +62<br>0 | +100<br>0 | +160<br>0 |
| 50 | 65 | +530<br>+340 | +380<br>+190 | +330<br>+140 | +174<br>+100 | +106<br>+60 | +76<br>+30 | +40<br>+10 | +19<br>0 | +30<br>0 | +46<br>0 | +74<br>0 | +120<br>0 | +190<br>0 |
| 65 | 80 | +550<br>+360 | +390<br>+200 | +340<br>+150 | +174<br>+100 | +106<br>+60 | +76<br>+30 | +40<br>+10 | +19<br>0 | +30<br>0 | +46<br>0 | +74<br>0 | +120<br>0 | +190<br>0 |
| 80 | 100 | +600<br>+380 | +440<br>+220 | +390<br>+170 | +207<br>+120 | +126<br>+72 | +90<br>+36 | +47<br>+12 | +22<br>0 | +35<br>0 | +54<br>0 | +87<br>0 | +140<br>0 | +220<br>0 |
| 100 | 120 | +630<br>+410 | +460<br>+240 | +400<br>+180 | +207<br>+120 | +126<br>+72 | +90<br>+36 | +47<br>+12 | +22<br>0 | +35<br>0 | +54<br>0 | +87<br>0 | +140<br>0 | +220<br>0 |
| 120 | 140 | +710<br>+460 | +510<br>+260 | +450<br>+200 | +245<br>+145 | +148<br>+85 | +106<br>+43 | +54<br>+14 | +25<br>0 | +40<br>0 | +63<br>0 | +100<br>0 | +160<br>0 | +250<br>0 |
| 140 | 160 | +770<br>+520 | +530<br>+280 | +460<br>+210 | +245<br>+145 | +148<br>+85 | +106<br>+43 | +54<br>+14 | +25<br>0 | +40<br>0 | +63<br>0 | +100<br>0 | +160<br>0 | +250<br>0 |
| 160 | 180 | +830<br>+580 | +560<br>+310 | +480<br>+230 | +245<br>+145 | +148<br>+85 | +106<br>+43 | +54<br>+14 | +25<br>0 | +40<br>0 | +63<br>0 | +100<br>0 | +160<br>0 | +250<br>0 |
| 180 | 200 | +950<br>+660 | +630<br>+340 | +530<br>+240 | +285<br>+170 | +172<br>+100 | +122<br>+50 | +61<br>+15 | +29<br>0 | +46<br>0 | +72<br>0 | +115<br>0 | +185<br>0 | +290<br>0 |
| 200 | 225 | +1 030<br>+740 | +670<br>+380 | +550<br>+260 | +285<br>+170 | +172<br>+100 | +122<br>+50 | +61<br>+15 | +29<br>0 | +46<br>0 | +72<br>0 | +115<br>0 | +185<br>0 | +290<br>0 |
| 225 | 250 | +1 110<br>+820 | +710<br>+420 | +570<br>+280 | +285<br>+170 | +172<br>+100 | +122<br>+50 | +61<br>+15 | +29<br>0 | +46<br>0 | +72<br>0 | +115<br>0 | +185<br>0 | +290<br>0 |
| 250 | 280 | +1 240<br>+920 | +800<br>+480 | +620<br>+300 | +320<br>+190 | +191<br>+110 | +137<br>+56 | +69<br>+17 | +32<br>0 | +52<br>0 | +81<br>0 | +130<br>0 | +210<br>0 | +320<br>0 |
| 280 | 315 | +1 370<br>+1 050 | +860<br>+540 | +650<br>+330 | +320<br>+190 | +191<br>+110 | +137<br>+56 | +69<br>+17 | +32<br>0 | +52<br>0 | +81<br>0 | +130<br>0 | +210<br>0 | +320<br>0 |
| 315 | 355 | +1 560<br>+1 200 | +960<br>+600 | +720<br>+360 | +350<br>+210 | +214<br>+125 | +151<br>+62 | +75<br>+18 | +36<br>0 | +57<br>0 | +89<br>0 | +140<br>0 | +230<br>0 | +360<br>0 |
| 355 | 400 | +1 710<br>+1 350 | +1 040<br>+680 | +760<br>+400 | +350<br>+210 | +214<br>+125 | +151<br>+62 | +75<br>+18 | +36<br>0 | +57<br>0 | +89<br>0 | +140<br>0 | +230<br>0 | +360<br>0 |
| 400 | 450 | +1 900<br>+1 500 | +1 160<br>+760 | +840<br>+440 | +385<br>+230 | +232<br>+135 | +165<br>+68 | +83<br>+20 | +40<br>0 | +63<br>0 | +97<br>0 | +155<br>0 | +250<br>0 | +400<br>0 |
| 450 | 500 | +2 050<br>+1 650 | +1 240<br>+840 | +880<br>+480 | | | | | | | | | | |

注：带"*"者为优先选用的，其他为常用的。

表（摘自 GB/T 1800.2—2009）　　　　　　　　　　　　　　　　　　　单位：μm

等级

| 12 | JS 6 | JS 7 | K 6 | K *7 | K 8 | M 7 | N 6 | N 7 | P 6 | P *7 | R 7 | S *7 | T 7 | U *7 |
|---|---|---|---|---|---|---|---|---|---|---|---|---|---|---|
| +100 / 0 | ±3 | ±5 | 0 / -6 | 0 / -10 | 0 / -14 | -2 / -12 | -4 / -10 | -4 / -14 | -6 / -12 | -6 / -16 | -10 / -20 | -14 / -24 | — | -18 / -28 |
| +120 / 0 | ±4 | ±6 | +2 / -6 | +3 / -9 | +5 / -13 | 0 / -12 | -5 / -13 | -4 / -16 | -9 / -17 | -8 / -20 | -11 / -23 | -15 / -27 | — | -19 / -31 |
| +150 / 0 | ±4.5 | ±7 | +2 / -7 | +5 / -10 | +6 / -16 | 0 / -15 | -7 / -16 | -4 / -19 | -12 / -21 | -9 / -24 | -13 / -28 | -17 / -32 | — | -22 / -37 |
| +180 / 0 | ±5.5 | ±9 | +2 / -9 | +6 / -12 | +8 / -19 | 0 / -18 | -9 / -20 | -5 / -23 | -15 / -26 | -11 / -29 | -16 / -34 | -21 / -39 | — | -26 / -44 |
| +210 / 0 | ±6.5 | ±10 | +2 / -11 | +6 / -15 | +10 / -23 | 0 / -21 | -11 / -24 | -7 / -28 | -18 / -31 | -14 / -35 | -20 / -41 | -27 / -48 | — | -33 / -54 |
|  |  |  |  |  |  |  |  |  |  |  |  |  | -33 / -54 | -40 / -61 |
| +250 / 0 | ±8 | ±12 | +3 / -13 | +7 / -18 | +12 / -27 | 0 / -25 | -12 / -28 | -8 / -33 | -21 / -37 | -17 / -42 | -25 / -50 | -34 / -59 | -39 / -64 | -51 / -76 |
|  |  |  |  |  |  |  |  |  |  |  |  |  | -45 / -70 | -61 / -86 |
| +300 / 0 | ±9.5 | ±15 | +4 / -15 | +9 / -21 | +14 / -32 | 0 / -30 | -14 / -33 | -9 / -39 | -26 / -45 | -21 / -51 | -30 / -60 | -42 / -72 | -55 / -85 | -76 / -106 |
|  |  |  |  |  |  |  |  |  |  |  | -32 / -62 | -48 / -78 | -64 / -94 | -91 / -121 |
| +350 / 0 | ±11 | ±17 | +4 / -18 | +10 / -25 | +16 / -38 | 0 / -35 | -16 / -38 | -10 / -45 | -30 / -52 | -24 / -59 | -38 / -73 | -58 / -93 | -78 / -113 | -111 / -146 |
|  |  |  |  |  |  |  |  |  |  |  | -41 / -76 | -66 / -101 | -91 / -126 | -131 / -166 |
| +400 / 0 | ±12.5 | ±20 | +4 / -21 | +12 / -28 | +20 / -43 | 0 / -40 | -20 / -45 | -12 / -52 | -36 / -61 | -28 / -68 | -48 / -88 | -77 / -117 | -107 / -147 | -155 / -195 |
|  |  |  |  |  |  |  |  |  |  |  | -50 / -90 | -85 / -125 | -119 / -159 | -175 / -215 |
|  |  |  |  |  |  |  |  |  |  |  | -53 / -93 | -93 / -133 | -131 / -171 | -195 / -235 |
| +460 / 0 | ±14.5 | ±23 | +5 / -24 | +13 / -33 | +22 / -50 | 0 / -46 | -22 / -51 | -14 / -60 | -41 / -70 | -33 / -79 | -60 / -106 | -105 / -151 | -149 / -195 | -219 / -265 |
|  |  |  |  |  |  |  |  |  |  |  | -63 / -109 | -113 / -159 | -163 / -209 | -241 / -287 |
|  |  |  |  |  |  |  |  |  |  |  | -67 / -113 | -123 / -169 | -179 / -225 | -267 / -313 |
| +520 / 0 | ±16 | ±26 | +5 / -27 | +16 / -36 | +25 / -56 | 0 / -52 | -25 / -57 | -14 / -66 | -47 / -79 | -36 / -88 | -74 / -126 | -138 / -190 | -198 / -250 | -295 / -347 |
|  |  |  |  |  |  |  |  |  |  |  | -78 / -130 | -150 / -202 | -220 / -272 | -330 / -382 |
| +570 / 0 | ±18 | ±28 | +7 / -29 | +17 / -40 | +28 / -61 | 0 / -57 | -26 / -62 | -16 / -73 | -51 / -87 | -41 / -98 | -87 / -144 | -169 / -226 | -247 / -304 | -369 / -426 |
|  |  |  |  |  |  |  |  |  |  |  | -93 / -150 | -187 / -244 | -273 / -330 | -414 / -471 |
| +630 / 0 | ±20 | ±31 | +8 / -32 | +18 / -45 | +29 / -68 | 0 / -63 | -27 / -67 | -17 / -80 | -55 / -95 | -45 / -108 | -103 / -166 | -209 / -272 | -307 / -370 | -467 / -530 |
|  |  |  |  |  |  |  |  |  |  |  | -109 / -172 | -229 / -292 | -337 / -400 | -517 / -580 |

## 附录 G　常用金属材料

附表 G-1　　　　　　　　　　　　　常用钢材牌号及用途

| 名　称 | 牌　号 | 应用举例 |
|---|---|---|
| 碳素结构钢 | Q215<br>Q235 | 其塑性较高，强度较低，焊接性好，常用作各种板材及型钢，制造工程结构或机器中受力不大的零件，如螺钉、螺母、垫圈、吊钩、拉杆；也可渗碳，制造不重要的渗碳零件 |
|  | Q275 | 其强度较高，可制作承受中等应力的普通零件，如紧固件、吊钩、拉杆等；也可经热处理后制造不重要的轴 |
| 优质碳素结构钢 | 15<br>20 | 其塑性、韧性、焊接性和冷冲压性很好，但强度较低，可用于制造受力不大、韧性要求较高的零件、紧固件、渗碳零件及不要求热处理的低负荷零件，如螺栓、螺钉、拉条、法兰盘等 |
|  | 35 | 其有较好的塑性和适当的强度，用于制造曲轴、转轴、轴销、拉杆、连杆、横梁、链轮、垫圈、螺钉、螺母等。这种钢多在正火和调质状态下使用，一般作焊接件用 |
|  | 40<br>45 | 其用于要求强度较高、韧性要求中等的零件，通常进行调质或正火处理，如齿轮、齿条、链轮、轴、曲轴等 |
|  | 55 | 其经热处理后有较高的表面硬度和强度，具有较好的韧性，一般经正火或淬火、回火后使用，常用于制造齿轮、连杆、轮圈及轧辊等。其焊接性及冷变形性均低 |
|  | 65 | 其一般经淬火中温回火，具有较高弹性，适用于制作小尺寸弹簧 |
|  | 15Mn | 其性能与 15 钢相似，但其淬透性、强度和塑性均稍高于 15 钢，用于制作中心部分的力学性能要求较高且需要渗碳的零件。这种钢焊接性好 |
|  | 65Mn | 其性能与 65 钢相似，适用于制造弹簧、弹簧垫圈、弹簧环和片，以及冷拔钢丝($\leqslant \phi 7mm$)和发条 |
| 合金结构钢 | 20Cr | 其用于渗碳零件，制造受力不太大、不需要强度很高的耐磨零件，如机床齿轮、齿轮轴、蜗杆、凸轮、活塞销等 |
|  | 40Cr | 其调质后强度比碳钢高，常用作中等截面、要求力学性能比碳钢高的重要调质零件，如齿轮、轴、曲轴、连杆、螺栓等 |
|  | 20CrMnTi | 其强度、韧性均高，是铬镍钢的代用材料。经热处理后，它还可用于制造承受高速、中等或重负荷以及冲击、磨损等的重要零件，热渗碳齿轮、凸轮等 |
|  | 38CrMoAl | 它是渗氮专用钢种，经热处理后用于要求高耐磨性、高疲劳强度和相当高的强度且热处理变形小的零件，如镗杆、主轴、齿轮、蜗杆、套筒、套环等 |
|  | 35SiMn | 除了要求低温（−20℃以下）及冲击韧性很高的情况外，其可全面替代 40Cr 作调质钢，也可部分替代 40CrNi，制作中小型轴类、齿轮等零件 |
|  | 50CrVA | 其可用于 $\phi 30\sim\phi 50mm$ 重要的承受大应力的各种弹簧，也可用作大截面的温度低于400℃的气阀弹簧、喷油嘴弹簧等 |
| 铸钢 | ZG200—400 | 其可用于各种形状的零件，如机座、变速器壳体等 |
|  | ZG230—450 | 其可用于铸造平坦的零件，如机座、机盖、箱体等 |
|  | ZG270—500 | 其可用于各种形状的零件，如飞轮、机架、水压机工作缸、横梁等 |

附表 G-2　　　　　　　　　　　常用铸铁牌号及用途

| 名　称 | 牌　号 | 应 用 举 例 | 说　明 |
|---|---|---|---|
| 灰铸铁 | HT100 | 其可用于制造低载荷和不重要零件，如盖、外罩、手轮、支架、重锤等 | 牌号中"HT"是"灰铁"二字汉语拼音的第一个字母，其后的数字表示最低抗拉强度（MPa），但这一力学性能与铸件壁厚有关 |
| | HT150 | 其可用于制造承受中等应力的零件，如支柱、底座、齿轮箱、工作台、刀架、端盖、阀体、管路附件及一般无工作条件要求的零件 | |
| | HT200 HT250 | 其可用于制造承受较大应力和较重要零件，如汽缸体、齿轮、机座、飞轮、床身、缸套、活塞、刹车轮、联轴器、齿轮箱、轴承座、油缸等 | |
| | HT300 HT350 HT400 | 其可用于制造承受高弯曲应力及抗拉应力的重要零件，如齿轮、凸轮、车床卡盘、剪床、压力机的机身、床身、高压油缸、滑阀壳体等 | |
| 球墨铸铁 | QT400—65 QT450—10 QT500—7 QT600—3 QT700—2 | 球墨铸铁可替代部分碳钢、合金钢，用来制造一些受力复杂、强度、韧性和耐磨性要求高的零件。前两种牌号的球墨铸铁，具有较高的韧性与塑性，常用来制造受压阀门、机器底座、汽车后桥壳等；后两种牌号的球墨铸铁，具有较高的强度与耐磨性，常用来制造拖拉机或柴油机中的曲轴、连杆、凸轮轴，各种齿轮，机床的主轴、蜗杆、蜗轮，轧钢机的轧辊、大齿轮，大型水压机的工作缸、缸套、活塞等 | 牌号中"QT"是"球铁"二字汉语拼音的第一个字母，后面的两组数字分别表示其最低抗拉强度（MPa）和最小伸长率（$A \times 100\%$） |

附表 G-3　　　　　　　　　　　常用有色金属牌号及用途

| 名　称 | | 牌　号 | 应 用 举 例 |
|---|---|---|---|
| 加工黄铜 | 普通黄铜 | H62 | 销钉、铆钉、螺钉、螺母、垫圈、弹簧等 |
| | | H68 | 复杂的冷冲压件、散热器外壳、弹壳、导管、波纹管、轴套等 |
| | | H90 | 双金属片、供水和排水管、证章、艺术品等 |
| | 铅黄铜 | HPb59—1 | 适用于仪器仪表等工业部门用的切削加工零件，如销、螺钉、螺母、轴套等 |
| 加工锡青铜 | | QSn4—3 | 弹性元件、管配件、化工机械中耐磨零件及抗磁零件 |
| | | QSn6.5—0.1 | 弹簧、接触片、振动片、精密仪器中的耐磨零件 |
| 铸造锡青铜 | | ZCuSn10Pb1 | 重要的减磨零件，如轴承、轴套、蜗轮、摩擦轮、机床丝杠螺母等 |
| | | ZCuSn5Pb5Zn5 | 中速、中载荷的轴承、轴套、蜗轮等耐磨零件 |
| 铸造铝合金 | | ZAlSi7Mg （ZL101） | 形状复杂的砂型、金属型和压力铸造件，如飞机、仪器的零件，抽水机壳体，工作温度不超过185℃的汽化器等 |
| | | ZAlSi12 （ZL102） | 形状复杂的砂型、金属型和压力铸造件，如仪表、抽水机壳体等工作温度在200℃以下要求气密性、承受低载荷的零件 |
| | | ZAlSi5Cu1Mg （ZL105） | 砂型、金属型和压力铸造的形状复杂在 225℃以下工作的零件，如风冷发动机的汽缸头、机匣、油泵壳体等 |
| | | ZAlSi12 Cu2Mg1 （ZL108） | 砂型、金属型铸造的要求高温强度及低热膨胀系数的高速内燃机活塞及其他耐热零件 |

附表 G-4 热处理名词解释

| 名　称 | 说　明 | 目　的 | 适 用 范 围 |
|---|---|---|---|
| 退火 | 加热到临界温度以上，保温一段时间，然后在炉中缓慢冷却 | ① 消除在前一工序(锻造、冷拉等)中产生的内应力<br>② 降低硬度，改善加工性能<br>③ 增加塑性和韧性<br>④ 使材料的成分或组织均匀，为今后的热处理准备条件 | 完全退火适用于碳的质量分数为 0.8%以下的铸、锻、焊件；为消除内应力的退火主要用于铸件和焊件 |
| 正火 | 加热到临界温度以上，保温一段时间，然后在空气中冷却 | ① 细化晶粒<br>② 与退火相比，强度略有增高，并能改善低碳钢的切削加工性能 | 用于低、中碳钢 |
| 淬火 | 加热到临界温度以上，保温一段时间，然后在水、油、盐水中急速地冷却 | ① 提高硬度和强度<br>② 提高耐磨性 | 用于中、高碳钢。淬火后钢件必须回火 |
| 回火 | 经淬火后再加热到临界温度的某一温度，在该温度停留一段时间，然后在水、油或空气中冷却 | ① 消除淬火时产生的内应力<br>② 增加韧性，降低硬度 | 高碳钢制的工具、量具、刃具用低温回火（150～250℃）<br>弹簧用中温回火（270～450℃） |
| 调质 | 在 450～650℃进行高温回火称为"调质" | 可以完全消除内应力，并获得较高的综合力学性能 | 用于较重要的轴、齿轮以及丝杠等零件 |
| 表面淬火 | 用火焰或高频电流将工件表面迅速加热至临界温度以上，急速冷却 | 使零件表面获得高硬度，而心部保持一定的韧性，使零件既耐磨又能承受冲击 | 用于重要的齿轮以及曲轴、活塞销等 |
| 渗碳淬火 | 在渗碳剂中加热到 900～950℃，停留一段时间，将碳渗入钢的表面，深度为 0.5～2mm，再淬火后回火 | 增加零件表面硬度、耐磨性，提高材料的疲劳强度 | 适用于碳的质量分数为0.08%～0.25%的低碳钢及低碳合金钢 |
| 氮化 | 使工件表面渗入氮元素 | 增加表面硬度、耐磨性、疲劳强度和耐蚀性 | 适用于含铝、铬、钼、锰等的合金钢，如要求耐磨的主轴、量规、样板等 |
| 碳氮共渗 | 使工件表面同时饱和碳和氮元素 | 增加表面硬度、耐磨性、疲劳强度和耐蚀性 | 适用于碳素钢及合金结构钢，也适用于高速钢的切削工具 |
| 时效处理 | ① 自然时效：在空气中长期存放半年到一年以上<br>② 人工时效：加热到 500～600℃，在这个温度保持 10～20h 或更长时间 | 使铸件消除其内应力而稳定其形状和尺寸 | 用于机床床身等大型铸件 |
| 深冷处理 | 将淬火钢继续冷却至室温以下的处理方法 | 进一步提高硬度、耐磨性，并使其尺寸趋于稳定 | 用于滚动轴承的钢球、量 规等 |
| 发蓝处理<br>发黑 | 氧化处理，用加热办法使工件表面形成一层氧化铁所组成的保护性薄膜 | 防腐蚀、美观 | 用于一般常见的紧固件 |

续表

| 名　　称 | 说　　明 | 目　　的 | 适　用　范　围 |
|---|---|---|---|
| 布氏硬度 HBW | 材料抵抗硬的物体压入零件表面的能力称为"硬度"，根据测定方法的不同，可分为布氏硬度、洛氏硬度、维氏硬度 | 检验材料的力硬度 | 用于经退火、正火、调质的零件及铸件的硬度检查 |
| 洛氏硬度 HRC | | | 用于经淬火、回火及表面化学热处理的零件的硬度检查 |
| 维氏硬度 HV | | | 特别适用于薄层硬化零件的硬度检查 |

# 参 考 文 献

［1］全国技术产品文件标准化技术委员会. 机械制图卷[M]. 2 版. 北京：中国标准出版社，2009.

［2］全国技术产品文件标准化技术委员会. 技术制图卷[M]. 2 版. 北京：中国标准出版社，2009.

［3］李澄，吴天生，闻百桥. 机械制图[M]. 3 版. 北京：高等教育出版社，2008.

［4］王其昌，翁民玲. 机械制图[M]. 4 版. 北京：人民邮电出版社，2014.

［5］姚民雄，华红芳. 机械制图[M]. 北京：电子工业出版社，2009.

［6］徐连孝. 机械制图[M]. 北京：北京大学出版社，2011.

［7］文学红，董文杰. 机械制图[M]. 2 版. 北京：人民邮电出版社，2012.

［8］孙开元，李长娜. 机械制图新标准解读及画法示例[M]. 3 版. 北京：化学工业出版社，2013.

［9］周明贵. 机械绘图与识图 300 例[M]. 北京：化学工业出版社，2006.